有机太阳能电池材料与器件

高欢欢 ◎ 著

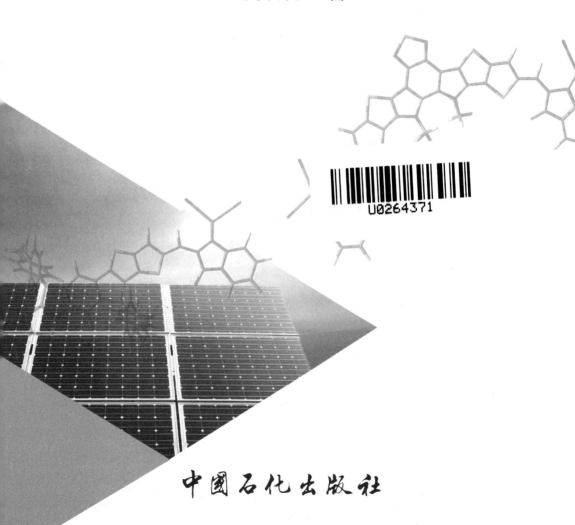

中国石化出版社

内 容 提 要

　　本书主要内容包括有机太阳能电池工作原理、光伏材料的发展历程、材料的分类、器件结构、器件稳定性及未来发展及展望等部分，系统论述了目前该领域的发展状况及面临的挑战，聚焦国内外最新研究进展，客观真实，同时采用通俗易懂的语言介绍了有机太阳能电池领域相关的基础知识。

　　本书可作为高等院校新能源材料相关专业师生及有机太阳能电池领域科技工作者的参考资料。

图书在版编目（CIP）数据

有机太阳能电池材料与器件/高欢欢著 . —北京：
中国石化出版社，2022.6
　ISBN 978 - 7 - 5114 - 6736 - 2

　Ⅰ.①有…　Ⅱ.①高…　Ⅲ.①薄膜太阳能电池 –
材料 – 研究　Ⅳ.①TM914.4

　中国版本图书馆 CIP 数据核字（2022）第 097576 号

中国石化出版社出版发行

地址：北京市东城区安定门外大街 58 号
邮编：100011　电话：(010)57512500
发行部电话：(010)57512575
http：//www. sinopec-press. com
E-mail：press@ sinopec. com
北京艾普海德印刷有限公司印刷
全国各地新华书店经销
＊
710 × 1000 毫米 16 开本 12 印张 221 千字
2022 年 6 月第 1 版　2022 年 6 月第 1 次印刷
定价：65.00 元

前　　言

随着人类社会的发展，环境污染问题日益严重。全球变暖导致海平面上升，许多沿海城市面临被淹没的风险。开发利用可替代化石能源的绿色新型能源势在必行。太阳能作为一种绿色可持续发展的清洁能源，因其具有清洁无污染且储量丰富等优点受到研究人员的高度重视。

太阳能电池作为一种将太阳能转化为电能的高效器件，是实现太阳能有效利用的重要途径之一。有机太阳能电池（OSCs）因其成本低廉、可柔性、可半透明、可溶液处理等优点逐渐成为近几年的研究热点。近十年来，随着各国科学家尤其是中国科学家的不懈努力，在有机太阳能电池活性层材料的设计合成、器件工艺优化等方面取得了突飞猛进的进步。其中单结器件光电转换效率已经超过19%，叠层器件光电转换效率也已超过20%。有机太阳能电池显示出巨大的发展潜力，展现出赶超无机太阳能电池的发展势头。

本书作者近年来一直从事有机太阳能电池材料合成与相应器件制备与表征方面的研究工作，设计合成了一系列具有近红外吸收的小分子受体材料，并制备出一系列相应的二元、三元、叠层等光伏器件。本书是在作者一系列研究工作的基础上，结合领域最新研究进展，编著而成；系统全面地介绍了有机太阳能电池领域相关基础知识、活性层材料的研究进展（包括给体材料、受体材料）、器件制备工艺（包括三元太阳能电池和叠层太阳能电池）、器件的稳定性等方面最新研究进展。本书共分8章，第1章简要概述了有机太阳能电池的发展，并对领域的发展情况做了总体介绍；第2章简要介绍了有机太阳能电池基本知识；第3章和第4章对有机太阳能电池活性层材料包括给体材料和受体材料进行了总体介绍；第5章简要介绍了三元有机太阳能电池的发展及研究现状；第6章对叠层有机太阳能电池的发展进行了总体概括和介绍；第7章介绍了有机太阳能电池活性层形貌的调控技术及调控机制；第8

章简要介绍了有机太阳能电池稳定性方面的研究工作。全书第 1~7 章由西安石油大学的高欢欢编写，第 8 章由洛阳理工学院的常美佳老师编写。全书由高欢欢统稿，其中高欢欢著 20.1 万字，常美佳著 2 万字。

本书获得西安石油大学优秀学术著作出版基金资助，并获得陕西省自然科学基础研究计划项目（项目编号：2021JQ - 595）和 2021 国家"香江学者"项目（项目编号：XJ2021 - 038）资助。

有机太阳能电池在近几年获得突飞猛进的发展，新型高效活性层材料持续涌现，器件的光电转换效率不断刷新。因此，在本书的撰写过程中，作者虽已尽全力，然而限于时间和水平有限，难免会出现遗漏之处，殷切地希望各位专家和读者提出宝贵建议，不足之处敬请批评改正。

目　　录

第 1 章　绪论

随着人类社会的发展，环境污染问题日益严重。全球变暖导致海平面上升，使得许多沿海城市面临被淹没的风险。能源与环境问题是当今经济社会快速发展面临的一大挑战。同时，在我们身边的雾霾现象也严重威胁着人类社会的健康发展。因此，开发利用可替代化石能源的绿色新型能源势在必行。太阳能作为一种绿色可持续发展的清洁能源，因其具有清洁无污染且储量丰富等优点引起研究人员的高度重视。太阳能电池作为一种将太阳能转化为电能的高效器件，是实现太阳能有效利用和国际范围内提倡要求的"双碳"目标的重要途径之一。

目前发展迅猛的太阳电池主要包括有机太阳能电池、钙钛矿太阳能电池、硅太阳能电池、染料敏化太阳能电池等。有机太阳能电池（Organic Solar Cells, OSCs）因其成本低廉、可柔性大面积卷对卷印刷制备、可半透明、可溶液处理、材料结构及性能可调控、高迁移率等优点获得快速发展，逐渐成为近几年的研究热点。有机光伏（Organic Photovoltaics, OPV）电池近几年来取得突飞猛进的发展。在有机太阳能电池的快速发展历程中，活性层材料的发展起到至关重要的作用，是有机太阳能电池领域的研究基础。有机太阳能电池的活性层材料从早期的基于富勒烯体系及聚合物给体材料到后来的给体（Donor, D）－受体（Acceptor, A）交替共聚物，到受体－给体－受体（Acceptor – Donor – Acceptor, A – D – A）型小分子给体材料，到近几年的 A – D – A 型稠环小分子受体材料是有机太阳能电池性能不断获得突破的关键（其结构通式如图 1.1 所示）。

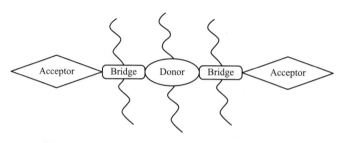

图 1.1　A – D – A 型小分子材料的结构通式示意图

这主要是由于通过分子内给体（D）单元与受体（A）单元之间的分子内电荷转移作用，从而降低材料的带隙，是吸收光谱进一步发生红移的结果。而器件制备工艺从早期的真空蒸镀到目前的可溶液处理的方式构筑光伏器件，极大地推动了有机光伏领域的快速发展。近年来，随着稠环小分子受体材料的发展，尤其是明星受体分子 Y6 及其衍生物的出现，伴随着器件制备工艺的不断提升，有机太阳能电池领域获得巨大成功。本章将从有机太阳能电池活性层材料及器件工艺进展的几个关键发展节点出发，系统论述有机太阳能电池的研究进展。

1.1 有机太阳能电池活性层材料的发展

活性层材料在有机太阳能电池（OSCs）的发展历程中起到至关重要的作用，是吸收太阳光完成光电转换的核心部件。活性层材料主要包括给体材料、受体材料两部分，通过在给受体材料共混界面形成 p–n 结产生光电效应。如 1986 年 Tang 等首次提出双层平面异质结，以酞菁铜作为 p 型半导体、以四羧基苝的衍生物作为 n 型半导体制备的双层平面异质结结构的光伏器件，并在当时的测试技术下获得 0.95% 的光电转换效率。此后几年里，研究者发现了富勒烯及其衍生物受体材料，该类材料具有较深的最低未占据轨道（LUMO）能级、较高的电子迁移率、强的拉电子能力和稳定的负电性等性质，使该类材料在很长的一段时间在受体材料领域占据主导地位。随着活性层材料的创新，聚合物给体材料由早期的聚噻吩体系，发展到具有 D–A 交替共聚再到小分子给体材料的发展。受体材料由早期的富勒烯及其衍生物材料到具有苝二酰亚胺类（PDI）类受体材料，再到目前发展最好的非富勒烯受体材料（NFAs）。活性层材料的持续发展使得有机太阳能电池的器件效率由最初报道时的不到 1%，发展到今天的超过 18%。活性层材料的持续创新，是领域发展的关键。因此，笔者简单总结了有机太阳能电池发展过程中几个关键节点的发展情况，相关有机太阳能电池相关材料及器件工艺优化发展历程总结如图 1.2 所示。

1.1.1 聚合物给体富勒烯受体材料体系的发展

1992 年，A. J. Heerger 研究组与 K. Yoshino 研究组几乎同时报道了共轭聚合物与富勒烯（C_{60}）之间存在超快的光诱导电荷转移现象，其激子的解离效率可获得接近 100% 的效率。在此后很长一段时间的研究中，富勒烯及其衍生物类受体材料长期占据主导地位。在这一时期，有机太阳能电池的发展主要得益于聚合物给体材料的创新。如聚噻吩材料（P3HT），由于其具有较好的自组装和电荷传输能力，使其成为给体材料研究的焦点，并且在有机太阳能电池的发展过程中扮演着重要的角色。目前，基于 P3HT 与富勒烯搭配的有机太阳能电池器件效率最高

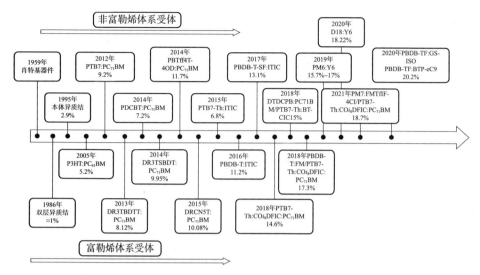

图 1.2　有机太阳能电池材料与器件优化工艺的简单发展历程图

已接近 5%。限制该类材料持续发展的最主要因素就是吸收光谱范围窄，器件短路电流密度（J_{sc}）低，富勒烯材料 LUMO 能级低，使得该类光伏器件开路电压（V_{oc}）普遍偏低，从而发展受限。随后，侯剑辉研究员等发展了 PDCBT 聚合物受体，将原 P3HT 材料中己基侧链换为具有更强拉电子能力的酯基。相比于 P3HT，PDCBT 展现出降低的最高已占据轨道（HOMO）能级（降低 0.36eV）和较强的 $\pi-\pi$ 堆积相互作用，使得该材料与 $PC_{71}BM$ 受体搭配时获得了高达 7.2% 的光电转换效率。Yu 等报道的窄带隙 D-A 交替共聚物 PCE10 及其衍生物与富勒烯及其衍生物受体共混也已获得超过 10% 的光电转换效率；侯剑辉研究员等设计合成的基于苯并二噻吩（BDT）单元的 D-A 交替共聚物 PBDB-T 等，当与 $PC_{61}BM$ 搭配时获得 6.67% 的光电转换效率；颜河教授报道的具有温度聚集效应的 D-A 交替共聚物 $PffBT4T-C_9C_{13}$，当与 $PC_{71}BM$ 共混制备器件时获得高达 11.7% 的光电转换效率，也是目前基于富勒烯体系获得的最高器件效率。几种典型的聚合物给体材料的结构式如图 1.3 所示。

1.1.2　聚合物给体非富勒烯受体材料体系的发展

在富勒烯时代，有机太阳能电池的发展主要依赖于给体材料的创新，而随着活性层受体材料的发展，为有机太阳能电池的持续发展注入新的活力。在活性层材料的发展过程中，受体材料也获得了快速的发展。与富勒烯及其衍生物受体材料不同，具有萘二酰亚胺（NDI）结构和苝二酰亚胺（PDI）结构的受体材料具有较

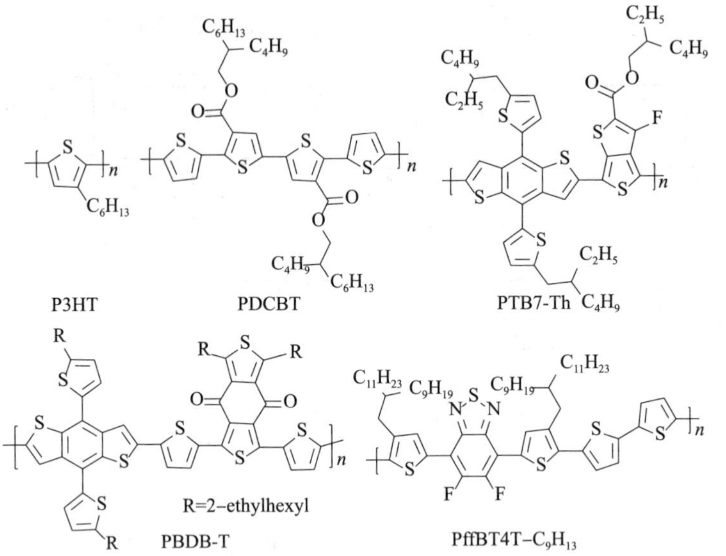

图 1.3　几个典型聚合物给体的结构式

高的电子迁移率、强的拉电子能力，高的吸光系数和优异的氧化/热稳定性被广泛地应用于有机光电子材料中。如早期的 PDI 单体与 DTS(FBTTh2)2 搭配制备的全小分子有机太阳能电池获得高达 3% 的光电转换效率。具有扭转结构的 PDI 二聚体，例如 SdiPBI - S，当与聚合物给体 PBDTTT - C - T 搭配时，获得了 4.03% 的光电转换效率。而采用硒(Se)原子代替硫(S)原子稠合的 PDI 二聚体 SdiPBI - Se，在选用聚合物给体 PDBT - T1 时获得了高达 8.42% 的光电转换效率。2015 年，北京大学的占肖卫教授报道了具有受体 - 给体 - 受体(A - D - A)单元的稠环小分子受体 ITIC，当与窄带隙聚合物给体 PCE10 共混时获得了 6.8% 的光电转换效率，而 PCE10 与传统的富勒烯受体 PC$_{71}$BM 搭配时，可以获得超过 7% 的光电转换效率。说明该类受体材料已经获得与传统富勒烯受体材料相当的器件效率。

在随后的发展中，基于稠环受体材料，中间给电子的 D 单元、侧链单元、π桥连单元和末端拉电子端基化学结构的改变，发展了一系列具有 A - D - A 构型的稠环小分子受体材料并持续刷新着有机太阳能电池的器件效率。比如 2019 年，中南大学的邹应萍教授将具有缺电子能力的苯并噻二唑单元引入到中间 D 单元中，设计合成了小分子受体 Y6，并与吸光互补且能级匹配的宽带隙聚合物给体 PBDB - TF(PM6)搭配时，获得了高达 15.7% 的光电转换效率。在随后的研究中，通过对 Y6 材料侧链单元、末端基团及中间单元的调控，同时设计更加匹配的聚合物给体材料，目前获得了多例超过 18% 的光电转换效率。Y6 及其衍生物也是目前效率最高，性能最好的稠环小分子受体材料。上述几种典型的非富勒烯受体的结构式如图 1.4 所示。

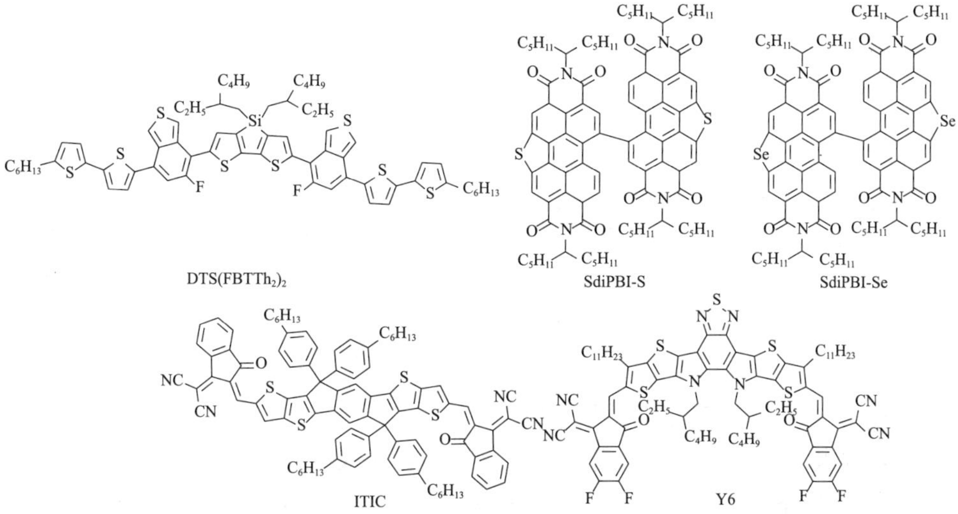

图 1.4　几个典型非富勒烯受体的结构式

1.1.3　给体材料的发展

在早期活性层材料的发展过程中，主要采用富勒烯及其衍生物作为受体材料，聚合物作为给体材料构筑光伏器件。由于富勒烯及其衍生物化学结构难以修饰、吸收光谱范围窄、后处理纯化过程困难等限制，该时期有机太阳能电池的发展主要得益于聚合物给体材料结构的创新。比如价格便宜、性能较好的聚噻吩（P3HT）及其衍生物（PDCBT 等）。当与富勒烯及其衍生物搭配时也获得超过 7% 的光电转换效率；当与非富勒烯受体材料匹配时也已获得超过 10% 的光电转换效率。

随着研究的深入，研究者发现具有 D－A 交替共聚结构的聚合物材料，可以诱导产生良好的分子内电荷转移过程（ICT），进而使材料的吸收光谱发生红移，提升器件的太阳光利用率。进而科学家们研究出一系列具有 D－A 交替共聚的聚合物给体材料，比如目前应用广泛的基于苯并二噻吩（BDT）单元、联噻吩单元为给电子单元，而常用的缺电子单元有苯并噻二唑、苯丙三氮唑、酯基取代的噻吩并[3，4－b]噻吩、苯并－[1，2－c：4，5－c']二噻吩－4，8－二酮（BDD）等。当将上述 D 单元与 A 单元适当地搭配可以合成出一系列具有 D－A 交替的高性能聚合物给体材料，如目前应用最广泛，也已经商业化生产制备的 PCE10（PTB7－Th）和 PBDB－T 等，当与非富勒烯受体搭配时均可获得超过 12% 的光电转换效率。随着卤素原子的引入，研究者也设计合成出一系列高性能给体材料，如 PBDB – TF（PM6）和 PBDB – TCl（PM7）等，当与稠环小分子受体 IT – 4F 匹配时，可以获得超过 14% 的光电转换效率，当与明星受体 Y6 及其衍生物搭配时，可获得超过 16% 的光电转换效率。上述几种典型的给体材料的结构式如图 1.5 所示。

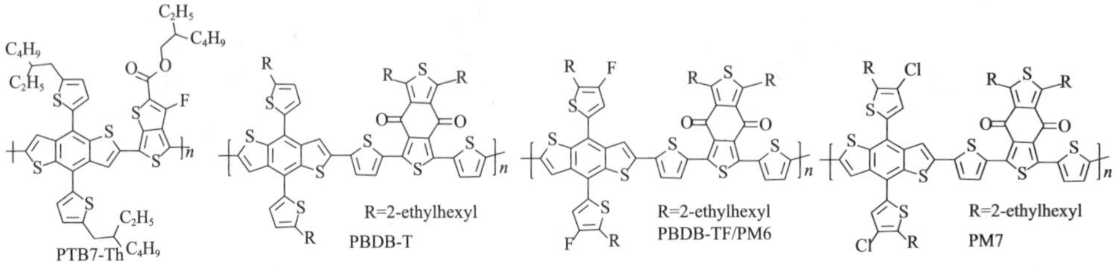

图 1.5　几个典型给体材料的结构式

　　总之，随着活性层材料的快速发展，有机太阳能电池的器件效率被不断刷新，器件的稳定性等性质也逐渐提升，使有机太阳能电池的发展进入一个崭新的纪元。以上，笔者简要阐述了有机太阳能电池活性层材料的发展对光伏器件性能的影响。在后续的章节中，将系统阐述并总结各类活性层材料的发展对光伏器件性能的影响机制。

1.2　有机太阳能电池的器件结构

　　有机太阳能电池的器件结构主要包括双层异质结结构和本体异质结结构。随着器件制备工艺的提升，器件结构也从传统的单结器件向叠层器件转变，通过采用吸光互补的前后电池材料制备叠层器件，有效地利用太阳光完成有效的光电转换。叠层器件按照器件连接方式的不同也可分为串联叠层器件和并联叠层电池。此外，为了简化器件制备工艺，同时获得具有更宽光谱响应范围的光伏器件，研究者们相继提出了三元及多元组分的有机太阳能电池。三元器件通过在主体二元体系中引入与主体给体/受体材料具有吸光互补且能级匹配的第三组分材料，来获得与叠层器件相似的效果。而第三组分的引入不仅起到吸光互补的作用，还可以作为形貌调节剂有效地调控原活性层体系的共混形貌，以获得提升的载流子迁移率、有效地激子解离和电荷传输。接下来，简要阐述有机太阳能电池器件结构的主要演变历程。

　　早在 20 世纪 50 年代，H. Kallmann 和 M. Pope 等科学家提出了肖特基器件，该器件以单晶蒽作为单组分活性层材料，采用具有不同功函数的金属作为电极材料。在当时的测试条件下，该肖特基器件获得 0.2V 的开路电压。然而在该类器件中，金属电极与活性层物质的接触界面的肖特基势垒以及两个金属电极之间的功函数差值是整个器件激子分离及电荷抽提和传输的主要驱动力，因此，这种驱动力非常小，使得该类器件具有较低的光电转换效率。

作为有机太阳能电池领域具有里程碑式研究意义的发现之一。1986 年 Tang 等首次提出了双层平面异质结有机太阳能电池器件结构（图1.6），并在当时的测试条件下获得了 0.95% 的光电转换效率。由于采用双层平面异质结结构，为给受体材料在光激发后提供了相应的界面，从而有利于激子在给受体界面的扩散和分离，使得自由的电子和空穴分别在相应的给受体相区中传输到相应的电极，完成光子到电子的转换。

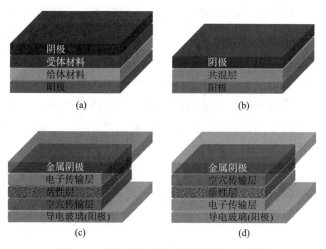

图1.6　有机太阳能电池器件结构示意图

双层平面异质结结构因其只能提供有限的给受体界面，从而限制了激子的有效扩散和电荷分离。1995 年 Yu 等科学家首次提出了本体异质结结构的器件（Bulk – heterojunction，BHJ）。他们创造性地将聚合物给体分子 MEH – PPV 与富勒烯衍生物 $PC_{61}BM$ 共混，从而有效地增大了给受体界面的接触面积，为获得较高的光电转换效率提供了可能。这种给受体共混得到的本体异质结结构具有纳米尺度的互穿网络结构，相应光伏器件获得了 2.9% 的光电转换效率。由于本体异质结结构有效扩大了给受体之间的接触面积，可以有效地促进激子在给受体界面的解离效率，逐渐成为有机太阳能电池领域的研究主流。并极大推动了有机太阳能电池获得快速的发展。

鉴于有机材料本身较低的迁移率，限制了该类光伏器件活性层材料的厚度，进而使得器件对太阳光的吸收能力有限。因此，有机光伏器件引起较窄的光学吸收窗口限制了器件本身的光捕获能力，进而产生相对有限的光电流。此外，单结有机太阳能电池由于吸光响应范围的限制，也面临着严重的光子能量损失引起的热损失。而叠层器件成为解决上述问题的一个有效的方法。叠层器件通过将具有吸光互补的两个子电池连接到一起可以最大限度地利用更宽波段的光子，同时解决单层器件存在的热损失问题。而有机光伏材料结构多样化、化学结构修饰简单易行、材料的吸收光谱和能级易于调控，这些优势也为叠层器件的顺利构筑打下坚实的基础。比如 2018 年，南开大学陈永胜教授团队报道的基于 PBDB-T：F-M 为前电池，PTB7-Th：COi_8DFIC：PC$_{71}$BM 为后电池的叠层器件获得了突破性的底层器件效率 17.3%，在很长一段时间保持着世界纪录的效率值。

尽管叠层器件的光电转换效率已取得突破性研究进展，然而叠层器件采用将两个或者多个子电池叠在一起的制备工艺，器件制备工艺相对复杂，影响器件性能的因素也相应增多，这在一定程度上会限制该类器件的商业化进展。而三元器件，因其在活性层材料中同时含有两个给体或者两个受体组分，在组分设计比较合理的情况下，其光伏器件的某个或某几个参数相比于传统的二元器件会有所提升。三元器件可以充分利用已经获得的高效光伏材料并且是简单易制备的单结器件结构，也不用考虑中间连接层的问题，制备工艺简单。因此，自 2016 年之后，基于非富勒烯受体材料的三元器件获得了较快的发展。如 Jenekhe 等报道了第一个基于非富勒烯体系的三元器件，利用两种给体 PSEHTT 和 PBDTT-EFT (PTB7-Th)和一个新的非富勒烯受体 DBFI-EDOT 制备活性层。相比于 PSE-HTT：DBFI-EDOT 二元器件来说，三元组分的效率从 8.1% 提升到 8.52%，其短路电流密度由 13.82mA·cm^{-2} 提升到 15.67mA·cm^{-2}。近年来，随着非富勒烯小分子受体的快速发展，其吸收范围覆盖了紫外-可见及近红外光区，极大拓展了三元器件材料选择的空间。比如现阶段，当采用明星受体材料 Y6 及其衍生物时，三元器件已获得超过 19% 的器件效率。通过分子结构的调控及相应器件制备工艺的优化，三元有机太阳能电池的器件效率还有很大的提升空间。

1.3　有机太阳能电池未来的发展方向

有机半导体材料具有化学结构易于调控、材料的吸收光谱和能级易于调节、器件可以在较低温度下通过可溶液处理方式加工制备，这些优点使有机太阳能电池获得快速的发展，不断刷新着器件的光电转换效率。目前，随着活性层材料的持续创新、光伏器件制备工艺的不断优化，无论是单结器件还是叠层器件，均取得超过 19% 的光电转换效率，有机太阳能电池领域获得突飞猛进的发展。而在目前快速的发展进程中，未来的商业化生产应用，实际地惠及人类社会的生产生活才是未来最主要的发展方向。因此，本部分将从材料、器件、稳定性三个方面简单阐述有机太阳能电池未来的发展方向。

从材料设计角度来说，目前获得的效率超过15%，甚至是目前超过18%的最高光电转换效率的器件，大多都是采用具有稠环共轭骨架的小分子非富勒烯受体材料，比如ITIC及其衍生物、Y6及其衍生物等。而该类材料因为具有大共轭稠环共轭骨架，其合成路线往往较长，合成步骤相对复杂，使得该类材料在大规模生产应用的过程中显示出不可忽视的缺点，也是限制该类材料未来大规模商业化生产应用的主要因素之一。因此设计合成一些合成路线较短、成本低廉、合成过程简单的光伏材料将是未来发展的一大方向。比如浙江大学的陈红征教授等设计合成了一系列具有非稠环共轭骨架构象的小分子受体材料，通过利用分子间O···S、F···H等分子内的相互作用，形成构象锁，获得具有较好共平面性的小分子材料，通过器件优化也已获得最高超过14%的光电转换效率。同时，薄志山教授也报道了一系列寡聚噻吩单元的全非稠环小分子受体材料，并且也取得了超过10%的光电转换效率。这些研究都是对于合成路线简单、合成步骤少、易合成等商业化进程发展的研究工作，同时也取得了可喜的研究成果。笔者相信，未来通过更多合成工作者的不懈努力，有望合成制备出更多合成路线简单、性能优异的有机半导体材料，为有机太阳能电池的商业化发展提供丰富的活性层材料。

从器件制备工艺角度考虑，目前有机太阳能电池的光伏器件金属电极大都采用金属蒸发镀膜的方式制备得来，而这种采用蒸镀方式制备金属电极的方式，一方面浪费金属原料；另一方面能耗较大，制备工艺相对复杂，不太适合未来大规模生产制备的需求，使得生产成本相对较高；其次，蒸镀的方式制备金属电极也不适合制备大规模的大面积光伏器件，设计制备适合大规模生产的蒸发设备有一定的技术难度，同时耗资巨大。尽管有机太阳能电池在过去的几十年里，经过几代科学家的不断努力取得了令人瞩目的成绩，但未来的大规模生产应用仍然受限。因此，在未来的大规模商业化生产进程中，在器件制备工艺方面，设计出器件结构简单、制备工艺简便、适合大面积大规模生产的器件制备工艺十分必要。

从器件稳定性方面考虑，任何器件在考虑到大规模商业化生产制备的过程中，稳定性一定是需要特点关注的研究课题。早期的有机太阳能电池常采用传统的正向结构的光伏器件，该类器件常采用PEDOT：PSS作为空穴传输层，而PEDOT：PSS对水十分敏感，容易导致器件寿命降低，光伏性能受限的问题。因此，随着科学家的不断探索，发现了具有翻转结构的光伏器件结构，该类器件结构表现出比传统正向器件优异的器件稳定性。研究发现在未进行封装保存的情况下，采用翻转器件结构，可大大提高器件的稳定性。比如，笔者在进行博士工作期间设计合成的小分子受体材料 3TT – OCIC, 当制备成翻转三元器件时, 在未经封装保存的情况下, 将电池在大气中放置 44 天后, 器件仍可保持最初器件效率的 94% 以上。有理由相信, 通过广大学者的持续探索研究, 必将设计出器件制备工艺更加简单, 材料易于合成制备并且合成路线少的适合商业化生产应用的有机光伏器件。

鉴于上述分析, 未来有机太阳能电池的发展方向应协同考虑光伏器件的光电转换效率、活性层材料的合成成本、器件的制备工艺及器件的稳定性等四方面因素。根据文献调研, 以及笔者对有机光伏领域的理解, 绘制了有机太阳能电池领域发展过程中, 对大规模生产应用面临的几个限制因素的关系图(图1.7)。想要实现有机光伏的大规模生产应用上述几方面因素缺一不可, 需要协同进步才能推动该领域的大规模商业化生产应用。因此, 在后续的介绍中, 将从有机太阳能电池的发展历程、活性层材料、器件制备工艺、活性层形貌优化、器件的稳定性等方面着手, 阐述有机太阳能电池的发展情况。

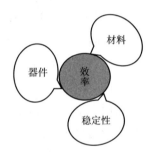

图 1.7　有机太阳能电池发展的几个限制因素之间的关系

参考文献

[1] Wang J., Zhan X. Fused – ring electron acceptors for photovoltaics and beyond[J]. Acc. Chem. Res., 2021, 54(1): 132 – 143.

[2] Wan X., Li C., Zhang M, Chen Y. Acceptor – donor – acceptor type molecules for high performance organic photovoltaics – chemistry and mechanism [J]. Chem. Soc. Rev., 2020, 49: 2828 – 2842.

[3] Yan C., Barlow S., Wang Z., Yan H., Jen A. K. – Y., Marder S. R., Zhan X. Non – fullerene acceptors for organic solar cells[J]. Nat. Rev. Mater., 2018, 3(3): 18003.

[4] Yao H., Wang J., Xu Y., Zhang S., Hou J. Recent progress in chlorinated organic photovoltaic materials[J]. Acc. Chem. Res., 2020, 53(4): 822 – 832.

[5] Cui Y., Xu Y., Yao H., Bi P., Hong L., Zhang J., Zu Y., Zhang T., Qin J., Ren J.,

Chen Z. , He C. , Hao X. , Wei Z. , Hou J. Single – junction organic photovoltaic cell with 19% efficiency[J]. Adv. Mater. , 2021, 33(41): 2102420.

[6]Guo C. , Li D. , Wang L. , Du B. , Liu Z. X. , Shen Z. , Wang P. , Zhang X. , Cai J. , Cheng S. , Yu C. , Wang H. , Liu D. , Li C. Z. , Wang T. Cold – aging and solvent vapor mediated aggregation control toward 18% efficiency binary organic solar cells[J]. Adv. Energy Mater. , 2021, 11(39): 2102000.

[7]Meng L. , Zhang Y. , Wan X. , Li C. , Zhang X. , Wang Y. , Ke X. , Xiao Z. , Ding L. , Xia R. , Yip H. – L. , Cao Y. , Chen Y. Organic and solution – processed tandem solar cells with 17.3% efficiency[J]. Science, 2018, 361(6407): 1094 – 1098.

[8] Duan L. , Uddin A. Progress in Stability of Organic Solar Cells [J]. Adv. Sci. , 2020, 7 (11): 1903259.

[9]Cheng P. , Yang Y. Narrowing the band gap: the key to high – performance organic photovoltaics [J]. Acc. Chem. Res. , 2020, 53(6), 1218 – 1228.

[10]Karki A. , Gillett A. J. , Friend R. H. , Nguyen T. Q. The path to 20% power conversion efficiencies in nonfullerene acceptor organic solar cells [J]. Adv. Energy Mater. , 2020, 11 (15), 2003441.

[11]Xie B. , Chen Z. , Ying L. , Huang F. , Cao Y. Near – infrared organic photoelectric materials for light – harvesting systems: organic photovoltaics and organic photodiodes [J]. InfoMat, 2019, 2(1): 57 – 91.

[12]Lin Y. , Wang J. , Zhang Z. G. , Bai H. , Li Y. , Zhu D. , Zhan X. An Electron Acceptor Challenging Fullerenes for Efficient Polymer Solar Cells [J]. Adv. Mater. , 2015, 27 (7): 1170 – 1174.

[13]Yuan J. , Zhang Y. , Zhou L. , Zhang G. , Yip H. – L. , Lau T. – K. , Lu X. , Zhu C. , Peng H. , Johnson P. A. , Leclerc M. , Cao Y. , Ulanski J. , Li Y. , Zou Y. Single – junction organic solar cell with over 15% efficiency using fused – ring acceptor with electron – deficient core[J]. Joule, 2019, 3(4): 1140 – 1151.

第 2 章 有机太阳能电池简介

随着人类社会的快速发展和工业化进程的不断推进，当今世界对于能源与环境的需求日益提高。能源消耗的 70% 主要来自传统的化石能源，包括煤炭、石油、天然气等。传统的化石能源燃烧的过程中不仅会释放大量污染物质，而且其储量也是有限的，随着近些年来过度的开发利用，人类面临着日益严重的能源危机与环境污染问题。为了缓解环境压力，一定程度上解决能源危机的问题，开发并利用新型可再生的绿色能源迫在眉睫。在众多的绿色可再生能源中，太阳能因其储量丰富、分布广泛、绿色无污染等优势受到了国内外科学家的广泛关注。

太阳能的利用方式主要包括光电转换、光热转换、光化学转换三类。其中，太阳能电池作为一种将太阳能转化为电能的高效光电器件，是实现太阳能光电转换的重要途径之一。太阳能电池主要可分为硅基太阳能电池、染料敏化太阳能电池、量子点太阳能电池、铜铟镓硒太阳能电池、钙钛矿太阳能电池、有机太阳能电池等，各类太阳能电池目前的发展状况如图 2.1 所示。目前获得大规模商业化生产制备的太阳能电池主要是硅基太阳能电池，该类光伏器件因其材料制备工艺复杂、生产成本高、不具有柔性制备的缺点，发展受限。相比于已经商业化生产制备的硅基太阳能电池，有机太阳能电池具有材料来源广泛、材料结构易于调

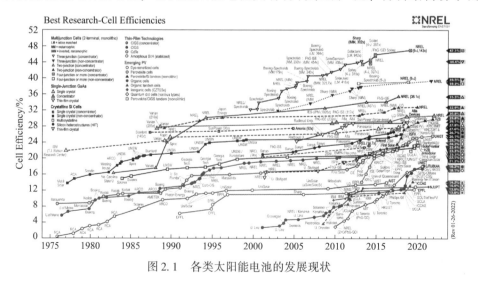

图 2.1 各类太阳能电池的发展现状

控、低成本、可溶液加工处理、可柔性大面积卷对卷印刷制备器件、具有可调控的绚丽多彩的颜色等优势获得了国内外众多科学家的高度重视。近十年来，随着各国科学家尤其是中国科学家的不懈努力，在有机太阳能电池活性层材料的设计合成、器件工艺优化等方面取得了突飞猛进的提升。其中单结器件光电转换效率已经超过19%，叠层器件光电转换效率已达到20.2%。有机太阳能电池显示出巨大的发展潜力，展现出赶超无机太阳能电池的发展势头。

纵观有机太阳能电池的发展历程，高效的活性层材料的设计合成是其快速发展的前提基础。器件性能的优化，例如活性层形貌的调控及界面材料的选择是发挥活性层材料最优性能的关键。活性层材料主要包括给体材料以及受体材料，给体材料包括小分子给体与聚合物给体材料；受体材料主要包括富勒烯衍生物受体材料以及非富勒烯受体材料，非富勒烯受体材料主要包括聚合物受体材料和小分子受体材料。其中小分子受体材料因其合成路线简单、结构确定、能级易调控、成本低廉、易纯化、不存在批次问题等优势引起人们的广泛关注。又因其结构多样性、性能高效、吸光、能级易调控等优点，一跃成为目前的研究热点。

下面，将从有机太阳能电池发展历程、器件评价参数、器件工作原理及未来发展潜力四个方面简述有机太阳能电池的发展状况。

2.1　有机太阳能电池的发展历程

早在1839年，科学家首次发现光生伏打效应。20世纪50年代，H. Kallmann等研发了首个肖特基器件，主要采用单晶蒽作为活性物质，采用两个功函数不同的金属作为金属电极，制成了三明治夹心结构的肖特基器件。该器件获得了0.2V的开路电压。尽管该器件在当时获得了较低的光电转换效率，但是被认为是有机太阳能电池领域的第一个光伏器件。在随后的很多年里，有机太阳能电池发展迟缓，主要受限于合适的中间活性层材料和器件制备工艺。直到1986年，邓青云博士研发出双层异质结有机太阳能电池，在该研究中，采用蒸镀的方法分别将给体材料酞菁铜(CuPc)和受体材料四羧酸基苝衍生物(PV)蒸镀在铟掺杂导电玻璃(ITO)和金属银电极之间，制成了具有双层异质结结构的有机太阳能电池，并获得了0.95%的光电转换效率。

随着研究的持续深入，双层异质结器件性能受限的主要原因是有机半导体材料的激子扩散长度较短，约10～20nm，导致有机太阳能电池活性层薄膜厚度受到限制，进而限制器件的光捕获能力，难以获得高的短路电流密度。1992年，A. J. Heeger与K. Yoshino等几乎同时发现共轭聚合物与富勒烯材料之间存在有效的光诱导电荷转移，并且其激子解离效率几乎可达到 100%。为后续更高性能光伏器件的研究奠定了基础。1995 年 Yu 等科学家首次提出了本体异质结结构的器件(Bulk – heterojunction，BHJ)。创造性地将聚合物给体分子 MEH – PPV 与富勒烯衍生物 $PC_{61}BM$ 共混，从而有效地增大了给受体界面的接触面积，为获得较高的光电转换效率提供了可能。这种给受体共混得到的本体异质结结构具有纳米尺度的互穿网络结构，相应光伏器件获得了 2.9% 的光电转换效率。由于本体异质结结构有效扩大了给受体之间的接触面积，可以有效地促进激子在给受体界面的解离效率，逐渐成为有机太阳能电池领域的研究主流。并极大推动了有机太阳能电池获得快速的发展。

在随后的研究中，基于 BHJ 结构的有机太阳能电池不断取得创新性研究进展，也取得一系列突破性研究成果，详见第 1 章。总的来说，得益于有机半导体材料的创新、器件制备工艺的进步、活性层薄膜后处理工艺的探索、界面层材料的进步等一系列创新性工作使有机太阳能电池在最近十年获得快速发展。其中，单结器件已获得超过 19% 的器件效率，叠层器件的光电转换效率已达到 20.2%。

2.2　有机太阳能电池的器件参数

评价有机太阳能电池器件性能好坏的关键参数就是器件的光电转换效率，该性能主要是通过光照下电流 – 电压曲线(J – V)来表征。即在一个标准太阳光照射下(AM 1.5G，100mW·cm^{-2})获得太阳能电池的几个重要参数，包括光电转换效率(Power Conversion Efficiency，PCE)、短路电流密度(Short – Circuit Current Density，J_{sc})、开路电压(Open – Circuit Voltage，V_{oc})、填充因子(Fill Factor，FF)。有机太阳能电池的 J – V 特性曲线如图 2.2 所示。

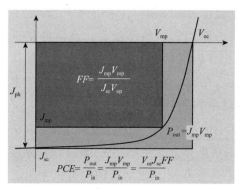

图 2.2　有机太阳能电池的 J – V 特性曲线

光电转换效率：太阳能电池的最大输出功率(P_m)与入射光强度(P_{in})之间的比值，PCE 是评价器件性能好坏最直观的参数。其计算公式如下：

$$PCE = \frac{P_m}{P_{in}} = \frac{V_{oc} \times J_{sc} \times FF}{P_{in}}$$

式中，P_m 与 P_{in} 分别指电池的最大输出功率与输入功率。从式中可以看出想要获得较高性能的太阳能电池器件，需要电池的三个参数(短路电流密度，开路电压，填充因子)均非常高效。

短路电流密度：电池处于短路(即外加偏压为零)时的电流。短路电流密度也可以通过外量子效率(External Quantum Efficiency，EQE)谱图积分获得，单位为 $mA \cdot cm^{-2}$。

其中 $EQE = \eta_A \cdot \eta_{ED} \cdot \eta_{CD} \cdot \eta_{CT} \cdot \eta_{CC}$，EQE 的大小取决于其光子吸收效率($\eta_A$)，激子扩散效率($\eta_{ED}$)，激子分离效率($\eta_{CD}$)，电荷传输效率($\eta_{CT}$)以及电荷收集效率($\eta_{CC}$)。因此，器件 J_{sc} 的大小取决于电荷再生过程，这一过程依赖于光吸收之后激子的产生，激子扩散到给受体界面并分离成自由的载流子(自由的电子–空穴对)等过程。也就是说影响电荷再生、电荷传输、电荷复合以及电荷收集的因素都会影响短路电流密度的大小。

开路电压：在外电路断开即输出电流为零时器件的电压。一般认为主要取决于给体分子的最高占据轨道(HOMO)能级与受体分子的最低空轨道(LUMO)之间的能级差，单位为伏特(V)。同时也与载流子再生与复合速率有关，其中器件的双分子复合增多时也会降低其开路电压。另外，给体材料电离势或者受体材料的电子亲和能等因素也会影响其 V_{oc} 的大小。

填充因子：器件的最大输出功率与开路电压短路电流密度乘积之间的比值。在 OSCs 器件参数中 FF 是研究者们理解最少的一个，同时想要获得较高的 FF 也是有机太阳能电池领域的一个挑战。研究发现，获得较高且匹配的电荷迁移率，较优的活性层形貌，较少的电荷复合都可以获得较高的 FF。

2.3　有机太阳能电池的工作原理

如图 2.3 所示，有机太阳能电池由光能到电能的转换通常要经历五个过程：(1)光照下给体/受体吸收光子产生激子(光吸收与激子产生)；(2)激子扩散到给

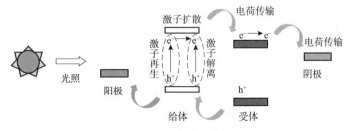

图 2.3　有机太阳能电池工作原理示意图

受体界面(激子扩散);(3)激子在给受体界面处解离为自由的自由载流子即电子 – 空穴对(激子解离);(4)自由的载流子在相应的相中向相应的电极传输(电荷传输);(5)电荷被相应的电极收集(电荷收集)。

2.3.1 光吸收与激子产生

在太阳光照射下,给受体分子吸收相应波段的光子使电子由其最高占据轨道(HOMO)跃迁至最低空轨道(LUMO)从而产生激子(电子 – 空穴对)。在 OSCs 器件中吸收更多的光子用以转换成激子是产生较高短路电流密度的前提。活性层材料中给体与受体材料的吸收光谱范围、材料的吸光能力(即摩尔吸光系数)、活性层厚度等都是影响光伏器件活性层材料对太阳光吸收效率的因素。另外,与富勒烯体系激子主要由给体材料提供不同,非富勒受体体系的有机光伏器件中给受体材料均可产生激子,这也是非富勒烯体系能够获得较高光伏性能的主要原因。因此,设计合成具有较宽吸光范围的活性层材料(给受体分子)是获得高性能太阳能电池的基础。

2.3.2 激子扩散

激子产生后,扩散到给受体界面,产生电荷转移态(Charge Transfer State,CT 态)。而在此之前,激子会发生两种转移过程,其一,发生单分子复合回到基态,通过发射荧光的形式释放能量。其二,顺利扩散到给受体界面进行下一过程。研究发现在 BHJ 结构中控制给受体相分离尺度在 10nm 附近有利于减少单分子复合从而提高器件效率。

2.3.3 激子解离

对于激子分离来说,由于无机半导体材料与有机半导体材料最大的不同就在于有机材料通常具有较小的介电常数(ε 约等于 3),而无机材料具有较大的介电常数(ε 大于 10),因此,有机材料通常具有较大的库伦势垒(即束缚能),使其在给受体界面处需要额外的驱动力来完成激子分离。也就是说在激子形成电荷转移态(CT 态)时需要在合适的内建电场作用下才能完成激子分离。而内建电场的大小主要取决于给体材料的 HOMO 能级与受体材料的 LUMO 能级之间的差值,通常认为给受体之间 HOMO 及 LUMO 之间能级差都应大于 0.3eV 才能保证激子的有效分离。研究表明,对于非富勒烯体系来说,当 ΔE_{LUMO} 和 ΔE_{HOMO} 的差值小于 0.3eV 时激子也能发生有效的分离并且获得较高的光电转换效率。

2.3.4 电荷传输

激子解离形成自由的电子和空穴之后，在内建电场的驱动下，自由的电子和空穴分别沿着受体和给体的相传输到相应的阴极和阳极完成电荷传输。在电荷传输的过程中已发生电荷复合，即间接复合和双分子复合。间接复合是电荷在传输过程遇到缺陷复合态或者电荷复合中心，被陷阱捕获。双分子复合指的是电荷传输到不够连续的相区之后，电荷的大量积累发生的复合。因此，在后续的设计合成过程中，设计具有较高迁移率的活性层给受体材料、优化活性层形貌获得平衡的电子/空穴迁移率及相分离尺度都是降低电荷复合、提升器件光电转换效率的有效手段。

2.3.5 电荷收集

电荷收集指的是自由电子和空穴在内建电场的驱动下分别迁移到阴极和阳极附近，被相应的电极收集并传至外电路，形成电流。在该过程中，活性层材料和金属电极之间存在较大的能量势垒，因此在活性层材料与金属电极之间引入合适的电子/空穴传输层材料可以使二者形成良好的欧姆接触，有利于提高电荷的收集效率。

2.4 有机太阳能电池的发展潜力

经过近30年的努力，有机太阳能电池实现了器件效率从低于1%向超过20%的突破，这主要得益于科学家对有机太阳能电池器件工作原理的深入理解、对光伏器件活性层材料的不断创新、器件制备工艺以及界面层材料的进步等。在有机太阳能电池的发展过程中活性材料的研究是关键及基础。早期的研究主要集中在给体材料的设计合成，受体材料为富勒烯衍生物。然而富勒烯材料具有吸光范围窄、能级难以调控，合成与纯化成本高等缺陷，而且基于富勒烯体系的有机光伏器件效率已基本接近理论极限。因此，非富勒烯受体材料的设计与器件研究获得了广泛关注。近5年来，非富勒烯小分子受体材料的研究取得了突破性进展。

器件方面，本体异质结结构的发现直接推动了有机太阳能电池的发展。随着活性层材料的发展，逐渐出现了将两个，三个甚至更多的子电池通过连接层连接到一起从而制备叠层器件。或者通过第三组分加入的三元器件，以获得拓展的光谱吸收和改善的活性层形貌。新材料的设计合成、器件结构、叠层及三元器件等策略，极大推动了有机太阳能电池的迅速发展。在未来的发展过程中，进一步简化器件制备工艺，设计更加简便高效的器件制备工艺，符合大规模的生产制备也是未来的发展方向。

稳定性方面，面对未来的商业化生产制备，器件的稳定性问题是需要高度重视的重要方面。从材料角度来说可以设计合成稳定性更强、合成路线更简单、价格更便宜的小分子材料，尤其目前大多数活性层材料均采用双键的方式与末端基团连接，这也是引起材料不稳定性最主要的问题。因此，从材料角度可以设计一些通过单键等方式与末端基团连接的方式，消除材料本身不稳定的因素。从器件本身来说，目前的翻转器件消除了原正向器件采用 PEDOT：PSS 对水敏感的空穴传输层材料，大大提升了器件的稳定性。在后续的设计过程中，可以对器件结构、连接层及电极材料等方面进一步设计优化，设计研究出具有更高稳定性的光伏器件结构，为后续的商业化生产应用奠定基础。

参考文献

[1] Li Y. F. Molecular design of photovoltaic materials for polymer solar cells：toward suitable electronic energy levels and broad absorption[J]. Acc. Chem. Res. 2012，45(5)：723 – 733.

[2] Naveed H. B.，Zhou K.，Ma W. Interfacial and bulk nanostructures control loss of charges in organic solar cells[J]. Acc. Chem. Res. 2019，52(10)：2904 – 2915.

[3] Lu L.，Zheng T.，Wu Q.，Schneider A. M.，Zhao D.，Yu L. Recent advances in bulk heterojunction polymer solar cells[J]. Chem. Rev. 2015，115(23)：12666 – 12731.

[4] Huang Y.，Kramer E. J.，Heeger A. J.，Bazan G. C. Bulk heterojunction solar cells：morphology and performance relationships[J]. Chem. Rev. 2014，114(14)：7006 – 7043.

[5] Brabec C. J.，Heeney M.，McCulloch I.，Nelson J. Influence of blend microstructure on bulk heterojunction organic photovoltaic performance[J]. Chem. Soc. Rev. 2011，40(3)：1185 – 1199.

[6] Li G.，Zhu R.，Yang Y. Polymer solar cells[J]. Nat. Photon. 2012，6：153 – 161.

[7] Cheng P.，Yang Y. Narrowing the Band Gap：The Key to High – Performance Organic Photovoltaics[J]. Acc. Chem. Res. 2020，53(6)：1218 – 1228.

[8] Liu F.，Zhou L.，Liu W.，Zhou Z.，Yue Q.，Zheng W.，Sun R.，Liu W.，Xu S.，Fan H. Organic solar cells with 18% efficiency enabled by an alloy acceptor：a two – in – one strategy [J]. Adv. Mater. 2021，33(27)：2100830.

[9] Jin K.，Xiao Z.，Ding L. J. 18.69% *PCE* from organic solar cells[J]. Semiconduct. 2021，42 (6)：1060502.

[10] Fu H.，Wang Z.，Sun Y. Polymer donors for high – performance non – fullerene organic solar cells[J]. Angew. Chem. Int. Ed. 2019，58(14)：4442 – 4453.

［11］He Z. , Wu H. , Cao Y. Recent advances in polymer solar cells: realization of high device per-
formance by incorporating water/alcohol – soluble conjugated polymers as electrode buffer layer
［J］. Adv. Mater. 2014, 26(17): 1006 – 1024.

［12］Heeger A. J. 25th anniversary article: bulk heterojunction solar cells: understanding the mecha-
nism of operation［J］. Adv. Mater. 2014, 26(1): 10 – 27.

［13］Lu L. , Zheng T. , Wu Q. , Schneider A. M. , Zhao D. , Yu L. Recent advances in bulk het-
erojunction polymer solar cells［J］. Chem. Rev. 2015, 115(23): 12666 – 12731.

［14］Yan C. , Barlow S. , Wang Z. , Yan H. , Jen A. K. – Y. , Marder S. R. , Zhan X. Non –
fullerene acceptors for organic solar cells［J］. Nat. Rev. Mater. 2018, 3: 18003.

第3章 有机太阳能电池的给体材料

活性层材料在有机太阳能电池的发展过程中扮演着重要的角色。富勒烯衍生物作为受体材料是目前研究最为深入且应用最广泛的。基于富勒烯及其衍生物为受体材料的发展阶段中，新型高效给体材料的设计与合成是推动 OSCs 器件快速发展的重要组成部分。在此基础上，可溶液处理有机太阳能电池不断地取得突破，无论是器件效率还是稳定性都获得明显的提高。有机太阳能电池给体材料通常可分为聚合物给体材料与寡聚小分子给体材料。经过研究者们的不懈努力，人们逐渐发现分子结构差异对分子本征性质以及 OSCs 器件光伏性能的影响。本章将系统阐述有机太阳能电池领域给体材料的研究进展具体包括聚合物以及小分子给体材料的研究进展。

3.1 聚合物给体材料

聚合物给体材料是最早应用于本体异质结太阳能电池中的给体材料，1995年 Yu 等科学家首次报道的以 MEH – PPV 为聚合物给体材料，富勒烯衍生物作为受体材料，揭开了聚合物给体材料的发展篇章。聚合物给体材料由最初较为普遍使用的聚噻吩单元(如 P3HT)到现如今高效的 Donor – Acceptor(D – A)共聚结构单元，结构的革新对 OSCs 的发展起到了关键的作用。而具有 D – A 交替共聚物的给电子单元与拉电子单元均易于修饰和易调控的光电性质，使之成为目前较为成功的设计方案。同时与之匹配的受体材料也由最初的富勒烯衍生物(如 $PC_{61}BM$、$PC_{71}BM$、ICBA 等)发展到非富勒烯受体材料。

3.1.1 基于聚噻吩单元的聚合物给体材料

聚噻吩单元因其具有较好的热稳定性及优异的光电性能，是目前有机光电材料使用最多也是研究最透彻的构筑单元。如具有显著自组装及优良电荷传输能力的 P3HT 聚合物给体材料(图3.1)，当与 $PC_{61}BM$ 共混时最高获得了5%的光电转换效率。聚噻吩体系给体材料与非富勒烯受体也取得了与富勒烯受体几乎相当的光电转换效率。如陈红征教授等报道了具有较高最低空轨道(LUMO)能级的非富勒烯受体 SF(DPPB)$_4$，获得高达 5.16% 的器件效率。此外，当引入大稠环共轭骨架时，McUlloch 等合成了小分子受体 O – IDTBR，可以有效地利用更宽范围的太阳光子，从而获得高达 13.9mA·cm^{-2} 的 J_{sc} 和最高 6.4% 的光电转换效率。在后续的研究中，当在基于 P3HT：O – IDTBR 的体系引入第三组分，更加充分地利用太阳光时，得益于器件获得了更强的光捕获能力和相分离，最终光伏器件获得高达 7.7% 的光电转换效率。

伴随着非富勒烯受体材料的快速发展，例如基于苝二酰亚胺(PDI)和萘二酰亚胺(NDI)等的发展，该类材料与 P3HT 共混时最初仅获得小于 3% 的光电转换效率，这主要是由于活性层材料吸收光谱的重叠和相对低的 LUMO 能级。而基于 PDI 和 NDI 的聚合物受体与 P3HT 组成全聚合物太阳能电池时器件效率也较低，主要是由于较差的薄膜形貌引起的。

考虑到 P3HT 有限的吸光范围和较高的 HOMO 能级，为了获得更高的光伏性能，2014 年侯剑辉研究员等设计合成了聚合物 PDCBT，创造性地引入了拉电子能力的羧酸酯烷基链代替纯烷基链，使得 PDCBT 具有降低的 HOMO 能级(降低 0.36eV)以及较强的 $\pi - \pi$ 堆积效应。当与 PC$_{71}$BM 共混时获得了 7.2% 的光电转换效率。随着非富勒烯受体材料的发展，当 PDCBT 与稠环受体分子 ITIC 共混时获得了高达 10.16% 的光电转换效率。其相应结构式如图 3.1 所示。

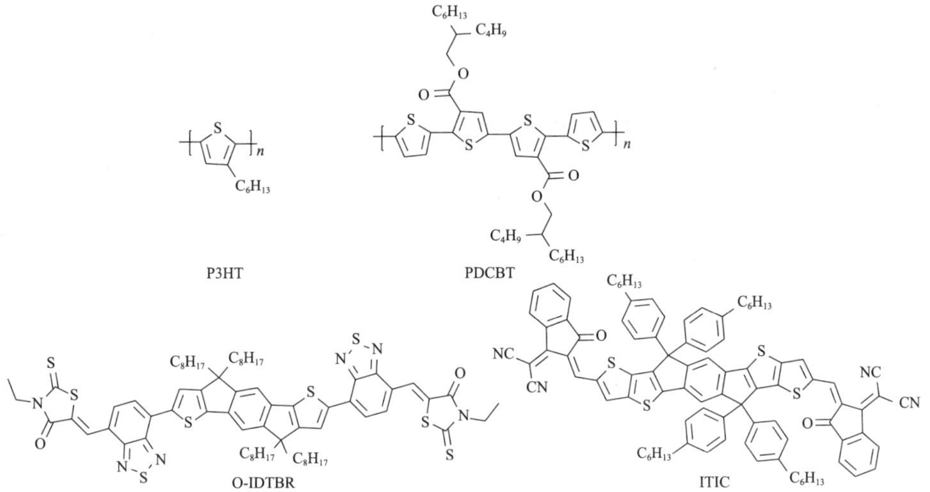

图 3.1　相应给体及受体材料的结构式

由于聚噻吩体系材料相对较窄和有限的吸收光谱能力，使得该类材料在具有 D – A 交替共聚形式的聚合物出现后，受到一定的冲击。随着近些年非富勒烯稠环受体材料的快速发展，采用这类具有合成路线简单、收率高、成本低廉、稳定性高的聚噻吩给体材料重新进入大众的视野,并且展现出独特的发展优势。通过合理地给受体材料匹配、后处理工艺的优化和器件制备工艺的创新,该类聚噻吩材料展现出较大的发展潜力。

3.1.2 基于苯并二噻吩单元的聚合物给体材料

D-A交替共聚物是具有给电子能力的给体和拉电子能力的受体交替连接组成的构筑单元,可以有效地促进分子内电荷转移(ICT)过程,使材料的吸收光谱进一步红移。具有D-A交替共聚的材料可以有效地对给体D单元和受体A单元进行有效的结构调控以调节材料的光学和电化学性质。因此,这类构筑单位元被认为是目前发展最成功的聚合物光伏材料。

1. 基于BDT和TT单元的聚合物给体

苯并二噻吩(BDT)单元具有较强的给电子能力和良好的共平面性,该构筑单元的二维侧链可进行一系列修饰,进一步调控材料的吸收光谱、能级结构和分子堆积等性质。因此BDT单元被广泛地应用于D-A交替共聚物的设计合成中,并且取得了商业化的研究结果。在D-A交替共聚物中,TT单元上引入酯基以及拉电子能力的氟原子亦受到广泛关注。2009年,俞陆平教授等报道了一系列基于给电子单元BDT与拉电子单元TT共聚的聚合物,这也是PTB系列共聚物发展的开端。紧接着通过侧链修饰获得了一系列高性能聚合物给体如PTB7、PBDTTT-C-T、PTB7-Th和PBDT-TS1等(图3.2)。这些聚合物在OSCs领域已成为经典的聚合物体系。PTB系列聚合物与$PC_{71}BM$受体已经获得了超过10%的光电转换效率,与非富勒烯受体制备器件已经获得了超过12%的光电转换效率。其中PTB7-Th(也被称为PCE10)是目前OSCs领域应用最广泛的聚合物之一。

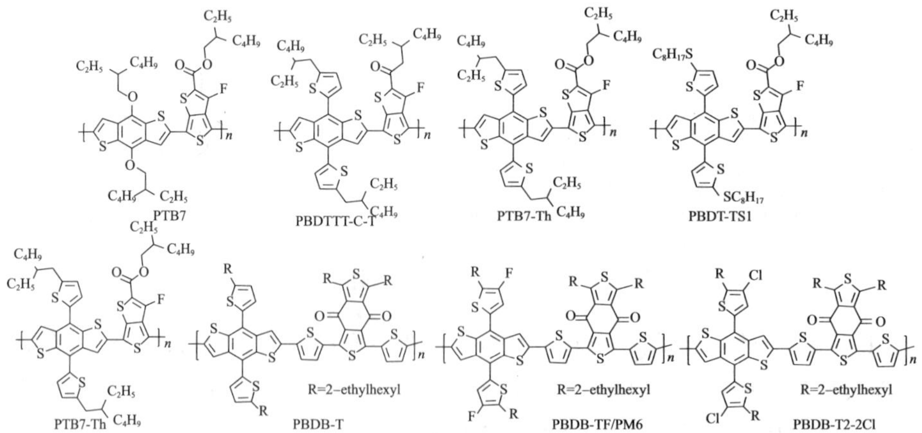

图3.2 基于PTB结构的聚合物给体的部分结构式

研究者通过对不同构筑单元的修饰已经获得一系列高效率的聚合物给体材料，比如目前应用广泛且可以商业化购买的 PTB7 – Th（PCE10）、PBDB – T、PB-DB – TF（PM6）、PBDB – T2 – 2Cl 等。具有缺电子的酯基或者羰基取代的噻吩并 [3，4 – b] 噻吩（TT）单元具有良好的醌式共振结构，是良好的光伏材料 A 单元。基于 BDT 与 TT 单元交替共聚的聚合物给体材料取得了良好的光电相应性质，并获得了快速发展。Yu 等研究团队发展了一系列基于 BDT 与 TT 单元聚合物给体使器件的 J_{sc} 和 PCE 提高了大约 50%（从 4% 提高到 6%）。氟原子的引入等策略可以降低材料的 HOMO 能级，侧链工程的调控可以有效调控材料的性质进而获得一系列高效率聚合物给体材料，如 PTB7、PBDB – TT – CF、PTB7 – Th 等。这些探索发现使有机太阳能电池体系的光电转换效率提升到 8% 以上。吴宏滨教授和曹镛院士等从界面修饰角度出发，采用聚合物电解质成功地提升了基于 BDT 单元的聚合物给体材料，使器件的性能由 7.4% 提升到 9.2%（器件结构：ITO/ZnO/PFN/polymer：PC$_{71}$BM/MoO$_3$/Ag）。BDT 单元的氟化修饰也是提升器件性能较好的策略，可以使材料具有较宽的可见光吸光范围和有效的给体受体界面的电荷分离。通过器件性能的优化，当采用 PC$_{71}$BM 为受体，目前基于 BDT 和 TT 单元的聚合物给体已获得超过 10% 的光电转换效率。基于明星聚合物给体 PTB7 – Th 的聚合物给体，当与目前发展较好的非富勒烯受体匹配时，也取得了一系列性能的突破。主要由于 PTB7 – Th 具有相对较窄带隙（1.6eV）和较深和 HOMO 能级（约为 –5.2eV），使得该类材料与大多数的小分子受体有较好的能级匹配。

目前研究较多的稠环小分子受体 ITIC 来说，当与窄带隙聚合物给体 PTB7 – Th 搭配时，尽管材料具有较大范围的吸收光谱重叠区域，该体系依然获得了 6.8% 的器件效率。当采用吸收光谱互补的 PDI 类宽带隙非富勒烯受体时，基于 PTB7 – Th：TPB 体系获得高达 8.5% 的光电转换效率，主要得益于该体系获得了超过 18mA · cm^{-2} 的 J_{sc}，与基于 PTB7 – Th：PC$_{71}$BM 的器件展现出相当的短路电流密度（15 ~ 19mA · cm^{-2}）。在其他吸光相对互补的体系中，朱晓张研究员等报道了基于 PTB7 – Th：ATT – 1 的光伏器件，该器件展现出匹配的分子能级、较好的载流子迁移特性以及薄膜形貌，因此获得高达 10.07% 的光电转换效率。丁黎明研究组将具有窄带隙吸收的非富勒烯受体 COi$_8$DFIC 引入到体系中，设计制备了高效率的单结器件，由于互补的吸收光谱以及较宽的近红外光谱响应，器件获得超过 26mA · cm^{-2} 的 J_{sc} 和高达 12.16% 的 PCE。在随后的研究中，当在体系引入第三组分 PC$_{71}$BM，进一步优化活性层形貌，增强短波长方向薄膜的光谱响应，最终获得了超过 28mA · cm^{-2} 的 J_{sc} 和超过 14% 的 PCE。同样地，基于该材料为聚合物给体材料的体系，笔者也获得了超过 13% 的光电转换效率。在这部分工作中，笔者设计合成了具有较宽近红外吸光范围的小分子受体 3TT－FIC，其中聚合物给体 PTB7－Th 与 3TT－FIC 具有较好的吸收光谱互补和匹配的分子能级，基于 PCE10：3TT－FIC 的二元器件获得了 12.21% 的光电转换效率。基于这个体系，笔者也研究了加入第三组分 PC$_{71}$BM 对器件光伏性能及形貌的影响，通过器件优化，在保持较高填充因子（FF）的同时获得 27.73mA·cm^{-2} 的短路电流密度，最终得到 13.54% 的光电转换效率，这也是当时报道的三元器件的最高效率之一。

在后续的工作中，笔者通过烷基侧链对于中间构筑单元的微小修饰，设计合成了中间核带有两个柔性侧链的非富勒烯受体分子 3TT－OCIC。相比于未引入柔性烷基链的分子 3TT－CIC，基于 PTB7－Th：3TT－OCIC 的器件显示出更强的光吸收能力从而产生较高的短路电流密度。通过简单的分子设计结合器件优化可以同时提升器件的开路电压及短路电流密度，最终获得了 13.13% 的光电转换效率。值得指出的是，基于烷基链修饰的 3TT－OCIC 受体分子光伏器件还表现出较高的稳定性，在空气中放置 44 天后器件仍可保持最初 94% 以上的器件效率；氮气下持续加热 44 天后可保持最初效率的 86%。考虑到 3TT－OCIC 分子较宽的光谱吸收范围以及优异的光伏性能，笔者构筑了基于 3TT－OCIC 为后电池材料的叠层器件，获得了 15.72% 的光电转换效率。部分小分子受体的结构式如图 3.3 所示。

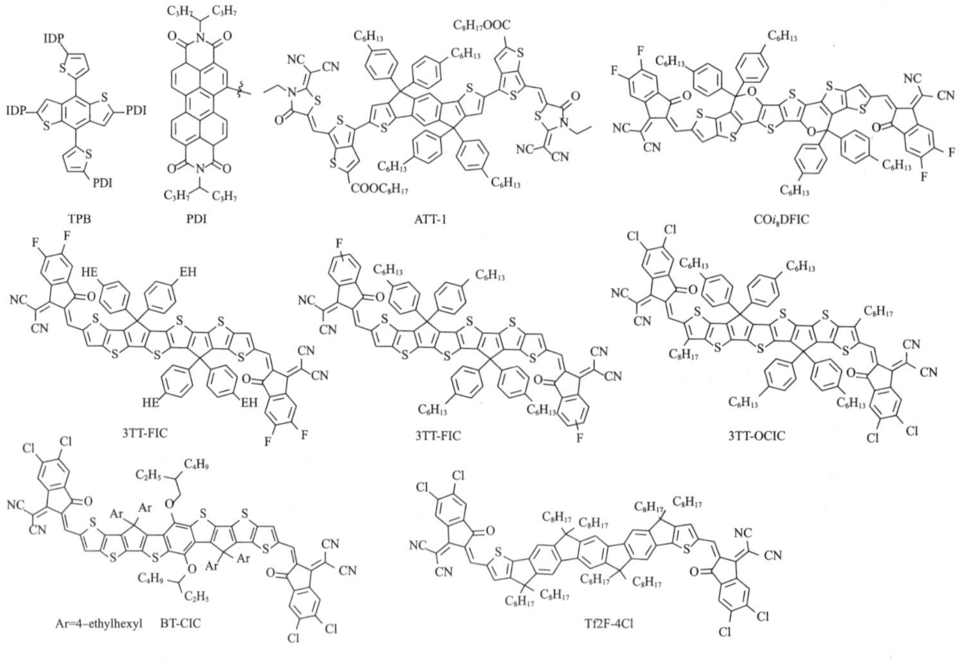

图 3.3 部分小分子受体的结构式

PTB7－Th 另外一个优异的性质就是当与近红外小分子受体匹配时可以在保

持较高透光率的同时，制备高效的半透明有太阳能电池（ST - OSCs）。例如占肖卫教授团队报道的窄带隙小分子受体 FOIC，当与窄带隙聚物 PTB7 - Th 共混时，共混体系展现较强的近红外吸收光谱，在可见光区展现较弱的吸收光谱，该体系可以高效地捕获近红外光区的太阳光以获得高效率，同时保持高效的可见光透过率。其结果是基于 PTB7 - Th：FOIC 的体系获得高达 10.3% 的光电转换效率，同时器件在可见光区获得高达 37% 的可见光透过率。

在后续的研究中，基于 PTB7 - Th 的半透明器件层出不穷。如 Forrest 等报道的具有近红外吸收的非富勒烯受体 BT - CIC，在可见光平均透过率高达 43% 时基于 PTB7 - Th：BT - CIC 的半透明器件仍获得 7.1% 的器件效率。基于 PTB7 - Th：BT - CIC 为后电池材料的叠层器件也获得超过 15% 的里程碑式研究进展。2018年，陈永胜教授等通过理论模拟，也充分利用了 PTB7 - Th 的优异光电性质，采用 PTB7 - Th：CO_{i_8}DFIC：PC_{71}BM 作为叠层电池的后电池材料，以具有较好近红外吸收的 PBDB - T：F - M 作为叠层器件的前电池材料，成功制备了高效率的叠层有机太阳能电池（17.3%），并在较长的时间内刷新了该领域的光电转换效率值。在最新的研究中，华南理工大学的黄飞教授设计了新型高效的宽带隙小分子受体，并且成功获得开路电压大于 1V 的光伏器件（PM7：TfIF - 4Cl），当采用与上述叠层器件相同的后电池材料 PTB7 - Th：CO_{i_8}DFIC：PC_{71}BM 时获得了目前最高 18.71% 的叠层器件效率。通过上述的研究进展分析可知，PTB7 - Th 是一类优异的窄带隙聚合物给体材料，无论在单结器件、三元器件、叠层器件还是半透明光伏器件中都展现出优秀的光电性质。

2. 基于 BDT 和 BDD 单元的聚合物给体

BDD 单元具有非常优异的共平面共轭骨架，可以有效地促进电荷的离域和分子内的电荷转移。侯剑辉研究员和孙艳明教授等分别利用 BDD 单元作为缺电子基团与不同给电子单元搭配构筑了一系列宽带隙聚合物给体材料。基于 BDT 与 BDD 交替共聚的聚合物给体材料是目前应用最广泛也是非常高效的聚合物给体材料之一。如图 3.4 所示，对 BDT 二维侧链上引入烷硫基（PBDB - T - SF）或者在烷基链旁边引入氟原子（PM6）、氯原子（PBDB - T - 2Cl，即 PM7）等使聚合物给体分子的 HOMO 能级逐渐向下移，从而提升器件的开路电压，进而提升其光伏性能。在众多的共聚物中，PDBT - T1 和 PBDB - T 由于其在非富勒烯受体领域的广泛应用的优异的光伏性能使之成为用途最为广泛的给体材料。

其中，PDBT - T1 是有 BDD 单元与具有烷基苯修饰的 BDT 单元偶联得到，该材料具有 1.85eV 的宽带隙，具有较强的刚性共平面分子骨架和较强的结晶性，有利于材料获得良好的电荷传输。同时 PDBT - T1 具有较深的 HOMO（ - 5.36eV）

有利于获得较高的开路电压。总的来说，基于 PCBT - T1：PC$_{71}$BM 的体系已经获得高达 9.7% 的光电转换效率、0.92V 的开路电压和 0.75 的填充因子。随着非富勒烯受体的快速发展，当将 PDBT - T1 与基于 PDI 的非富勒烯受体 SdiPBI - S 共混时器件的 *PCE* 已超过 7%。将 PDBT - T1 与硒原子功能化的 PDI 材料 SdiPBI - Se 和 TPH - Se 共混时，器件均可获得 8%~9% 的光电转换效率。这些体系有一个共同点，即均可获得高的 V_{oc} 和 *FF*，然而却具有一个相对较小的 J_{sc}（小于 13mA·cm^{-2}），这主要是由于该类材料的最大吸收波长仅到 700nm 限制了该类材料获得高的 J_{sc}。将 PDBT - T1 与稠环非富勒烯受体搭配时，基于 PDBT - T1：ITIC - Th 的器件获得 16.2mA·cm^{-2} 的 J_{sc}，这主要得益于 ITIC - Th 的截止吸收波长可到达 800nm 范围内。

2012 年，侯剑辉研究员等首次报道了基于 BDT 与 BDD 交替共聚的聚合物给体 PBDB - T，当与 PC$_{61}$BM 共混时，体系获得 6.67% 的 *PCE*。随着稠环非富勒烯受体的出现，PBDB - T 与明星受体 ITIC 共混时获得高达 11.21% 的 *PCE*，同时器件保持较高的热稳定性。同时侯剑辉研究组通过对 ITIC 分子末端基团的简单调控，进一步将基于 PBDB - T：IT - M 的器件效率提升到 12.05%，这也是非富勒烯体系第一次获得超过富勒烯体系效率的案例。PBDB - T 被认为是在有机太阳能电池聚合物给体材料领域获得高效率光伏器件中应用最广泛的材料之一。如陈永胜教授团队报道的基于 BDT 单元稠合的小分子受体 NFBDT，当与 PBDB - T 共混时，体系获得超过 10% 的 *PCE*。薄志山教授等将不对称侧链引入到 IDT 单元报道的 IDT - OB 分子，当与 PBDB - T 搭配时，体系也获得超过 10% 的 *PCE*。李永舫院士团队将 PBDB - T 也应用到了全聚合物太阳能电池体系中，最终发现基于 PBDB - T：PZ1 获得高达 9.19% 的 *PCE*。基于 PBDB - T 单元的聚合物太阳能电池取得了令人瞩目的结果，除了材料本身优异的吸收光谱和匹配的分子能级外，聚合物给体 PBDB - T 具有明显的温度聚集效应，这就有利于共混体系中更易形成更加纯净的聚合物 PBDB - T 的相，以获得更加优异的共混形貌。

2017 年侯剑辉研究员等同时设计给受体分子，在保证能级匹配的前提下，使其聚合物给体的 HOMO 向下移而受体分子仍保证具有较宽的吸光范围，进而获得更高的光伏性能，当采用 PBDB - T - SF：IT - 4F 作为活性层材料时，该体系获得了高达 13.1% 的效率，远高于 PBDB - T：ITIC 体系的 11.05%。随后，当采用 PM6（PBDB - TF）：IT - 4F 代替 PBDB - T - SF 聚合物给体材料时，器件开路电压与短路电流密度基本保持不变，而填充因子由 0.72 提升到了 0.77，因此获得了高达 13.7% 的器件效率。随着研究的深入，他们进一步将上述体系的 PB-DB - TF（PM6）聚合物换成了 HOMO 能级更低的聚合物 PBDB - T - 2Cl（PM7），相比于 PBDB - TF：IT -4F 体系，器件开路电压，短路电流密度均有提升，最终获得了 14.4% 的光电转换效率，该结果也是当时报道的最高单结器件效率。邹应萍研究员报道了明星稠环受体材料 Y6，该受体与聚合物 PM6 共混时持续刷新有机太阳能电池领域的光伏器件效率（16% ~ 18%）。部分设计材料的结构式如图 3.4 所示。

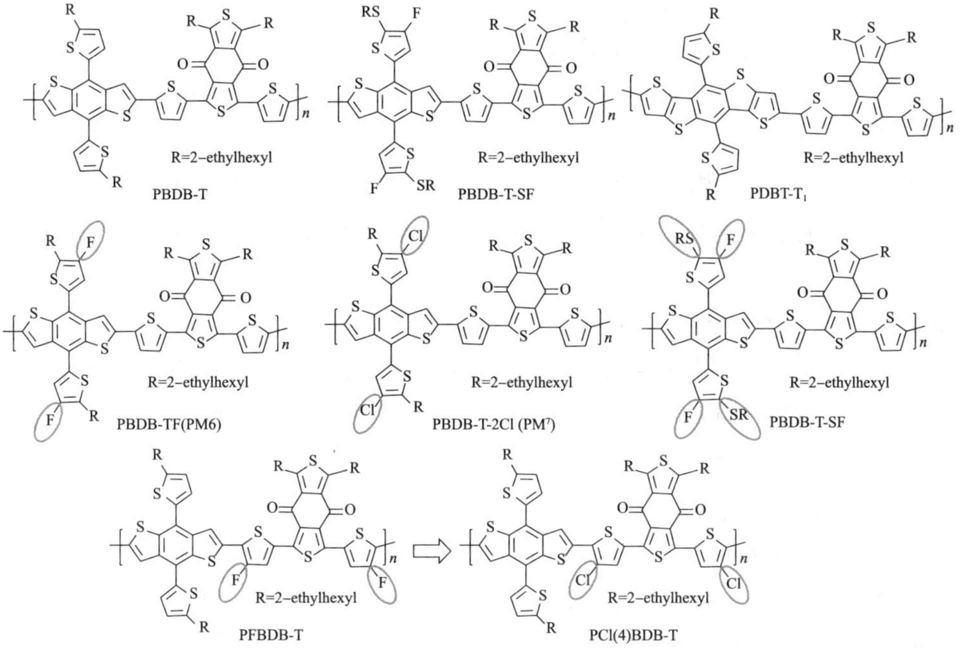

图 3.4 所涉及的部分基于 BDT 和 BDD 结构聚合物给体材料的结构式

如图 3.4 所示，基于 PBDB - T 体系，研究工作者们也做了很多对于共轭主链修饰的工作，代表性的是在中间两个噻吩单元上引入氟原子（PFBDB - T）以及氯原子[PCl(4)BDB - T]。对于 PFBDB - T 来说，当在共轭噻吩单元引入氟原子之后，相比于 PBDB - T，其 HOMO 及 LUMO 能级均向下移，有利于器件获得较高的开路电压。当采用 PFBDB - T：C8 - ITIC 作为活性层材料时，器件的开路电压发生明显的提升（由 0.87V 提升到 0.94V），从而获得了高达 13.2% 的光电转换效率。而将氟原子替换为氯原子时，相比于 PBDB - T 来说，其 HOMO 能级进一步向下移，通过器件优化，PCl(4) BDB - T：IT - 4F 体系也获得了高达 12.33% 的器件效率。

相比于基于采用噻吩侧链单元的 BDT 作为 D 单元的聚合物给体，采用苯基取代的 BDT(BDTP) 也表出现优异的光伏性能。特别是苯环结构上有 5 个可修饰位点用以调控相应聚合物材料的光伏性能。如张茂杰教授等报道了 BDTP 单元上烷氧基苯或者氟取代烷氧基苯的两个基于 BDD 单元的共聚物 POPB 和 PFOPB。相比于烷氧基取代的 POPB 来说，氟取代的 PFOPB 具有更低的 HOMO 能级，更高的摩尔消光系数和空穴迁移率。形貌研究发现，苯环间位(meta)的氟化可以有效提升材料的结晶性，因此基于 PFOPB：IT－4F 体系的共混薄膜展现更明显的相分离、更合适的相区尺寸(domain size)、和更有序的面对面(face－on)分子堆积取向。因此相比于基于 POPB：IT－4F 体系仅获得 6.2% 的 *PCE* 来说，基于 PFOPB：IT－4F 的共混体系获得高达 11.7% 的 *PCE*。该研究也说明了氟化作用在提升器件光伏性能方面的作用。当将 POPB 的烷氧基取代基由对位变为间位时，研究者设计合成了 POPB－Th，该材料具有更大的光学带隙(1.91eV)和相对较低的 HOMO 能级(相比 POPB 来说，低 0.04eV)。因此基于 POPB－Th 的纯组分展现较强的结晶性和有序的 face－on 堆积取向，使得体系获得更高的空穴迁移率 1.24×10^{-3} cm^2 · V^{-1} · s^{-1}，最终基于 POPB－Th：ITIC 的体系获得高达 10.8% 的 *PCE* 和仅为 0.54V 的开路电压能量损失。

　　侯剑辉研究员等将硫烷基链引入到 BDTP 的苯基侧链中，研究了硫烷基链位点(邻位、间位、对位)对材料空间位阻及相应光电性质的影响。理论计算研究表明，通过调整 BDT 单元二维噻吩烷基链的空间取向和位点可以有效调节相应聚合物材料的空间立体效应。结果表明，PTBB－*o* 具有最大的空间位阻、PTBB－*m* 具有中等的空间位阻，而 PTBB－*p* 具有最小的空间位阻。这样的空间位阻效应会影响材料的分子能级和聚集行为。因此，PTBB－*o* 薄膜具有最小的红移吸收光谱和最深的 HOMO 能级、而 PTBB－*p* 展现最大的红移吸收光谱和最尖锐的肩峰以及最高的 HOMO 能级。形貌研究表明，三种材料均具有明显的 face－on 堆积取向，其中 PTBB－*p* 具有最强的结晶性，而 PTBB－*o* 具有最大的空间位阻效应，因而展现出较弱的结晶性。由于不同的光物理和电化学性质，三种材料展现出不同的光伏性能。阳仁强教授等进一步报道了采用烷硫基萘或者烷氧基萘取代的 BDT 作为 D 单元设计合成了聚合物给体 PBDTNS－BDD 和 PBDTNO－BDD。烷硫侧链在调节材料光电性质及光伏性能方面具有重要的作用。因此，基于 PBDTNS－BDD 的聚合物太阳能电池表现出更优异的光伏性能。侯剑辉研究员通过进一步调节聚合物给体 PBDB－T 的烷基侧链，设计合成了 PBDB－T－BO 和 PBDB－BzT，通过侧链调控材料的溶解度和聚集行为。发现，如果进一步扩大 PBDB－T 的烷基侧链时，聚合物在溶液中的聚集行为会被削弱，因此，PBDB－T－BO 在氯苯或者四氢呋喃(THF)溶液中几乎不显示溶液聚集现象。通过延长 PBDB－T－BO 的共轭侧链，聚合物 PBDB－BzT 在氯苯及 THF 中均显示提升的聚集行为。因此，基于 PBDB－BzT：IT－M 的光伏器件在 THF 溶液中具有合适的相分离形貌，并且获得显著提升的 *PCE*（12.1%）。上述研究为有效调控材料的聚集行为提供了可行的分子设计策略。上述部分聚合物材料结构式如图 3.5 所示。

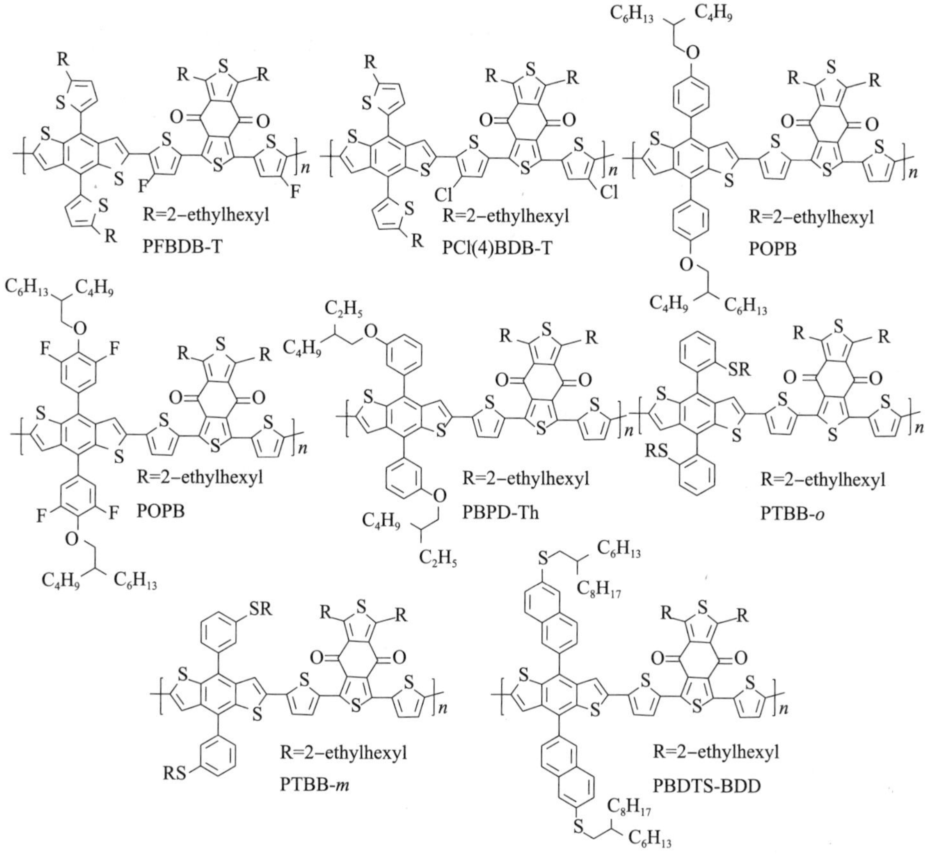

图 3.5　部分基于 BDT 结构聚合物给体材料的结构式

对 BDD 单元的简单结构修饰也可以获得优异的 A 构筑单元。2011 年，李永舫院士团队首次报道了另一类基于 BDD 类似物的受体 A 单元萘并[2.3-*c*]噻吩-4，9-二酮（NTDO）。该构筑单元具有较好的共平面结构和更多的可修饰位点，不同的取代位点会严重影响相应材料的光伏性能。一般情况下，如果在 NT-DO 单元中引入烷氧基的话会降低材料的拉电子能力，提升材料的 HOMO 能级，并且使材料的吸收光谱发生蓝移，然而拉电子的卤素取代基会增强 NTDO 的拉电子能力，降低材料的 HOMO 能级，使材料的吸收光谱发生红移。侯剑辉研究员等报道了两个基于顶端苯基没有取代基的基于 NTDO 的聚合物给体 PBDT-DTN 和 PIDT-DTN。这两个聚合物给体均具有共平面的共轭骨架、相似的吸收光谱和能级结构。然而相比于 PIDT-DTN，PBDT-DTN 具有更弱的侧链位阻效应，PB-DT-DTN 展现出提升的分子间相互作用，当与 ITIC 共混时展现出不同的相分离特性。因此，基于 PBDT - DTN：ITIC 的共混体系形成了合适的纳米尺度相分离相貌，最终获得 8.3% 的 *PCE*，而基于 PIDT - DTN：ITIC 的共混体系仅获得 1.1% 的 *PCE*。李永舫院士团队等将硫烷基链引入到顶端苯基上，设计合成了聚合物给体 PBN - S，该材料具有较低的 HOMO 能级和较强的吸收光谱，使得材料与非富勒烯受体 IT - 4F 表现出较好的吸收光谱和能级匹配。因此，基于 PBN - S：IT - 4F 的光伏器件获得高达 13.10% 的 *PCE*。此外基于 PBN - S 的大面积（$100mm^2$）器件仍然可获得高达 10.69% 的器件效率，说明 PBN - S 是优异的聚合物给体材料。结构式如图 3.6 所示。

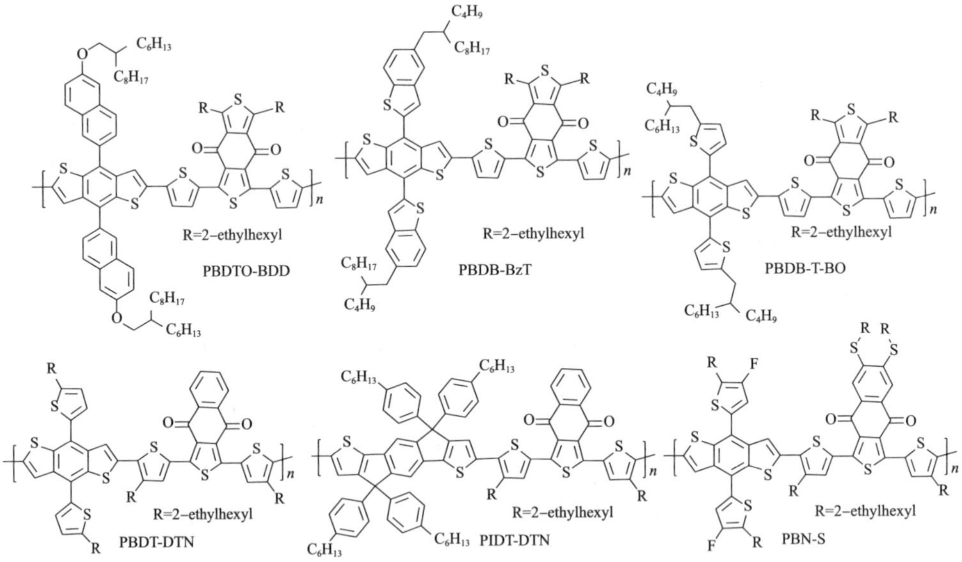

图 3.6　上述部分基于 BDT 和 BDD 结构聚合物给体材料的结构式

3. 基于 BDT 和喹喔啉（PQ）单元的聚合物给体

喹喔啉单元具有一个氮杂六元环，是另一类具有适中拉电子能力的 A 单元，已经广泛地应用于聚合物给体材料的构筑中。而采用 BDT 单元与缺电子 PQ 单元偶联的聚合物构筑单元在过去几年取得了一系列研究进展。2017 年，侯剑辉研究员等报道了三个基于 BDT 和 PQ 单元的聚合物给体 PBQ - 0F，PBQ - QF 和 PBQ - 4F，并系统研究了氟化对材料性质的影响。通过在 BDT 和 PQ 单元上引入氟原子可以有效地调控聚合物给体的能级。研究表明，没有氟原子取代的 PBQ - 0F 具有最高的 HOMO 和 LUMO 能级，而具有四个氟原子取代的 PBQ - 4F 具有最低的 HOMO 和 LUMO 能级。通过形貌研究也发现，三个纯组分聚合物薄膜都展现明显的 face - on 堆积取向，说明氟原子的引入对纯组分薄膜的堆积情况没有明显的影响。当与非富勒烯受体 ITIC 共混之后，PBQ - 4F：ITIC 共混薄膜具有最

强的 $\pi - \pi$ 堆积强度，因此，具有最有效的堆积以获得总体提升的 J_{sc}、V_{oc}、FF 和最高 11.34% 的 PCE。PQ 单元上侧链基团的取代对材料的性质具有重要的影响。其中基于烷氧基和氟原子取代 PQ 单元的聚合物 PffQx - T，仅获得 8.47% 的器件效率。而将烷氧基取代的氟苯替换为烷基取代的氟代噻吩单元时，基于 TTFQx - T1 的光伏器件获得 10.52% 的 PCE。而当在烷氧基单元上引入两个氟原子时，聚合物 HFQx - T 和 PffQx - T 具有相似的光学带隙和较低的 HOMO 能级（ - 5.45eV）。因此基于 HFQx - T 的器件获得高达 0.92V 的 V_{oc} 和 9.40% 的 PCE。相应聚合物结构式如图 3.7 所示。

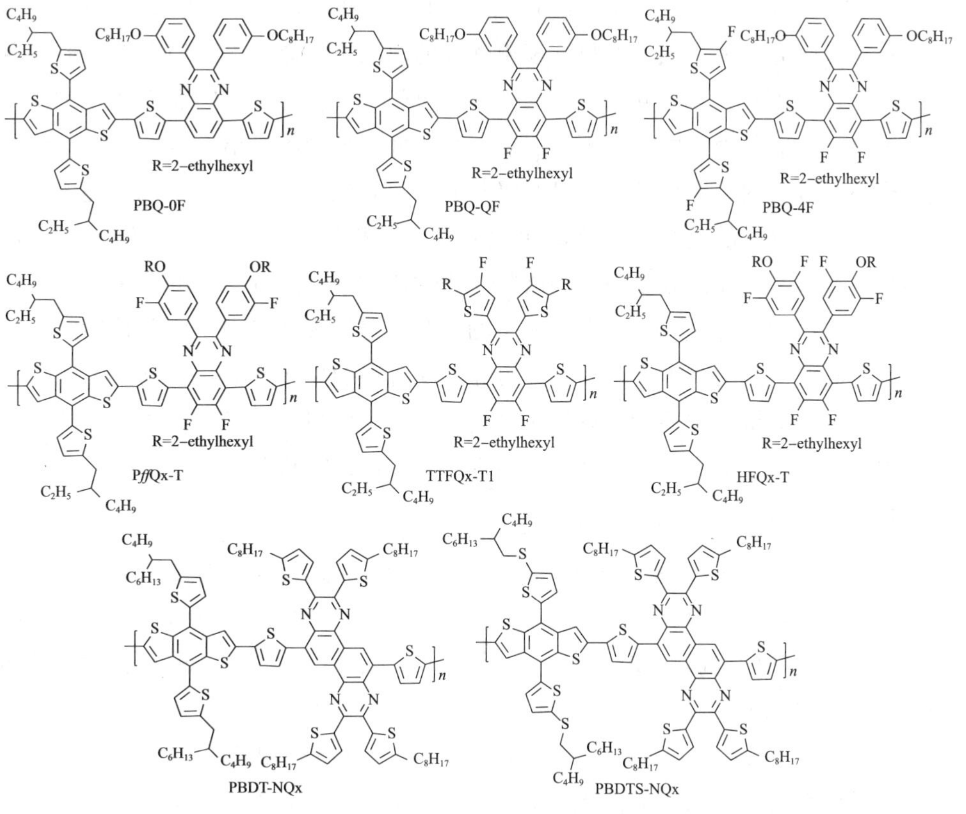

图 3.7　上述部分基于 BDT 和 PQ 结构聚合物给体材料的结构式

随后，彭强教授等报道了两个基于 BDT 和 PQ 的 D - A 交替共聚物 PBDT - NQx 和 PBDTS - NQx，利用稠合喹喔啉单元作为 A 单元和 BDTT 单元作为 D 单元。研究表明当与小分子受体 ITIC 共混时，这两个聚合物材料均表现出优异的光伏性能。特别是具有烷基噻吩取代的 PBDTS - NQx 获得高达 11.47% 的光电转换效率。

上述研究表明，喹喔啉单元具有中等的缺电子性质，是优异的聚合物 A 构筑单元。更重要的是喹喔啉单元在分子的顶部和苯环的底部可以提供四个修饰位点，用以烷基侧链的取代。这为基于 PQ 材料分子结构的调控提供了丰富的可修饰位点以获得提升的光伏器件性能。

3.1.3　基于苯并噻二唑单元的聚合物给体材料

苯并噻二唑(BT)单元具有较强的拉电子能力，在聚合物给体材料的设计合成历史过程中采用烷氧基以及氟原子取代的 BT 单元被广泛地用作 D – A 交替共聚物的 A 单元，并在富勒烯体系获得优异的光伏性能。陈军武教授和颜河教授分别报道了一系列基于二氟原子功能化的 BT 单元(ffBT)和寡聚噻吩共聚的聚合物给体材料。研究发现，该类材料展现出优异的温度聚集效应，这为有效调控共混体系的活性层形貌提供了更加灵活便利的后处理方式。首先以 PffBT4T – 2OD 为例，该材料在氯苯溶液中，在不同温度下的紫外可见吸收光谱数据说明，随着温度的升高，该材料将全部解聚集且其吸收光谱主要位于 530nm 范围内。随着温度的不断降低，材料的吸收光谱逐渐出现蓝移，蓝移约 100 ~ 150nm。室温时，材料的吸收光谱与固体薄膜状态下的吸收光谱性质相似，呈现较强的聚集状态。这些研究结果说明，室温下材料在溶液中的聚合物链呈现共平面结构并且形成了较强的 π – π 堆积，在固体状态下聚合物链呈现有序的聚集状态，在高温下聚合物链的空间位阻会增大并逐渐出现解聚集的现象。下面将从分子设计角度论述，结构对材料温度聚集效应的影响及其对活性层形貌的调控机制。

1. 烷基链次级分叉位点的影响

进一步研究分子工程学对材料温度聚集效应的影响至关重要。烷基链的位置、次级分叉位点对材料性质有着重要的影响。如上所述，烷基链分叉位置对高温下材料的空间位阻影响较大，这会使得材料在两个噻吩单元间的扭转构象更加强烈。待材料降至室温之后，空间位阻会消失，相邻的两个噻吩单元会重返共平面的构象并保持较强的 π – π 堆积，进而产生明显的红移现象。下面以 PffBT4T – 2OD 以及两个与之结构相似的聚合物给体 PffBT4T – 3OT 和 PffBT4T – 1ON 为例，说明烷基链分叉位置对材料温度聚集效应的影响。

对于 PffBT4T – 1ON 来说，高温下它的吸收光谱与 PffBT4T – 2OD 类似，吸收峰均处在 530nm 范围内。当将 PffBT4T – 1ON 溶液降到室温之后，材料近展现出 5nm 的红移吸收光谱，说明 PffBT4T – 1ON 在室温下的溶液中无法出现聚集行为。该现象说明烷基链的分叉位点太接近聚合物主链时产生了过度的空间位阻效应，阻碍了材料在室温下形成有序堆积的能力。相反地，对于 PffBT4T – 3OT 来说，无论是在高温还是室温下，材料均展现较强的聚集效应，说明烷基链的位阻是无效的。上述分析说明，PffBT4T-2OD 同时吸取了 PffBT4T-3OT 和 PffBT4T-1ON 的优点，即在高温下快速解聚集并且较好地溶解，在低温下形成良好有序的堆积，这使得材料展现出较强的结晶性和较小的聚合物相区。这也说明烷基链的次级分叉位点对于获得最优的温度聚集效应，进而有效地调控活性层形貌具有至关重要的作用。

2. 聚合物骨架中氟原子的影响

众所周知，共轭骨架的氟化会提升分子间的相互作用和 $\pi-\pi$ 堆积。在聚合物共轭骨架没有氟原子取代时，材料展现较弱的温度聚集趋势来克服由于次级烷基链引起的空间位阻效应，使得材料在室温下的溶液中展现较弱的有序堆积性质。因此，另外一个影响材料温度聚集效应的重要化学性质就是聚合物共轭骨架的氟化作用。例如聚合物 PBT4T-2OD 与 PffBT4T-2OD 具有相似的共轭骨架结构，唯一的差别就是 PffBT4T-2OD 具有氟原子的修饰，而 PBT4T-2OD 没有氟原子的修饰。研究发现，PBT4T-2OD 在室温下不能形成聚集，其吸收峰主要位于 550nm 范围内。因此，基于 PBT4T-2OD 的光伏器件，活性层展现较弱的结晶性和较差的器件性能。相应结构式如图 3.8 所示。

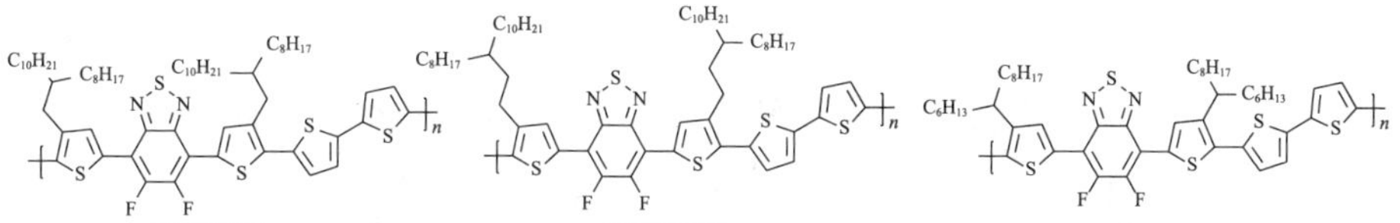

图 3.8　PffBT4T-2OD、PffBT4T-3OT 和 PffBT4T-1ON 聚合物给体材料的结构式

鉴于基于 BT 单元的聚合物材料展现较好的温度聚集效应以及较好的光伏性能，众多研究者展开了一系列的研究工作。颜河教授等利用 ffBT 和四噻吩单元设计合成了窄带隙聚合物 PffBT4T-2DT，并与基于 PDI 单元的非富勒烯受体制备了一系列光伏电池。例如，基于 PffBT4T-2DT：SF-PDI$_2$ 的器件，在最优条件下获得了 6.3% 的光电转换效率。Bzran 教授等将聚合物 PffBT4T-2DT 引入到 O-IDTBR 体系中，获得高达 1.12V 的开路电压、15mA·cm^{-2} 的短路电流密度和接近 10% 的光电转换效率。2015 年，颜河教授又报道了聚合物给体 PffBT4T-T3(1，2)-2，当与富勒烯受体搭配时器件获得 10.7% 的 *PCE*，而与非富勒烯受体共混时仅获得 7.1% 的 *PCE*，说明 PffBT4T-T3(1，2)-2 受体与非富勒烯受体不能很好地匹配。随后，研究者将中间噻吩单元的烷基链改为酯基侧链，设计合成了聚合物给体 P3TEA，该聚合物给体与基于 PDI 类的非富勒烯受体展现较好的匹配性。其中，基于 P3TEA：SF-PDI$_2$ 的体系，尽管具有较弱的驱动力，却展现

快速有效的电荷分离和较小的非辐射复合能量损失(0.26eV),并获得高达9.5%的 *PCE*。此外,在其他体系中 P3TEA 也展现出优异的光伏性能,如基于 P3TEA:FTTB - PDI4 的光伏器件获得高达 10.58% 的光电转换效率和仅为 0.53eV 的开路电压损失。相应聚合物材料结构式如图 3.9 所示。

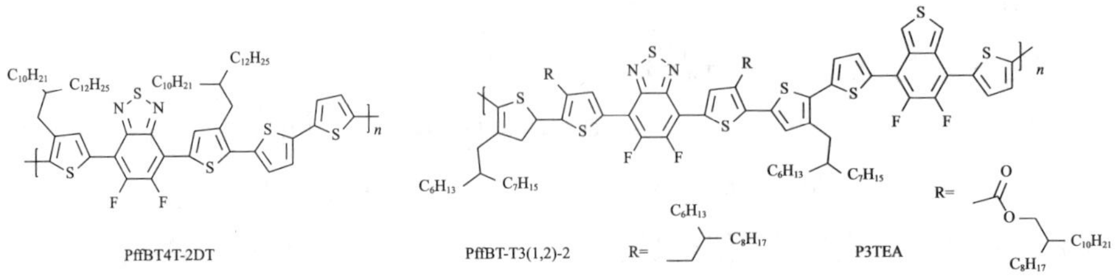

图 3.9　PffBT4T - 2DT、PffBT4T - T3(1,2) - 2 和 P3TEA 聚合物给体材料的结构式

3.1.4　基于苯并三氮唑单元的聚合物给体材料

基于苯并三氮唑(BTz)单元的聚合物应用广泛,BTz 单元具有较强的拉电子能力,且相比于苯并噻二唑(BTZ)单元,将顶端的硫原子替换为氮原子,使得 BTz 基团具有额外的修饰位点,可以引入烷基链从而提升其溶解度。由于 BTz 系列聚合物通常具有较高的 LUMO 能级从而具有较宽的光学带隙,因此该系列聚合物当与富勒烯衍生物共混时通常具有较低的 J_{sc}。不过,此类聚合物与窄带隙的非富勒烯受体材料具有较好的光谱互补,获得了较高的器件性能,成为广受关注的一类聚合物。

2011 年,尤为教授研究组报道了宽带隙(2.0eV)聚合物 FTAZ,是由 BDT 单元与氟取代的 BTz 单元共聚,在与富勒烯衍生物共混时获得了 7.1% 的光电转换效率。当与非富勒烯体系(IDIC)共混时,占肖卫教授研究组获得了 12.5% 的光电转换效率,这一提升主要来源于器件 J_{sc} 的提升。李永舫院士等报道了一系列命名为 J 系列的聚合物,利用二维共轭侧链的策略合成了 J51,与 PC$_{71}$BM 共混时获得了 6.0% 的光电转换效率,当与非富勒烯受体分子 ITIC 共混时也获得了 9.26% 的光电转换效率。考虑到 J51 的成功,李永舫院士等系统研究了侧链工程学对于二维 BDT 共轭侧链的调节,当与氟取代 BTz 共聚时设计合成了 J52、J60、J71 以及 J91。值得注意的是这一系列的聚合物与非富勒烯受体均获得较好的光伏性能,其中 J61、J71 和 J91 与 ITIC 或者 m - ITIC 共混时均获得了超过 11% 的光电转换效率。这主要是由于其较宽的吸光范围以及较低的能量损失,从而取得了 V_{oc} 和 J_{sc} 同时提高的结果,其结构式如图 3.10 所示。

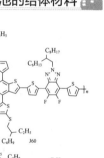

图 3.10　FTAZ、J51、J52、J60、J61、J71、J81 和 J91 的结构式

2018 年，彭强教授等将 Se 原子引入到 BDT 二维噻吩侧链，报道了基于 BDT 和 BTz 单元的聚合物 PBDT – Se – TAZ 和 PBDTS – Se – TAZ。相比于 PBDT – Se – TAZ，聚合物 PBDTS – Se – TAZ 具有更强的结晶性和较小的 $\pi - \pi$ 堆积距离，使得器件获得更高的载流子传输效率。因此，基于 PBDTS – Se – TAZ：ITIC 的器件获得高达 12.31% 的 *PCE*，而基于 PBDT – Se – TAZ：ITIC 的器件仅获得 10.07% 的器件效率。主要是由于基于 PBDT – Se – TAZ：ITIC 的混合薄膜获得更有序和双连续的纳米尺度互穿网络相分离形貌，有利于器件获得更有效的激子解离和电荷传输效率。通过在 BDT 的二维苯基侧链上的间位引入烷氧基取代基的聚合物 PBFZ – OP，无论是纯组分还是与 ITIC 共混后都表现出明显的 face – on $\pi - \pi$ 堆积取向。因此，基于 PBFZ – OP：ITIC 的光伏器件获得 10.5% 的 *PCE*。当向苯基侧链中引入强拉电子的三氟甲基时，聚合物 PBZ – m – CF$_3$ 的吸收光谱出现轻微的蓝移，而摩尔吸光系数出现上升，HOMO 能级有所降低。最终基于 PBZ – m – CF$_3$：ITIC 光伏器件获得 10.4% 的 *PCE* 和高达 0.94V 的 V_{oc}。

一个成功的调控聚合物材料能级、电荷传输、分子堆积等性质的策略，就是在 BDT 单元中协同引入氟原子和硫原子。因此，基于 PBTA – PSF 的光伏器件获得高达 13.91% 的 *PCE* 和超过 1V 的开路电压。宾海军教授等报道了基于苯基取代 BDT 和 BTz 偶联的聚合物 J40，当与非富勒烯受体 ITIC 搭配时获得 6.48% 的 *PCE*。2017 年，颜河教授等报道了基于 BTz 的聚合物给体 PvBDTTAZ，尽管该聚合物和小分子受体 O – IDTBR 均具有较强的结晶性，它们的混合薄膜却各自保持自身的烷基链层间堆积和 $\pi - \pi$ 堆积，进而获得较小的相区尺寸。最终器件获得较高的载流子迁移率、高达 11.6% 的 *PCE*、超过 1V 的开路电压(1.08V)和较低的能量损失(0.55eV)。相应材料结构式如图 3.11 所示。

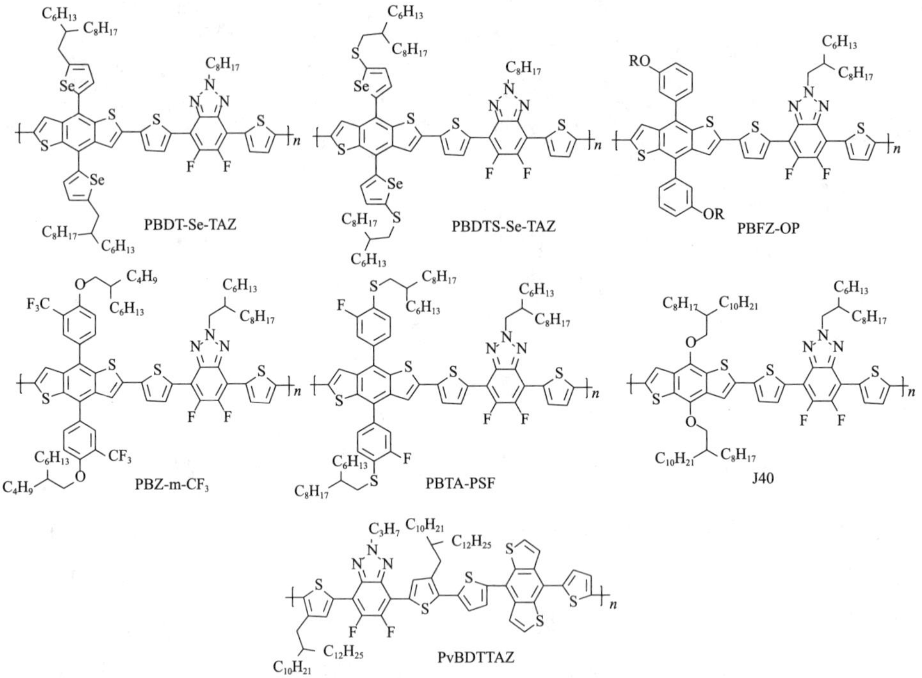

图 3.11 部分基于苯并三氮唑基团聚合物给体材料的结构式

除了上述介绍的基于 BDT 与 BTz 交替共聚的聚合物体系外，采用其他给体 D 单元的聚合物也获得了较好的光伏性能。颜河教授等报道了以噻吩 – 二氟苯基 – 噻吩作为给体 D 单元的具有温度聚集效应的聚合物 PTFB – P 和 PTFB – O。这两个聚合物除了中间苯基氟化位点的差异之外，具有相似的化学结构。在与非富勒烯受体 ITIC 共混后获得了较大差别的共混薄膜形貌。尽管 PTFB – P 具有较强的结晶性，在 PTFB – P：ITIC 共混薄膜中却无法保持自身的结晶性，而具有较弱结晶性的 PTFB – O 形成了较小的相区，与 ITIC 共混后产生较强的荧光淬灭效应。因此，基于这两个聚合物的光伏器件展现出截然不同的光伏性能。基于此又合成了具有四氟苯取代的聚合物 PT4FB 和 PTT4FB。这两个材料具有相似的吸收光谱和能级结构，但却有较大差别的聚集性质，PT4FB 展现出过度的聚集，共混体系出现较大尺寸的纳米尺度相区，因此，获得相对中等性能的光伏器件(9.81%)；而 PTT4FB：ITIC 出现较小的相区尺寸，进而获得较高的光伏器件(10.60%)。陈义旺教授等利用酯基取代噻吩作为 D 单元，BTz 单元上不同烷基链的长度，设计合成了聚合物 PB24 – 3TDC 和 PB68 – 3TDC。研究表明，BTz 上烷基链的长度可以有效调节材料的 HOMO 能级和结晶性。其中，PB24 – 3TDC 具有较短的烷基链，表现出较高的 HOMO 能级和较强的结晶性，PB24 – 3TDC：ITIC 共混薄膜展现出更加有序的分子间 $\pi-\pi$ 堆积。因此，两个材料表现出不同的光伏性能，基于 PB24 -3TDC 的器件获得 10.3% 的 *PCE*，而基于 PB68 -3TDC 的光伏器件仅获得 7.88% 的 *PCE*。相应材料的结构式如图 3.12 所示。

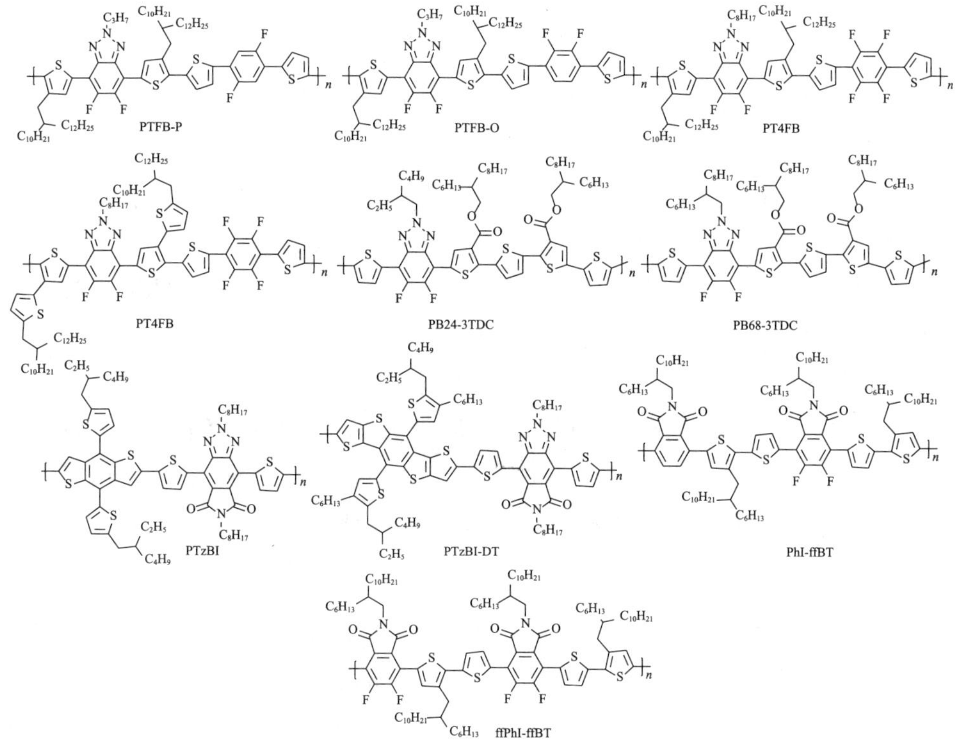

图 3.12 部分基于 BDT 和 BTz 基团聚合物给体材料的结构式

如图 3.12 所示，黄飞教授等也报道了基于酰亚胺功能化的 BTz 单元作为缺电子 A 单元的宽带隙聚合物给体 PTzBI 和 PTzBI – DT。相比于 TzBI，具有扩张共轭骨架的 PTzBI – DT 具有相对低的 HOMO 能级和提升的结晶性。尽管基于 PTzBI – DT：ITIC 的混合薄膜无论是空穴还是电子迁移率都高于 PTzBI：ITIC，鉴于 PTzBI – DT：ITIC 体系产生较强的聚集行为，对光伏性能产生不利的影响。结果是基于 PTzBI – DT：ITIC 的器件获得 9.43% 的 *PCE*，低于基于 PTzBI：ITIC 的器件获得 10.24% 的 *PCE*。随后，郭旭岗教授等报道了两个具有 D – A₁ – D – A₂ 结构的聚合物 PhI – ffBT 和 ffPhI – ffBT。得益于较强的共平面分子骨架和分子间相互作用，这两个聚合物都具有较强的聚集性质。其中，ffPhI – ffBT 具有主导的 edge – on 堆积取向，说明在这个体系中氟原子的引入会增强分子中 edge – on 的堆积取向。相比于 ffPhI – ffBT：IT – 4F 混合薄膜，PhI – ffBT：IT – 4F 具有更加紧凑的 $\pi-\pi$ 堆积，有利于获得提升的电荷传输，进而获得较高的 *FF* 和 J_{sc}。因此，基于 PhI – ffBT：IT – 4F 的光伏器件获得 13.31% 的 *PCE* 以及高达 0.76 的 *FF*。研究结果说明：具有 D – Λ_1 – D – Λ_2 构筑单元的材料是很好的光伏材料结构单元连接方式，具有获得高效率太阳能电池的潜力。

3.1.5 基于聚合物给体材料发展的总结与展望

有机太阳能电池获得如此快速的发展，除了非富勒烯受体材料的持续创新之外，聚合物给体材料的研究进展也起到至关重要的作用。聚合物材料的光电性质和结晶性严重影响着材料的光伏性能。在有些体系中，给体聚合物与富勒烯及其衍生物受体具有较好的光伏性能，而与非富勒烯受体表现较差的器件性能。事实上，大多数与非富勒烯受体具有优异光伏性能的器件，与富勒烯匹配时也可获得较好的光电转换效率。到目前为止与非富勒烯受体搭配器件效率超过 15% 的聚合物材料屈指可数。因此，设计合成其他类型的高性能聚合物给体材料，与目标非富勒烯受体具有匹配的吸收光谱、分子能级、合适的结晶性等性质尤为重要。下面，将从材料性质、形貌调控、降低能量损失、稳定性等方面入手，简要论述有机太阳能电池领域聚合物给体材料未来的发展趋势。

1. 材料性质

结构决定性质，通过调节不同构筑单元的化学结构，可以有效调节材料的光学、电化学、结晶性、活性层形貌以及器件的光伏性能。一些成功的调控化学结构的策略，比如分子氯化、氟化、烷基噻吩侧链等分子工程学策略已经在光伏材料的构筑中取得高效率的光电转换效率。通过化学结构的调控，调节聚合物给体的性质，协同优化受体材料的性质可以有效地促进聚合物太阳能电池器件效率的不断提升。

2. 形貌调控

合适的活性层相分离形貌，是获得有效的激子解离及电荷传输效率的前提。良好的活性层形貌需要调节给受体材料的相容性和结晶性。相容性参数可以利用 Flory – Huggins 相互作用参数(χ)表示。Ade 等人通过研究多重聚合物和富勒烯以及聚合物和非富勒烯受体体系发现，χ 越大获得越大的相分离、更高的相纯度和更高的 *FFs*。在富勒烯体系中，富勒烯及其衍生物独特的球形结构和自聚集性质，使之与各类聚合物材料均能形成合适的相分离，获得较大的 χ 值。然而对于非富勒烯受体来说，由于与聚合物给体材料具有相似的共平面分子结构和较好的互溶度，该类体系常具有较小的 χ 值，使得非富勒烯体系在形貌调控方面面临巨大的挑战。

早期研究表明：聚合物给体通过同轴 π – π 堆积或者烷基侧链的相互作用，

可以形成纳米尺度纤维结构，使得混合薄膜形成纳米尺度互穿网络结构，而非富勒烯受体镶嵌在聚合物网络里。鉴于非富勒烯受体材料是目前有机太阳能电池领域的研究热点，有效调控非富勒烯体系活性层形貌至关重要。从聚合物体系形貌调控可知：一个调控非富勒烯体系形貌的可行策略就是调控聚合物材料的纤维网络结构，以获得合适的纳米尺度相分离。因此，可以通过优化聚合物材料的纤维网络结构、界面面积、相纯度等性质来调节聚合物给体材料的聚集行为和结晶性，来调节聚合物材料的纳米尺度相分离形貌。

3. 降低能量损失

为了进一步获得高效率有机太阳能电池，深入地理解器件的开路电压能量损失与光伏材料结构之间的关系十分必要。也就是说需要研究者深入理解给受体材料在活性层中获得低的非辐射复合损失、实现较低 E_{loss} 的关键性质。因此，设计的光伏材料同时具有高 J_{sc}、高 FF、高 V_{oc} 和低 E_{loss}，是获得还 PCE 的关键因素。在富勒烯体系，通常认为聚合物给体的 HOMO 和 LUMO 通常至少需要高于受体材料 $0.3eV$，才能具有有效的驱动力，获得有效的激子解离。激子解离所需的最低能量差，不仅会提升器件的 V_{oc} 损失，而且会使得器件的 J_{sc} 和 V_{oc} 之间产生制约效应。近些年来，随着非富勒烯受体的快速发展，基于非富勒烯体系的有机太阳能电池在较小的驱动力下仍可表现出有效的电荷分离，这也是该类光伏器件同时获得较高的 J_{sc} 和 V_{oc} 的关键。最近的研究表明，在非富勒烯有机太阳能电池中，尽管具有较低的能级差，光伏电池的电致发光(EL)主要取决于混合组分中具有较窄带隙组分的单线态激子。那么非辐射复合损失就可能依赖于纯组分的光致发光(PL)产率。因此，一个好的聚合物给体材料需要拥有较强的 PL 效率，以获得较低的非辐射复合开路电压损失。

4. 稳定性

器件的稳定性是有机太阳能电池实现商业化发展的关键因素。而器件的稳定性涉及光伏材料化学结构、界面层材料、电极材料、活性层形貌稳定性和器件的环境稳定性等方面。环境的稳定性可以通过合适的手段对器件进行封装，实现器件的稳定性。目前文献报道的占主流地位的非富勒烯受体体系在 $200℃$，特别是在紫外光照射下，表现出良好的热稳定性。玻璃转变温度、光伏材料的纯度和结晶性都会影响活性层形貌的稳定性和光伏器件的性能。因此，在未来的研究中，持续深入研究材料的结构、器件制备工艺、界面层材料、电解材料等对器件稳定性的影响直接关系到光伏器件的稳定性以及有机太阳能电池日后的大规模生产应用。

总的来说，光伏材料的创新，持续推动着有机光伏领域的快速发展。尤其是基于非富勒烯体系的光伏器件最优效率已经远超过基于富勒烯体系的光伏器件。在设计聚合物给体材料的过程中，吸光互补、能级匹配、高的 PL 效率和优异的纳米显微结构是发展新型聚合物给体，进一步提升 OSCs 光电转换效率的重要策略。在未来的发展过程中，关注器件效率的同时，进一步研究器件稳定性、器件成本、绿色环保等问题是有机太阳能电池中聚合物给体材料的研究方向。

3.2 小分子给体材料

聚合物给体材料因其分子结构分子量的不确定性，常常存在批次问题。而小分子给体材料因其结构确定、合成路线简便、易纯化、能级易调控等优点。在发展之初，因其成膜质量较差，小分子给体材料的发展受到很大限制。后续通过引入长烷基链，扩大共轭体系长度等策略，问题逐渐得到了解决。在小分子给体材料的设计方面，具有代表性的体系之一是陈永胜教授团队的工作。他们结合高分子和传统小分子各自优点的策略，同时兼顾吸光和溶解度等方面的要求，设计合成了系列具有 A－D－A 结构的寡聚小分子给体材料。如图 3.13 所示，A－D－A结构分子通常具有较好的平面性，其较长的共轭骨架又使之具有较宽的吸光范围（更窄的带隙），同时，A－D－A 结构也更利于分子之间的 π－π 堆积以及分子间的电荷转移。目前基于上述策略设计合成的 A－D－A 结构的小分子材料是小分子太阳能电池研究领域应用最多和最成功的材料体系。

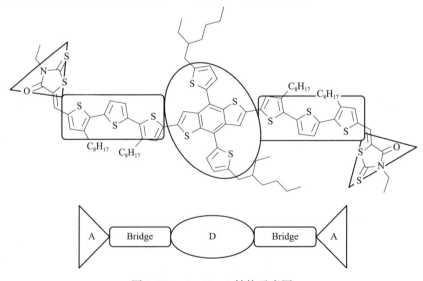

图 3.13 A－D－A 结构示意图

鉴于非富勒烯受体的快速发展，有机太阳能电池的器件效率已超过20%。因此设计合成吸收光谱处在可见光范围，是获得高效率有机光伏器件的另一个有效措施。借鉴聚合物给体的发展历程，聚合物给体的发展从早期的聚噻吩体系发展到后期的高效率具有 D–A 交替共聚的聚合物体系，有效地促进了光诱导电荷转移，使材料的吸收光谱进一步红移，材料的化学结构可修饰位点增多，也为分子工程的角度调控材料的各项性质提供便利。因此小分子给体因其自身独特的优势，在近十年也持续取得了一系列创新性进展。由于小分子材料之间较难调控共混体系获得优异的相分离形貌，进而获得高效的激子解离和电荷传输效率，限制了全小分子有机太阳能电池(ASM–OSCs)的发展。在2017年以前，基于非富勒烯受体的 ASM–OSCs 效率主要处在7%附近，远低于基于聚合物体系的光伏器件，甚至是基于小分子给体富勒烯受体体系的光伏器件。而在2017年，ASM–OSCs 体系的 *PCE* 获得了从9%到12%的器件效率进展，这主要得益于高性能小分子给体和受体材料的研发。

3.2.1 基于寡聚噻吩单元的小分子给体材料

噻吩单元是最便宜、应用最广泛的有机半导体材料构筑单元，基于寡聚噻吩单元及其衍生物的材料获得了优秀的电荷传输和光物理性能。因此，一系列基于寡聚噻吩单元的 A–D–A 型小分子给体在富勒烯受体时代也获得了高效的光电转换效率(6%～10%)。比如，2011年，以氰基辛酸酯为末端拉电子单元，寡聚七噻吩为中间给电子单元，陈永胜教授等设计合成了 A–D–A 型小分子给体 DCAO7T，当以 PC$_{61}$BM 为受体材料时获得了5.08%的光电转换效率。随后基于寡聚噻吩单元，陈永胜教授等通过改变末端基团分别合成了 DCN7T、DERHD7T、DRCN7T、DIN7T、DINER7T、DDCNIN7T 以及 DDIN7T(图3.14)。研究发现不同末端基团取代基的拉电子能力大小为：INCN > IN2F > INF > IN > RCN > ER > CN > CAO。同时，通过改变中间寡聚噻吩的个数，陈永胜教授等也设计合成了 DCN3T、DCN5T 以及 DCN7T；另外，他们发展的绕丹宁、双氰基绕丹宁和双氰基茚满二酮等末端基团，已经在有机太阳能电池领域获得广泛应用。

当采用双氰基绕丹宁末端基团时，陈永胜教授等设计合成了含有不同数量噻吩单元的小分子给体 DRCN4–9T(图3.15)，考察了主链长度对分子性能和器件效率的影响因素。其中，DRCN5T 获得了10.10%的光电转换效率，这也是当时基于小分子给体的有机太阳能电池最高效率。

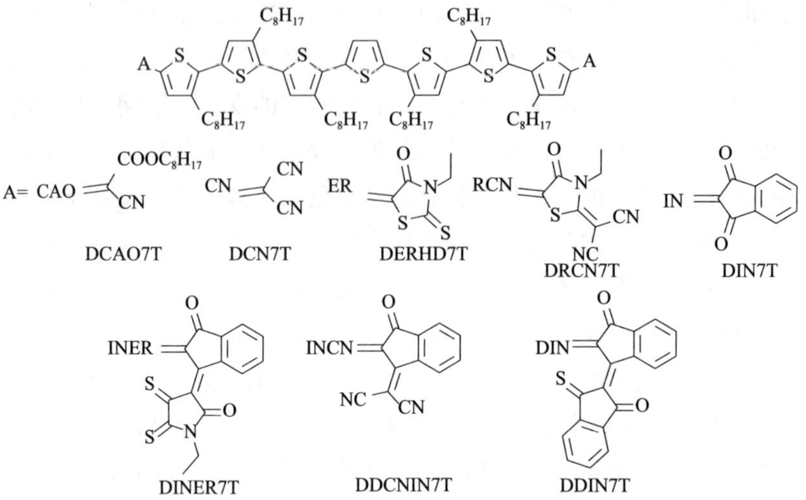

图 3.14　DCAO7T、DCN7T、DERHD7T、DRCN7T、DIN7T、
DINER7T、DDCNIN7T 以及 DDIN7T 的结构式

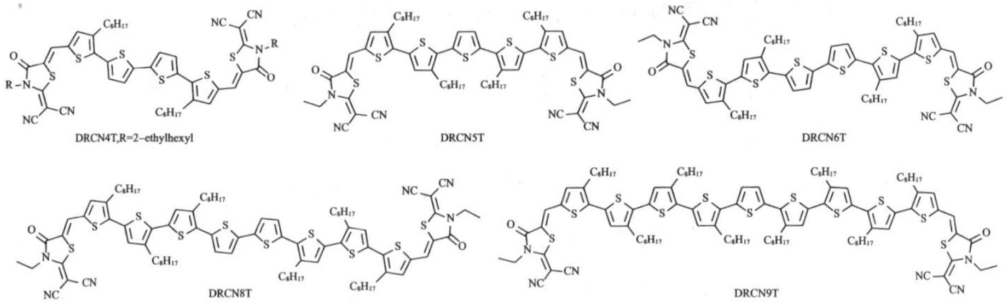

图 3.15　DRCN4T、DRCN5T、DRCN6T、DRCN7T、DRCN8T 以及 DRCN9T 的结构式

　　除了上述基于富勒烯受体的光伏体系外，基于寡聚噻吩类小分子给体，非富勒烯受体也取得了器件效率的不断突破。例如在寡聚噻吩中具有最高光伏性能的 DRCN5T，当与强结晶性小分子受体 IDIC8 共混时可以获得 8% 的 PCE 和高达 0.952V 的 V_{oc}。然而 DRCN5T 与 IDIC8 分子在 650 到 750nm 出现较多的吸收光谱重叠，限制了该器件获得高效的器件效率，当采用吸收光谱更加红移，与 DRCN5T 更加互补的小分子受体 F－2Cl 时基于 DRCN5T：F－2Cl 的器件获得 9.89% 的 PCE，这与其相应的富勒烯体系的光伏效率是相当的。近期，随着明星非富勒烯受体 Y6 的出现，陆仕荣研究员等发展了具有寡聚七噻吩的小分子给体 2F7T 和 2Cl7T(图 3.16)，强调了卤化在提升器件性能方面的作用。卤素原子的引入诱导产生了提升的电离电势(降低的 HOMO 能级)，来优化材料的给电子和电荷传输性能。当与窄带隙明星受体 Y6 搭配时，基于 2Cl7T 的光伏器件获得 11.5% 的 PCE，远高于未卤化的光伏器件(DRCN7T，2.5%)，这也是基于寡聚

噻吩类小分子给体获得的最高光伏器件效率。

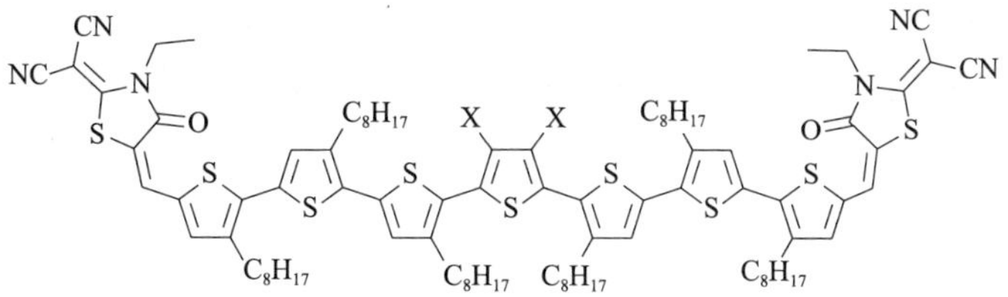

X=F 2F7T
X=Cl 2Cl7T

图 3.16 2F7T 和 2Cl7T 的结构式

3.2.2 基于苯并二噻吩单元的小分子给体材料

在上述介绍聚合物给体材料时提到过优异光伏材料构筑单元 BDT。而基于 BDT 单元的小分子给体材料也逐渐成为最受欢迎、效果最好的小分子给体构筑单元，并取得了目前 ASM-OSCs 体系的最高器件效率。基于 BDT 单元的 A-D-A 型小分子材料通过分子工程层面的调控使材料不断创新，并取得了令人瞩目的光伏性能。其中对 A-D-A 型小分子材料的调控主要包括中间 BDT 二位侧链的调控、中间 BDT 单元的调控、π 桥连单元的调控、末端基团的调控等几个方面。接下来将从这几个方面着重介绍基于 BDT 单元小分子给体材料的设计策略。

1. 中间 BDT 二维侧链的调控

研究表明，基于 BDT 单元构筑单元的 π-电子可以离域到 BDT 二维侧链，获得进一步扩大的 π 共轭体系，进而获得更好的分子间相互作用和提升的电荷传输性能。特别是那些具有二维 BDT 芳香环侧链的光伏材料通常比具有一维侧链的材料具有更高的光伏性能。例如，具有烷基噻吩的小分子给体 DRTB-T 获得高达 9% 左右的 *PCE* 远高于基于烷氧基取代的 DRTB-O($PCE=0.15\%$)。此外，陈永胜教授等设计合成了系列基于 BDT 核的烷基链取代的小分子给体材料。其中 DR3TBDT 与 PC₇₁BM 共混制备器件，获得了 7.38% 的光电转换效率。

在此基础上，通过对中间 BDT 单元的精细调控，又将氧烷基链换成硫烷基链合成了 DR3TSBDT，与 PC₇₁BM 共混获得了 9.95% 的光电转换效率。这主要是由于共混薄膜吸收光谱的红移以及获得了更加合适的活性层形貌，从而使器件 J_{sc} 由 12.21mA·cm^{-2} 提升到 14.45mA·cm^{-2}，填充因子也由 0.65 提升到 0.73。陈永胜教授等引入具有二维共轭侧链的 BDT 单元，设计合成了 DR3TBDTT 和 DR3TBDT2T，当与 PC₇₁BM 共混制备单结器件时获得了超过 8% 的光电转换效率。李永舫院士等引入烷氧基噻吩设计合成了 BDTT-OTR，随后引入烷硫基噻吩设计合成了 BDTT-S-TR。二维侧链的引入使分子能更好地电子离域，更利于分子间的 π-π 堆积，从而有利于电荷的传输以及吸收范围的拓宽，基于上述小分子给体和富勒烯受体的器件获得了 8%~10% 的器件效率。结构式如图 3.17 所示。

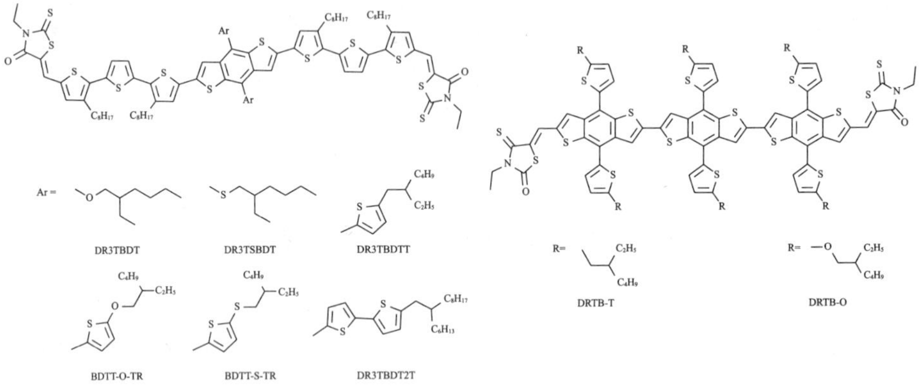

图 3.17　DR3TBDT、DR3TSBDT、DR3TBDTT、BDTT-O-TR、
BDTT-S-TR、DR3TBDT2T、DRTB-T 以及 DRTB-O 的结构式

此外，李永舫院士等在具有二维噻吩侧链的 H11 分子基础上，进一步延长噻吩侧链为噻吩-噻吩乙烯基（TVT-SR），设计合成了 BDT(TVT-SR)₂，相应的器件获得了提升的 FF（71.1%）和高达 11.1% 的 PCE。然而基于相似的二维共轭侧链（TVT-SR）当利用强结晶性小分子受体 IDIC 时，仅获得 6.5% 的器件效率，低于基于 DR3TBDTT：IDIC 的光伏器件。除此之外，当在二维侧链引入其他功能基团如硫元素、硅元素、卤素（F、Cl 等）是另外一种调节二维侧链的有效策略。相比于烷基噻吩链侧链的分子，具有烷硫基噻吩二维侧链的材料与之具有相似的光学性质、更低的 HOMO 能级和更强的结晶性。比如 SM1 和 SM1-S，唯一的差别是二维侧链是否含有硫原子。相比于不含硫原子的 SM1，SM1-S 具有更低的 HOMO 能级，因此获得 0.02V 的 V_{oc} 提升和高达 12.94% 的器件效率。同时，SM1-S 分子的性能也高于基于烷硫基取代的 DR3TSBDT（$PCE=10.53\%$）。

卤素原子具有较强的电负性，已经被广泛地应用于调节光伏材料的 HOMO/LUMO 能级和结晶性。为了研究氟化作用对材料以及相应光伏器件性能的影响，在 SM1 分子二维噻吩侧链上引入 1 个或者 2 个氟原子，设计合成的 BTEC-1F 和 BTEC-2F，随着二维噻吩侧链氟原子个数的增加，三个材料的 HOMO 能级从 -5.25eV 降低到 -5.37eV 再降低到 -5.39eV。通过形貌研究发现，在纯膜状态下三个材料具有相似的分子堆积情况，而在混合组分下，基于 BTEC-2F：Y6 的共混薄膜具有更加有序的 face-on 堆积取向和致密的 π-π 堆积，有利于获得更高的电荷传输性能。因此基于 SM1/BTEC – 1F/BTEC – 2F：Y6 的光伏器件分别获得 10.64%、11.33% 和 13.34% 的 PCE。器件性能的差异主要来自不同的 V_{oc} 和 FF，与材料的 HOMO 能级、$\pi - \pi$ 堆积和结晶性数据是一致的。同时，通过近期进一步优化器件工艺，基于 BTEC – 1F 的光伏器件获得高达 14.07% 的 PCE。除了氟取代噻吩侧链之外，氯原子取代也取得高性能光伏器件。比如，在高效率小分子给体 ZR1 基础上，分别引入氯原子、氯原子和硫原子协同引入的策略设计合成了小分子给体 ZR1 – Cl 和 ZR1 – S – Cl。相比于 ZR1 – Cl，同时引入氯原子和硫原子的 ZR1 – S – Cl 具有更深的 HOMO 能级和结晶性。因此，基于 ZR1 – S – Cl：IDIC – 4Cl 的光伏器件获得最高的 J_{sc}、V_{oc}、FF 以及 12.05% 的光电转换效率。相应材料结构式如图 3.18 所示。

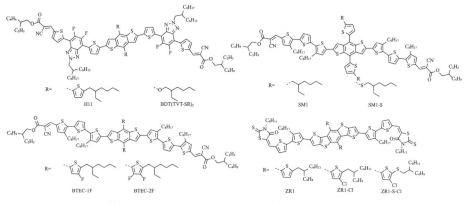

图 3.18　H11、BDT(TVT – S12)$_2$、SM1、SM1 – S、
BTEC – 1F、BTEC – 2F、ZR1、ZR1 – Cl 和 ZR1 – S – Cl 的结构式

2015 年，具有液晶性质 BTR 分子的发现，为有机光伏小分子给体的设计打开了新思路，同样二维侧链氯带的策略也使该体系获得较好的器件性能。具有液晶性质的 BTR 分子具有较高的结晶性和空穴迁移率($1.6 \times 10^{-3} cm^2 \cdot V^{-1} \cdot s^{-1}$)。基于 BTR：PC$_{71}$BM 的器件获得 9.3% 的光电转换效率和最高 0.77 的 FF。这些优异的特性使该类材料具有获得高效 ASM – OSCs 的潜力。随后基于 BDT 二维侧链卤素原子及硫原子的调控，一系列 BTR 的衍生物被成功研发。当以氯元素代替正己基烷基链时，BTR – Cl 分子保持了本身 BTR 分子的液晶性质和强结晶性，同时具有较低的 HOMO 能级(– 5.46eV)。因此，基于 BTR – Cl：Y6 的共混体系，在 350 ~ 950nm 范围内展现较好的光谱响应和最优的共混薄膜形貌，使得器件获得高达 24.17mA · cm^{-2} 的 J_{sc}。因此，相比于参比器件 BTR：Y6，基于 BTR – Cl：Y6 的器件获得 13.61% 的 PCE。通过进一步优化器件工艺，同时引入 PC$_{71}$BM 作为第三组分，器件效率获得进一步提升，由二元的 14.7% 提升到三元器件的

15.34%。另外，进一步改变二维共轭侧链为氟取代和硫烷基链取代的二维噻吩，以及双氟取代的分子，研究者进一步设计合成了 BSFTR 和 BT－2F。这两个材料均展现降低的 HOMO 能级和提升的结晶性，当与明星小分子受体 Y6 搭配时，均获得超过 14% 的 *PCE*。结构式如图 3.19 所示。

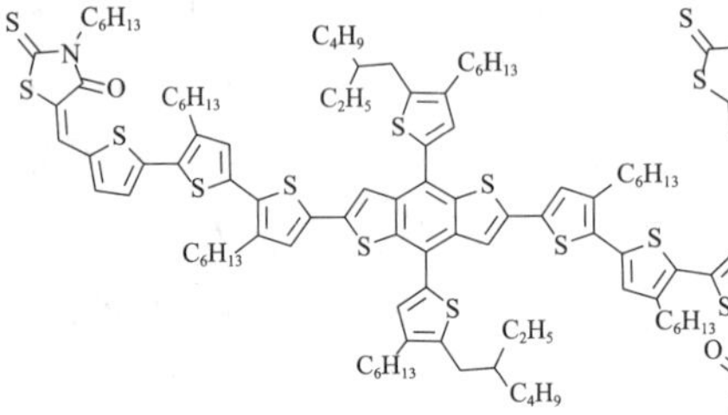
BTR

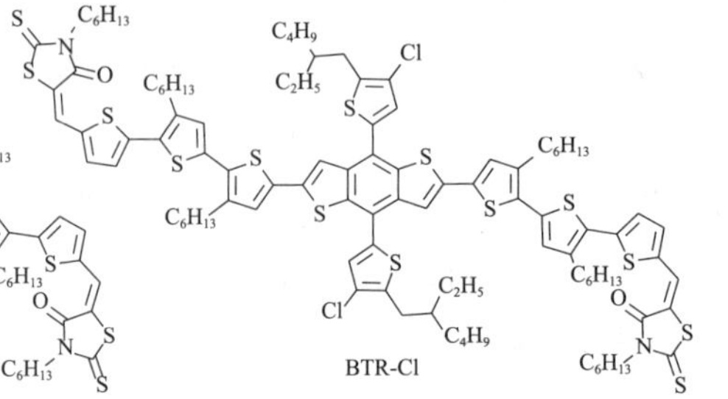
BTR-Cl

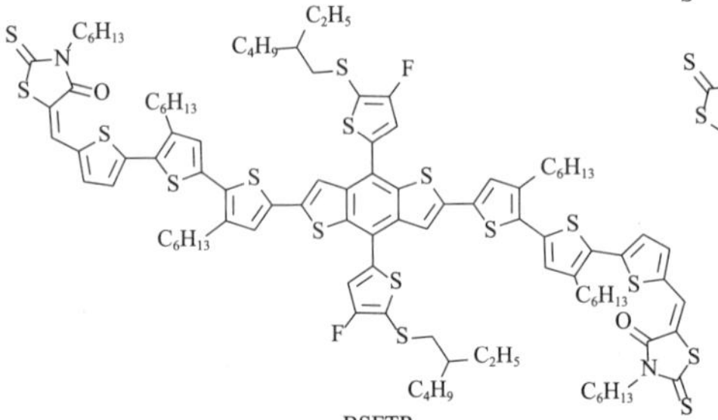
BSFTR

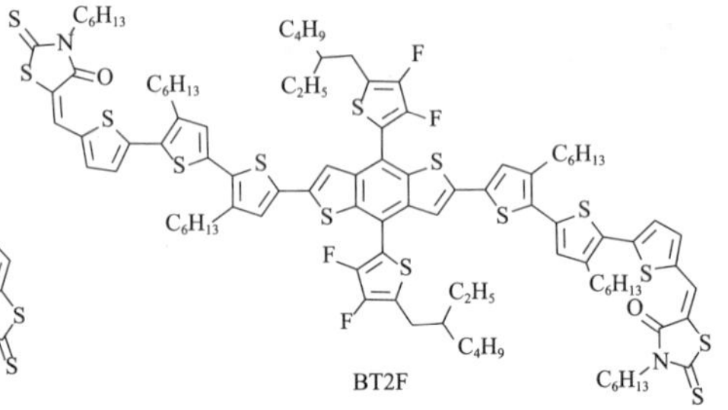
BT2F

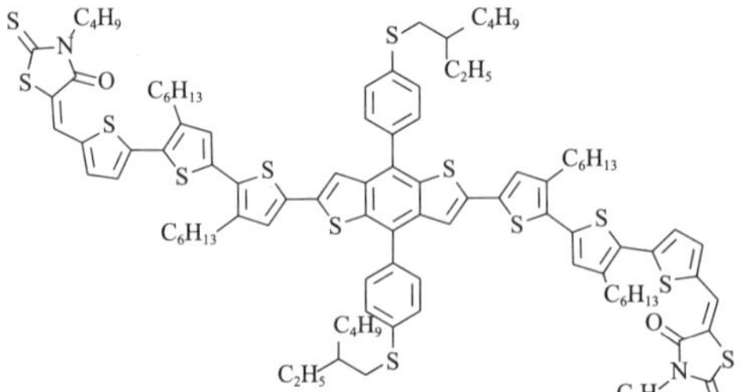
B1

图 3.19　BTR、BTR－Cl、BSFTR、BT－2F 和 B1 的结构式

除了噻吩二维共轭侧链之外，与聚合物体系类似，基于苯基二维侧链的小分子给体也获得了一系列创新性研究进展。如侯剑辉研究员等报道的明星小分子给体 B1，该分子与 BTR 分子具有几乎相似的能级和吸收光谱数据。令人惊喜的是，苯环二维共轭侧链的引入，使 B1 分子的结晶性和 $\pi-\pi$ 堆积性能进一步提升。同时研究发现，与参比分子 BTR 相比，小分子给体 B1 与非富勒烯受体 BO－4Cl 具有较强的相互作用，使得基于 B1：BO－4Cl 的共混体系具有更加占主导地位的 face－on 堆积取向，进而该器件获得高达 15.3% 的 *PCE*。这些结果都说明对 BDT 单元光伏材料二维侧链的调控可以有效调节材料的吸收光谱、能级结构、结晶性和相应的光伏性能。这为后续进一步通过分子设计角度调节材料性能获得高

效率光伏器件提供借鉴。

2. 中间 BDT 核心的调控

BDT 单元中间核心的改变对材料性质具有重要的影响。就器件 *PCE* 而言，基于 BDT 单元的小分子给体是目前效果最好、最受欢迎的构筑单元。目前，基于 BDT 单元的小分子给体的 ASM - OSCs 器件效率已超过 16%，要超过基于寡聚噻吩(11.45%)、萘并二噻吩(NDT，10.7%)、二噻吩并噻咯(DTS，8.2%)和基于卟啉(15.88%)体系全小分子光伏器件。通过化学结构的调控改变基于 BDT 单元的小分子给体可以有效调节分子结构、平面性、分子堆积、形貌和光电性质。而中间核单元的改变是构筑有效 A - D - A(或者 A - π - D - π - A)型推拉电子结构的关键部分，下面将从基于 BDT 单元中间核心的调控入手，系统介绍分子结构改变对材料性质及相应光伏器件性能的影响规律。

其中一种调控中间核心的方法就是改变中间构筑单元的给电子能力。受到寡聚五噻吩(DRCN5T)和寡聚七噻吩(DRCN7T)的启发，Lee 及其同事等报道了一系列基于 BDT 单元的小分子给体 BDT1、BDT2 和 BDT3，分别具有一个、两个和三个中间 BDT 核心作为 D 构筑单元。研究发现，BDT1 有最高的熔点和再结晶温度，几乎与陈永胜教授等报道的寡聚六噻吩材料具有相同的性质。随着 BDT 单元数量的增多，小分子给体的熔点和再结晶温度也逐渐降低。其结果是基于 BDT2 的全小分子器件获得 8.56% 的器件效率，并且在刚性大面积($77.8cm^2$)器件中也获得 7.45% 的 *PCE*，超过基于 BDT1 和 BDT2 的全小分子光伏器件。此外，还有很多其他的调节中间核心的策略，比如具有 3 个中间 BDT 核心的小分子给体 BDT - 3TR，可以有效调节分子间相互作用。相比于含有一个 BDT 核心的 DR3TBDTT，当采用 O - IDTBR 为小分子受体时，基于小分子给体 BDT - 3TR 的器件与 DR3TBDTT 表现出相似的光伏性能(约 7%)。侯剑辉研究员等创新性地将 BDT - 3TR 分子中 3T 桥连单元去掉，设计合成了 DRTB - T。鉴于 BDT 单元较弱的给电子能力，DRTB - T 具有较低的 HOMO 能级(- 5.51eV)。相比于 DR3TBDTT 和 BDT - 3TR，分子 DRTB - T 具有相对蓝移的吸收光谱，与非富勒烯受体表现良好的吸光互补。因此，基于 DRTB - T：IDIC 的光伏器件经过 SVA 后处理之后获得 9.08% 的 *PCE* 和高达 0.98V 的 V_{oc}。随后，当向体系中引入第三组分 $PC_{71}BM$ 时，三元器件获得同时提升的 J_{sc} 和 *FF*，并最终获得 10.48% 的 *PCE*。通过改变中间 BDT 单元为非稠环的噻吩 - 苯 - 噻吩(TBT)单元时，设计合成的小分子 P2TBR 展现出提升的结晶性和空穴迁移率。同样地，当采用 IDIC 为小分子受体时，最优的共混体系同时存在 face - on 和 edge - on 的堆积取向。这类具有三维电荷传输通道的活性层形貌使最优的光伏器件展现出高达 11.5% 的 *PCE*，高于基于 DRTB－T 的全小分子光伏器件。相应结构式如图 3.20 所示。

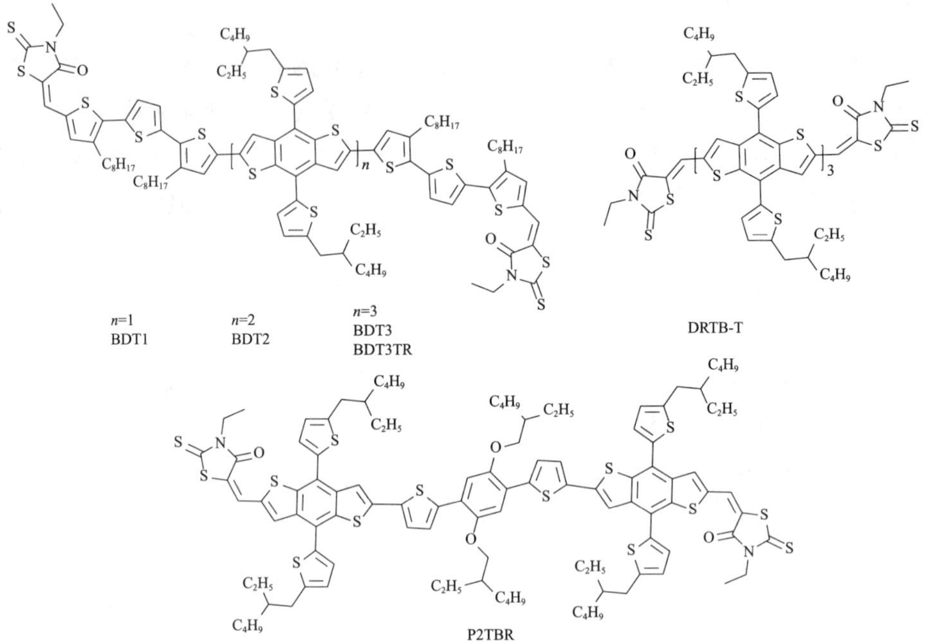

图 3.20　BDT1、BDT2、BDT3、BDT－3TR、DRTB－T 和 P2TBR 的结构式

作为 BDT 单元的衍生物，噻吩[2.3－f]苯并呋喃(TBF)基团利用呋喃环替换了 BDT 单元的一个噻吩环，由此获得的小分子给体命名为 TBFT－TR。相比于中心对称的 BDT 单元，不对称的 TBF 单元具有更大的偶极矩(1.21 德拜)，有利于提升分子间的偶极－偶极相互作用，进而影响分子的堆积性能。因此，TBFT－TR 表现出更好的结晶性、提升的分子堆积和空穴迁移率，这些性质使得基于 TBFT－TR：Y6 的光伏器件效率，由基于 DR3TBDTT：Y6 的 12.18% 提升至 14.03%。

相比于 BDT 中间核心，具有更大共平面和扩展共轭长度的二噻吩[2.3－d：2′3′－d′]苯并二噻吩可以有效降低共轭骨架的构象紊乱程度，提升材料的共平面性、分子堆积和载流子传输效率。基于该结构，魏志祥研究员等报道了小分子给体 ZR1，当采用两个具有相似 LUMO 能级，而不同吸光范围的非富勒烯受体 IDIC－4Cl 和 Y6 与之搭配时，基于 ZR1：IDIC－4Cl 的二元器件获得 9.64% 的 PCE。而基于 ZR1：Y6 的二元体系具有垂直相分离形貌使得基于 ZR1：Y6 的器件获得了高达 14.34% 的 PCE 和 24.34mA·cm^{-2} 的 J_{sc}。上述研究进一步阐明，中间构筑单元在调节材料结构方面的便利性以及调控材料性质获得高效率有机太阳能电池的作用。通过进一步持续研究材料结构－性质之间的构效关系，对后续设计合成高性能光伏器件具有重要的指导作用。构成结构式如图 3.21 所示。

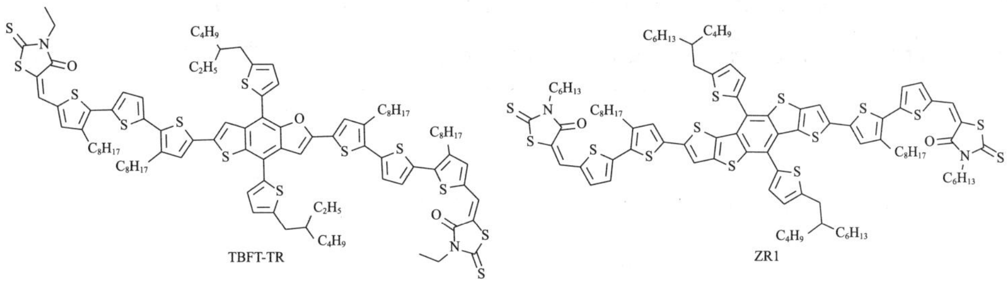

图 3.21　TBFT - TR 和 ZR1 的结构式

3. π 桥连单元的调控

在 A - D - A 结构分子中，π 桥连单元起到连接中间给电子 D 单元和末端缺电子 A 单元的作用。在一定程度上，π 桥连单元可以调节分子的有效共轭长度、骨架平面性、分子堆积和电子性质。研究发现，最优的 π 桥连单元通常包含三个简单的共轭单元或者一个较大共轭单元，不仅有利于获得有效的分子堆积，而且使材料保持较低的 HOMO 能级。而 π 桥连单元的烷基链也会影响材料的溶解度、平面性和堆积性能。比如，相比于 BTEC - 2F，BT - 2F 分子具有更短和易调节的己基侧链，因此获得更好的分子堆积和提升的光伏性能。通过改变 2 - (噻吩 - 2 - yl) 噻吩并 [3，2 - b] 噻吩 π 桥的 BOHTR 和 BIHTR 烷基链位置，可以调节分子的骨架平面性、分子堆积和共混受体 Y6 的性质。相比于具有外侧己基侧链的 BOHTR，具有内侧己基侧链的 BIHTR 具有更加共平面的共轭骨架和优异的共混体系活性层形貌。因此，基于 BIHTR：Y6 的器件获得 12.3% 的 PCE 和 68.4% 的 FF。

除此之外，一个新型调节 π 桥连单元的策略就是引入缺电子基团，形成"双缺电子单元"以构筑小分子给体材料。二氟取代苯并噻二唑 (BTz - 2F) 在小分子给体的构筑中也取得很多进展。而具有烷氧基取代苯并噻二唑桥连单元的 SM - BT - 2OR，对分子性能出现正向的影响，最终获得 7.20% 的 PCE，高于基于二氟取代的 SM - BT - 2F 的光伏器件 (2.76%)。而当采用具有更强缺电子能力的 BDD 作为 π 桥连单元时，基于 SBDT - BDD 的光伏器件获得高达 9.2% 的 PCE 和 0.97V 的 V_{oc}。当向上述二元体系加入第三组分 $PC_{71}BM$ 后，基于 SBDT - BDD：IDIC：$PC_{71}BM$ 的三元器件获得 10.9% 的光电转换效率。最近，基于噻唑并 [5，4 - d] 噻唑 (TTz) 缺电子基团的桥连单元被成功地应用于光伏器件的构筑中。鉴于它们较强的缺电子能力和共平面性，设计合成的相应小分子给体 BTTzR 具有更强的共平面分子骨架、结晶性和较低的 HOMO 能级 (- 5.58eV)。因此基于 BTTzR：Y6 的光伏器件获得高达 13.9% 的 PCE 和 0.88V 的高 V_{oc}。更为重要的是该器件获得仅为 0.18eV 的非辐射复合能量损失，这与硅基太阳能电池的能量损失相当。上述研究说明，通过 π 桥连单元的调控一样可以调节材料的吸光、能级、结晶性以及相应的光伏性能，这为 π 桥连单元有效调节材料化学结构获得高性能小分子给体提供参考。相应小分子给体材料的结构式如图 3.22 所示。

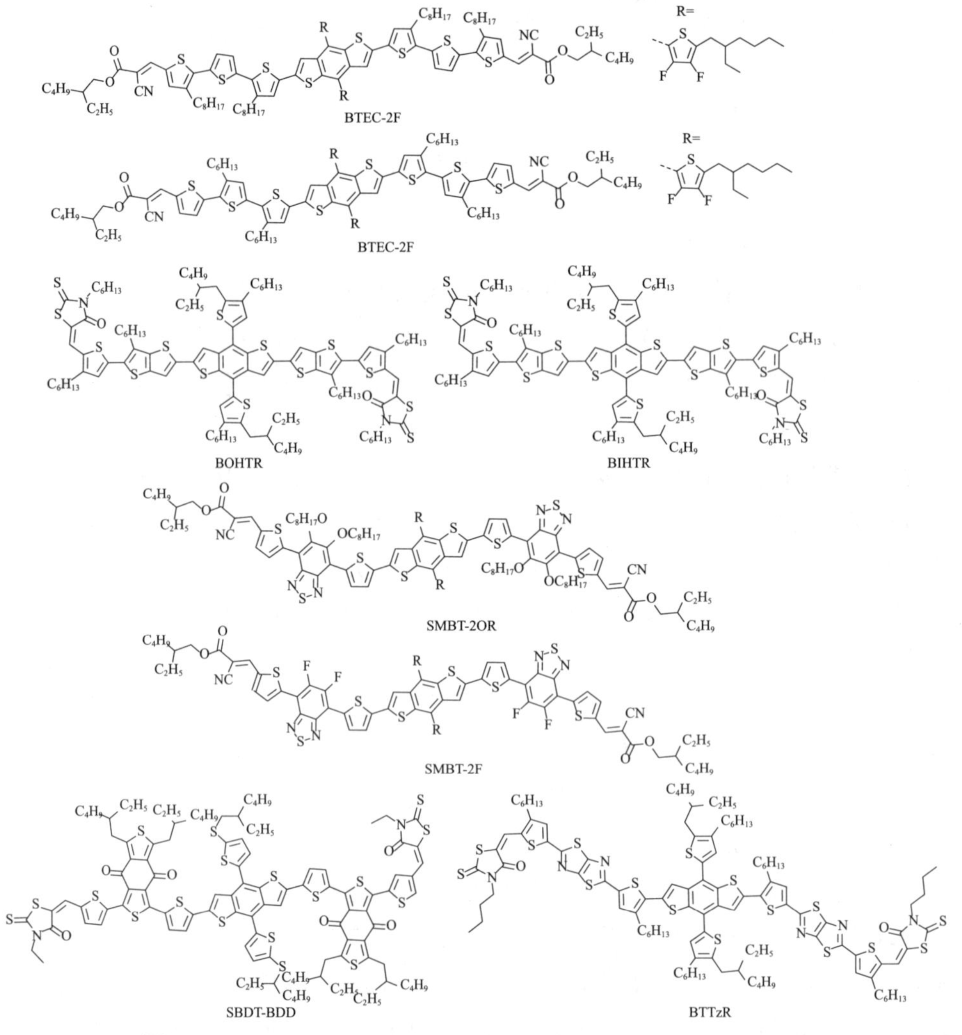

图 3.22　BTEC－2F、BT－2F、BOHTR、BIHTR、SM－BT－2OR、
SM－BT－2F、SBDT－BDD 和 BTTzR 的结构式

4. 末端基团的调控

末端基团会影响材料的光学、电化学和相应的活性层形貌，进而影响小分子给体的性质。在所有的末端基团中，3－乙基罗丹宁基团是使用最广泛也是效果最好的末端基团。陈永胜教授团队等报道了两个小分子给体 DCAO3TBDT 和

DR3TBDT，它们采用 2 - 乙基己氧基取代的 BDT 侧链作为中间给电子 D 单元，辛基取代三噻吩作为 π 桥连单元，分别利用氰基辛酸酯和 3 - 乙基罗丹宁作为末端基团。3 - 乙基罗丹宁基团具有相对更强的拉电子能力，因此使得 DR3TBDT 具有更宽的光谱响应和更高的 J_{sc}。最终基于 DR3TBDT：$PC_{71}BM$ 的光伏器件获得 7.38% 的 PCE，远高于基于 DCAO3TBDT：$PC_{71}BM$ 的 PCE（2.09%）。

在过去 10 年中，基于罗丹宁端基的小分子给体材料持续不断地刷新着器件的效率，同时基于罗丹宁基团的修饰也出现了很多工作。如杨阳教授等在罗丹宁末端基团引入较长的正辛基烷基链，设计合成了 SMPV1。随着末端烷基链长度的增长，提升了材料的溶解度和薄膜质量。此外，长烷基链的引入使材料的吸收光谱出现蓝移、分子能级降低、空穴迁移率有所提升。因此，成功地提升了基于 SMPV1：$PC_{71}BM$ 的 PCE（8.02%），高于基于 DR3TBDTT：$PC_{71}BM$ 的 PCE（7.61%）的器件效率。侯剑辉研究员等也利用该策略研究了末端罗丹宁基团上烷基链的长度对材料性质的影响（DRTB - T - CX）。研究发现，随着延长末端基团烷基链的长度，分子表现出近乎相似的光电性质和不同的分子堆积取向。通过掠入射广角 X 射线衍射（GIWAXS）图谱分析可知，DRTB - T - C2 具有典型的 edge - on 堆积，DRTB - T - C4 具有明显 face - on 堆积占主导的堆积取向。DRTB - T - C6 纯组分的堆积主要分布在与基底夹角为 60° 的方向上，DRTB - T - C8 主要为 face - on 堆积取向。当与非富勒烯受体 IT - 4F 共混时，烷基链的长度对混合薄膜的 face - on 衍射峰有积极的影响作用。DRTB - T - C6 分子中 face - on 堆积取向比例的下降，主要是由于在相对基底 30° 的方向上出现了明显的分子堆积情况。此外，C4 体系出现相对小的相区尺寸，有利于提升给受体界面的接触面积，进而提升器件的激子解离效率。在固态状态下，face - on 的堆积取向可以同时提升 π - π 堆积的晶体相干长度（CCL）和电荷迁移率。因此，基于 DRTB - T - C4：IT - 4F 的全小分子器件获得 11.24% 的 PCE。

通过上述分析可知，罗丹宁末端基团的烷基链在小分子给体的设计中起到重要的作用，因为末端基团上的烷基链不仅会提升材料的溶解度，而且会改变分子的堆积取向，进而影响分子的聚集性质。由于末端基团烷基化的策略收率较低，合成相对复杂，限制了该类设计方法的进一步发展。最近研究表明，罗丹宁端基上的酯基对提升器件性能具有重要作用。陆仕荣研究员等将 2 - 乙基己基和正辛基酯化的烷基侧链引入到罗丹宁端基中，设计合成了 BDT - RO 和 BDT - RN。通过器件优化与表征发现，基于 BDT - RN：IDIC 的器件具有陷阱辅助复合行为，然而基于 BDT - RO：IDIC 的器件表现出较低的双分子复合和陷阱辅助复合。因此，基于 BDT - RN：IDIC 的器件获得 9.01% 的器件效率高于相应的异构体

BDT-RN：IDIC 的器件效率（7.61%）。随后他们也在明星受体 BTR 分子的末端引入羟基，设计合成了 BTR-OH，羟基的引入降低了材料的结晶性和基于 BTR-OH：$PC_{71}BM$ 混合薄膜的相分离，因此仅获得 8% 的器件效率，低于基于相应 BTR 分子的光伏器件（9.05%）。尽管罗丹宁末端基团的调控不一定能取得积极的影响，有些情况下甚至会出现负面的影响，BTR-OH 却是一个优秀的第三组分添加剂。当在 BTR：$PC_{71}BM$ 共混体系中加入 BTR-OH 时，三元体系在膜厚 300nm 的情况下，依然可获得高达 10.14% 的 *PCE* 和优异的共混体系活性层形貌。这是因为第三组分 BTR-OH 的加入可以提升共混体系的吸收光谱、降低双分子/陷阱辅助复合、抑制给体相的结晶、微调相分离网络和相尺度。

除了罗丹宁端基以外，一些其他基于 BDT 单元端基小分子给体也取得了较高的光伏性能。如李永舫院士团队等报道的两个小分子给体 SM1 和 SM2。其中，SM1 具有较强的吸收光谱、低的 HOMO 能级和高的空穴迁移率，使得基于 SM1：IDIC 的器件获得 10.11% 的 *PCE*，而没有氰基取代的酯基末端基团 SM2，表现出较差的光伏性能（5.32%）。在有些案例中，具有氰基取代的酯基缺电子末端展现出较好的光伏性能。如李永舫院士团队报道的小分子给体 H21 和 H22，分别采用 3-乙基罗丹宁和氰基酸酯作为末端基团。末端基团从罗丹宁向氰基酸酯的转变会降低端基的拉电子能力，使吸收光谱发生蓝移，LUMO 能级降低而 HOMO 能级提升。因此基于 H22：IDIC 的共混体系获得了良好的三维互穿网络结构和电荷传输通道，最终获得高达 10.29% 的 *PCE*，高于基于 H21：IDIC 的光伏器件（7.62%）。上述分析说明，通过合适拉电子能力末端基团以及对末端基团的调控可以有选择性地调节材料的光电、电化学、分子堆积取向和活性层形貌，进而影响材料的光伏性能。这为小分子光伏材料的调节获得高效率给体材料的设计提供参考，具有重要的指导意义。相应材料的结构式如图 3.23 所示。

3.2.3 基于卟啉单元的小分子给体材料

除了上述获得较高 *PCE* 的基于寡聚噻吩以及 BDT 单元的小分子给体以外，还有很多其他结构的小分子给体材料，比如目前研究较多的基于卟啉分子的小分子给体。卟啉分子具有较宽的吸光范围、较高的摩尔吸光系数，是应用广泛的构筑窄带隙光敏染料的构筑单元。卟啉分子有 4 个 meso 位点、8 个 β 位点可供修饰，这为卟啉分子进行有效的化学结构调控提供了极大的便利，极大地丰富了卟啉分子的结构多样性。目前，基于卟啉单元的小分子给体，其二元器件已获得超过 12% 的器件效率，三元器件已获得接近 16% 的三元全小分子光伏器件，也是目前全小分子光伏器件中获得最高器件效率之一。

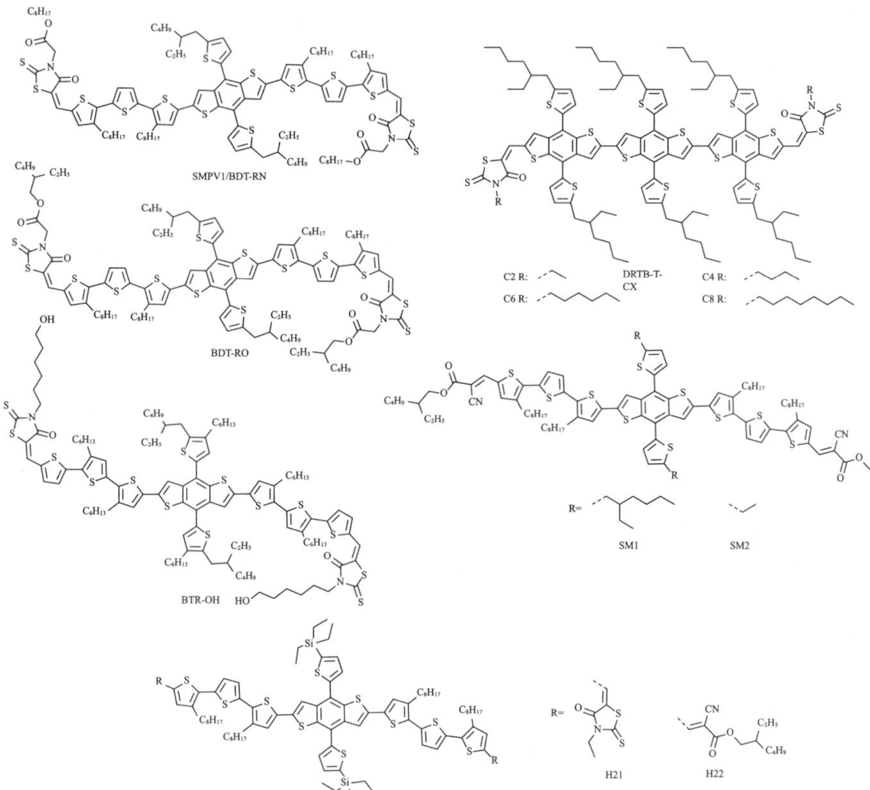

图 3.23　SMPV1、DRTB－T－CX、BDT－RO、BDT－RN、
BTR－OH、SM1、SM2、H21 和 H22 的结构式

2015 年，华南理工大学的彭小彬教授等报道了以烷基噻吩取代上下 meso 位点的 A－π－Por－π－A 型明星卟啉分子 DPPEZnP－THE。研究发现，DPPEZnP－THE 展现出较宽且强的吸收光谱，覆盖了紫外到近红外光区，其截止吸收波长达到 907nm。材料较宽的吸光范围主要得益于交大的共轭骨架结构和中间给电子卟啉单元与末端 DPP 缺电子单元之间有效的光诱导电荷转移过程（ICT）。通过器件优化，在加入吡啶为添加剂、对活性层进行加热退火处理之后，基于 DPPEZnP－THE：$PC_{71}BM$ 的光伏器件获得 8.08% 的 PCE 和高达 $16.76mA \cdot cm^{-2}$ 的 J_{sc}。同时器件获得较低的开路电压能量损失（$E_{loss} = 0.59eV$），这也是当时报道的第一例器件效率高于 8% 且能量损失仅为 0.6eV 的器件。为了进一步优化材料结晶性，提升器件性能，他们进一步系统研究了卟啉单元侧分侧链上烷基链的改变对材料性质及器件性能的影响。结果表明，由于烷基链的改变不影响材料的共轭骨架性质，因此，不同烷基链改变，材料具有相似的能级和吸收光谱性质。最终，基于 DPPEZnP－TBO：$PC_{71}BM$ 的光伏器件获得高达 $19.58mA \cdot cm^{-2}$ 的 J_{sc} 和 9.06% 的 PCE，这是当时基于卟啉类窄带隙小分子给体的最高器件效率之一。

活性层形貌的优化对光伏器件性能的优化至关重要，直接影响到有效激子的激子解离和电荷传输效率。因此，彭小彬教授等通过改变末端基团 DPP 单元上的噻吩的硫原子为锡原子和氧原子，以硒吩和呋喃代替噻吩进一步调节材料的性能，设计合成了 PorSDPP、PorODPP、PorSeDPP，来优化光伏器件的性能。通过实验发现，三个材料具有相似的吸收光谱性质。其中，PorSeDPP 具有最小的光学带隙(1.33eV)，而 PorDPP 和 PorODPP 的带隙分别为 1.36 和 1.38eV。通过器件优化发现，基于 PorODPP 和 PorSeDPP 的器件因为较差的活性层形貌表现出较差的光伏性能。

为了在获得较高 J_{sc} 的同时，进一步提升基于 DPPEZnP – T 系列光伏材料的 V_{oc}，研究者们在卟啉分子 meso 位引入苯并二噻吩(BDT)单元，构筑了小分子给体 DPPEZnP – BzTBO。由于 BDT 单元相对弱的给电子能力，可以在一定程度上降低材料的给电子能力。同样的，当经过加入吡啶添加剂、加热退火和溶剂热退火(SVA)处理之后，基于 DPPEZnP – BzTBO 的器件获得 9.08% 的 PCE 和 0.80V 的 V_{oc}。为了进一步提升器件的 V_{oc}，研究者选用 3 – 乙基罗丹宁和 2 – (1，1 – 二氰甲烯基)罗丹宁为末端基团，以降低末端单元的拉电子能力。其中，Por – Rod 和 Por – CNRod 均采用噻吩乙炔基作为 π 桥连单元，来连接卟啉核和末端基团。通过器件优化发现，基于 Por – Rod 的光伏器件在经过吡啶添加剂和 TA 处理后获得 4.7% 的 PCE 和 0.53eV 的开路电压能量损失。相应材料的结构式如图 3.24 所示。

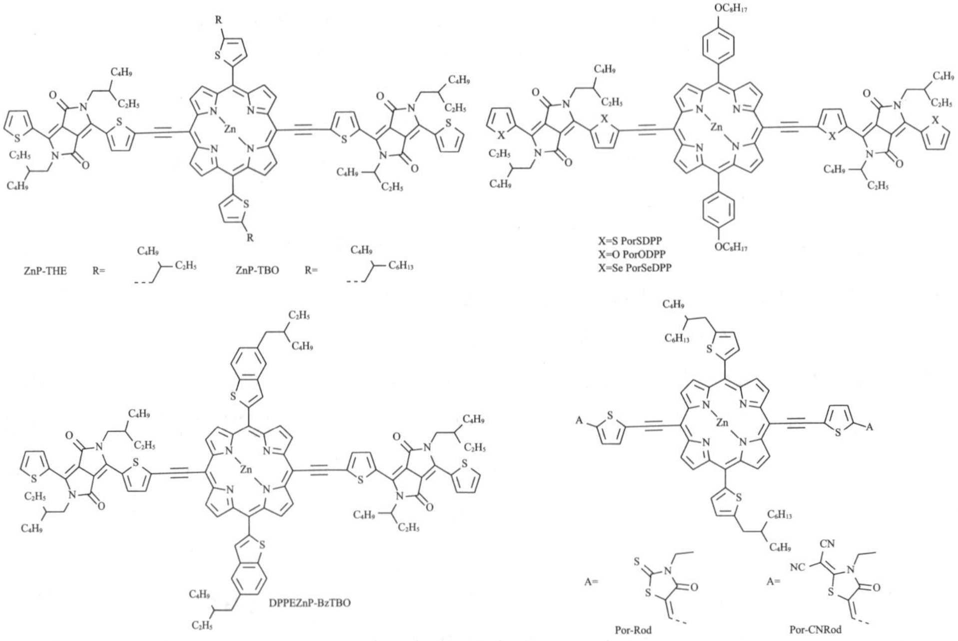

图 3.24　DPPEZnP – THE、DPPEZnP – TBO、PorSDPP、PorODPP、PorDPP – SeDPPDPPEZnP – BzTBO、Por – Rod 和 Por – CNRod 的结构式

考虑到脂肪族取代基的引入可以促进分子的堆积性能，研究者持续设计合成了三个卟啉类给体材料，探究脂肪族或者芳香环外围取代基对光伏器件的性能影响规律。研究发现，具有脂肪族取代基的卟啉分子具有更强的分子间 $\pi - \pi$ 堆积相互作用和更高的电荷迁移率，并且以正向器件制备时获得 7.7% 的 PCE，以翻转器件制备时获得 7.55% 的 PCE。为了进一步降低光伏材料的带隙提升器件的 J_{sc}，研究者以 3，3′ - 十二烷基三噻吩替代苯基，设计合成了两个卟啉分子，以 2 - 辛基十一烷基为脂肪族取代基，3 - 乙基罗丹宁为末端基团的 PTTCNR 或者 2 - (1，1 - 二氰甲烯基) - 3 - 乙基罗丹宁为末端基团的 PTRR。共轭骨架的拓宽有效地延长了材料的吸光范围，提升了分子的有效堆积性能。当采用 $PC_{71}BM$ 为受体材料时，基于 PTTCNR 的器件获得 8.21% 的 PCE，而基于 PTTR 的光伏器件仅为 7.66%。当进一步将苯乙烯桥连基团上的烷氧基替换为烷基或者烷基噻吩基团时，分别合成了 Por - C 和 Por - S。通过系统的器件优化，基于 Por - S 的器件获得 8.04% 的 PCE，远高于基于 Por - C 的器件(5.86%)。这主要是由于 Por - S 分子和受体 $PC_{71}BM$ 通过取代基的 S⋯S 相互作用形成自组装，产生了有序的 J 聚集。与那些采用 DPP 单元作为取代基的案例不同，这些采用 3 - 乙基罗丹宁或者 2 - (1，1 - 二氰甲烯基) - 3 - 乙基罗丹宁为末端基团的分子显示有限的吸光范围，其截止吸收波长大约在 850nm 范围内，这在很大程度上浪费了太阳能。为了解决上述问题，研究者设计合成了具有 A - π - Por - π - Por - π - A 结构的双片卟啉分子，来拓宽材料的共轭骨架和吸收光谱范围。前面讲到的 4c 分子的卟啉中间核心替换为乙炔基来连接两片卟啉分子，进而构筑了新型卟啉分子 CS - DP。通过系统研究分析发现，CS - DP 的截止吸收波长被拓宽到 1100nm。在系统的器件优化工艺优化之后，基于 CS - DP：$PC_{71}BM$ 的光伏器件获得最优为 8.29% 的 PCE，15.19mA · cm^{-2}的 J_{sc} 和 70% 的 FF。需要指出的是，基于上述卟啉分子的光伏器件均获得非常低的开路电压能量损失(< 0.43eV)，这也是当时报道的具有最低能量损失的光伏器件。

为了进一步降低材料的光学带隙 E_g，提升其 J_{sc}，研究者采用 3 - 乙基罗丹宁为末端基团，替换 DPP 末端基团，同时改变乙炔基桥联单元的个数，设计合成了两个新型的 A - π - Por - π - Por - π - A 型卟啉分子(DPP - ZnP - E) 2 和 ZnP2 - DPP。通过系统优化研究发现，上述两个分子在薄膜状态下具有相似的吸收光谱性质，由于提升的 ICT 作用，ZnP2 - DPP 的截止吸收波长红移至 1000nm。因此，基于 ZnP2 - DPP 的光伏器件获得 8.45% 的 PCE 和接近 20mA · cm^{-2}的 J_{sc}，而在同等条件下基于(DPP - ZnP) 2 仅获得中等 4.5% 的 PCE。其中，基于 ZnP2 - DPP 的光伏器件获得较优异的器件效率，主要是由于体系获得较强的 ICT

相互作用和进一步拓宽的光电子响应范围。为了进一步增强(DPP – ZnP – E)2 的 ICT 相互作用,降低其分子带隙,将(DPP – ZnP – E)2 的二乙炔基替换为二乙炔基二噻吩和二乙炔基亚苯基,研究者合成了两个新型卟啉分子(DPP – ZnP – E)2 – 2T 和(DPP – ZnP – E)2 – Ph。

有趣的是,相比于(DPP – ZnP – E)2、(DPP – ZnP – E)2 – 2T 具有更宽的带隙 E_g,而(DPP – ZnP – E)2 – Ph 显示较窄的光学带隙 E_g。在上述三个分子中,(DPP – ZnP – E)2 – 2T 具有最强的 Q 带吸收光谱,说明该分子具有最有效的 ICT 相互作用。研究发现,两个新分子均较(DPP – ZnP – E)2 表现出更好的光伏性能。其中,由于合适的电化学能级、较强的 NIR 吸收光谱、合适的活性层相分离形貌使得基于(DPP – ZnP – E)2 – Ph 的光伏器件获得最优6.42%的 PCE、提升的 J_{sc} 和0.68V 的 V_{oc}。

随后研究者们又将 BTz 单元引入到(DPP – ZnP – E)2 中作为中间给电子核心,设计合成了双片卟啉分子 ZnPBT – RH。该分子具有 A – π – Por – π – A – π – Por – π – A 结构,可以进一步地提升分子内 ICT 相互作用。相比于(DPP – ZnP – E)2,双片卟啉分子 ZnPBT – RH 在可见光(NIR)区具有更高的摩尔消光系数和更深的 HOMO 能级,有利于器件获得更高的 V_{oc} 和 J_{sc}。因此,基于双片卟啉分子 ZnPBT – RH 的光伏器件在最优条件下获得最高10.02%的 PCE 和非常低的开路电压能量损失(0.56eV),这也是基于卟啉分子的光伏器件光电转换效率首次突破10%的案例。相应材料结构式如图3.25所示。

研究者们也设计合成了许多基于其他末端基团及构筑单元的卟啉类及其衍生物的小分子给体材料。李韦伟研究员等设计合成了一个四乙炔基取代的四端卟啉分子 PBI – Por,利用双二酰亚胺二萘嵌苯(PBI)作为末端缺电子基团。与上述介绍的基于卟啉分子的给体材料不同的是,他们利用 PBI – Por 作为非富勒烯受体,与广泛应用的 PBDB – T 聚合物作为给体材料。研究发现卟啉受体 PBI – Por 具有较高的电子迁移率、与聚合物给体 PBDB – T 匹配的分能级和互补的吸收光谱。通过系统的器件优化,基于 PBDB – T∶PBI – Por 的器件获得7.4%的 PCE,这是基于卟啉分子为非富勒烯受体材料的最高光伏器件效率。Jang 等设计合成了三个卟啉分子 PZna – c,并且利用非富勒烯受体 IDIC 与之搭配,构筑了基于卟啉分子的全小分子光伏器件。尽管这三个卟啉分子具有相似的电化学能级和吸收光谱,基于 PZna∶IDIC 的全小分子光伏器件获得6.13%的 PCE,这主要是由于共混体系具有占主导地位的 face – on 堆积取向,有利于器件获得高效的电荷转移过程引起的。为了充分发挥不同染料分子的作用,Gros 等报道了两个利用 DPP 与 BODIPY 采用乙炔基桥连基团,分别采用苯基和噻吩基与卟啉分子相连的两个分

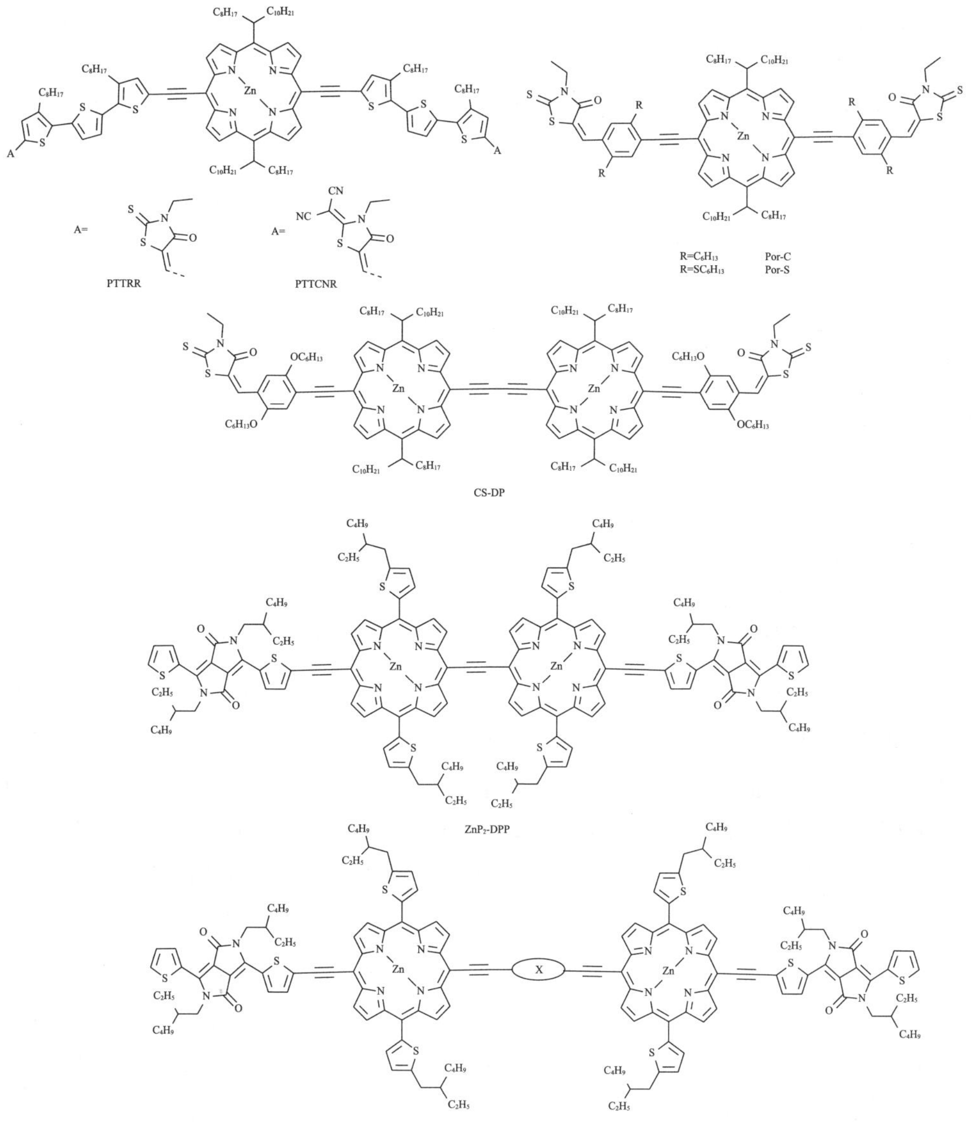

图 3.25 PTTCNR、PTRR、Por - C、Por - SCS - DP、(DPP - ZnP - E)$_2$、ZnP2 - DPP、
(DPP - ZnP - E)$_2$ - 2T、(DPP - ZnP - E)$_2$ - Ph 和 ZnPBT - RH 的结构式

子 BD - pPor 和 BD - tPor。需要指出的是，这三个单元在目标分子中展现互补的
吸收光谱，同时在卟啉和 DPP 单元发现贯穿 BODIPY 单元的优异能量转移过程。
通过详细的器件工艺优化发现，基于 BD - pPor：PC$_{71}$BM 和 BD - tPor：PC$_{71}$BM 的
器件分别获得 6.67% 和 8.98% 的 PCE 以及较低的能量损失(0.63eV 和 0.50eV)。上
述研究说明在卟啉体系中引入 BODIPY 单元是非常可行有效的设计策略。相应材
料结构式如图 3.26 所示。

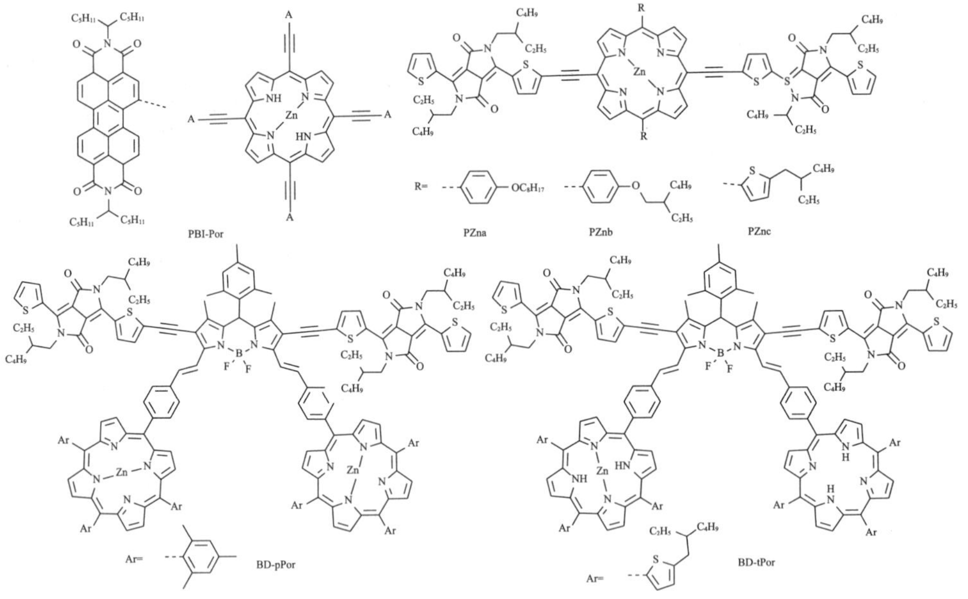

图 3.26　PPBI－Por、PZna、BD－pPor 和 BD－tPor 的结构式

通过上述分析可知，这些窄带隙的卟啉分子通常采用卟啉分子通过乙炔键与两个缺电子或者给电子单元连接设计为对称结构的光伏材料。其中卟啉分子不仅可以放在中间位置，而且可以放置在两端的位置。这些给体单元通常包括一些稠合芳环，受体单元主要是那些在 OSCs 领域广泛应用的缺电子单元。在这些结构中，乙炔基桥连单元是非常重要的，可以有效降低卟啉分子与给体或者受体单元之间的二面角，拓宽共轭长度，促进分子间有效的 $\pi-\pi$ 堆积作用。结合上述设计规则，鉴于卟啉分子本身较大的共平面芳香环和高程度的共轭结构特性，使材料的吸收光谱进一步拓宽至 NIR 光区。此外，为了设计一些低能量损失的卟啉类光伏材料，在卟啉分子中引入两极性单元可以提高材料的介电常数，这可以降低电荷传输激子结合能来提升器件的 V_{oc}。在四个卟啉分子 moso 位点引入缺电子基团提升共轭骨架的体积，可以使分子由线性结构拓宽为二维共轭结构。在给体受体分子间具有匹配的分子能级的前提下，具有较低的能级差值也是设计光伏材料时需要优先考虑的。其次，设计构筑具有高光致发光效率的窄带隙卟啉分子也是获得低能量损失的另一策略。同时，采用罗丹宁端基作为缺电子末端基团的分子通常比采用 DPP 作为末端基团的分子具有更高的 V_{oc}，在卟啉分子中吡啶添加剂是优化活性层形貌至关重要的策略。相信通过广大研究工作者的不懈努力，基于分子的有机太阳能电池可以进一步获得更大的研究突破。

3.2.4 小分子给体材料的总结与展望

随着材料设计策略及器件制备工艺的不断提升，与聚合物给体材料的发展情况相似，小分子给体材料也获得持续性结构创新，并在全小分子光伏器件中取得不断突破。目前，通过材料设计、形貌调控及器件物理等方面的综合考虑，全小分子光伏器件已获得超过 16% 的 PCE，被认为是有商业化大规模生产应用前景的。鉴于全小分子光伏器件已获得高性能光伏器件，考虑到小分子给体材料的诸多优点，研究者应从以下几个方面持续研究，拉近全小分子体系与聚合物光伏器件之间的距离。下面将从分子设计、形貌调控、器件稳定性及全小分子光伏器件面临的基于与挑战方面着手，简要论述小分子给体材料在全小分子光伏器件领域的发展要求。

1. 材料设计

结构决定性质，对光伏材料化学结构的微小调控可能会产生巨大的光伏性能差异，因此，研究者需要继续系统探索光伏材料不同化学结构或者构筑单元对材料性质之间的结构 – 性能关系。针对小分子给体材料来说，典型的全小分子光伏器件中的给体材料通常具有较低的 HOMO 能级、有效的可见光区吸光范围、较好的平面性和有序的分子堆积以及合适的材料结晶性，这有利于相应的光伏器件获得高的 J_{sc}、V_{oc} 和 FF。目前的研究结果表明，高效率的 BDT 类小分子给体材料通常具有二维共轭结构，采用罗丹宁基团作为末端基团。该二维结构可以有效提升分子的共平面性，有利于获得高效的电荷传输性能。而罗丹宁端基由于其具有合适的缺电子性质，是基于 BDT 单元小分子给体材料应用最广泛的缺电子末端单元。因此，有效调控材料的中间核心、二维侧链、末端基团和 π 桥连单元有望获得全小分子光伏器件性能的进一步突破。对于小分子非富勒烯受体材料来说，在光小分子体系中设计的非富勒烯受体是器件吸收近红外光区光子至关重要的组成部分。具有合适吸收光谱及能级的非富勒烯受体使全小分子光伏器件的光电转换效率从 7% ~ 9% 提升到超过 16%，主要来源于器件 J_{sc} 的提升。此外，高的电子迁移率、强的结晶性的有序的 face – on 堆积取向是获得高效率 ASM – OSCs 器件至关重要的环节。除了目前应用广泛且性能优异的 Y6 及其衍生物受体材料之外，还需进一步设计新型更窄窄带隙，具有更宽吸光范围的非富勒烯受体材料，以符合未来对更高性能光伏器件的要求。需要注意的是，具有稠环共轭骨架的非富勒烯受体通常具有合成路线复杂、难度大等缺点。因此，设计合成路线更少、更简便的光伏材料以降低成本，也将是未来的发展趋势，比如目前发展较好的非稠环类光伏材料等。

2. 形貌调控

小分子给体与小分子受体材料由于具有相似的化学结构，给体受体材料之间通常具有较好的互溶性，使得活性层体系常具有较难调控的活性层形貌。同时在有些情况下，小分子材料通常具有较强的结晶性，使得共混体系出现较大尺度的相分离和晶畴尺寸。种种因素限制了全小分子体系获得与聚合物体系类似的纳米尺度相分离形貌。然而活性层形貌决定着光伏器件的电荷再生、电荷分离和电荷传输。因此，活性层形貌的有效调控获得优异的相分离是获得高光电转换效率的前提。活性层形貌的调控技术非常多，包括，小分子材料化学结构的调控、高沸点溶剂添加剂、活性层薄膜后处理(SVA、TA、SVA + TA 等)、三元体系等策略。通过对共混体系活性层形貌的有效优化，使得共混体系获得占主导地位的 face - on 堆积取向、具有合适尺寸的纳米尺度互穿结构相分离晶畴，是获得高效率全小分子光伏器件至关重要的策略。然而，全小分子体系共混薄膜对 SVA 后处理溶剂选择、体系温度、SVA 时间、TA 温度以及 TA 时间相当敏感，这也为后续全小分子光伏器件的大规模生产应用增加了难度。因此，在未来的设计过程中，尽量设计一些不需要额外后处理、后处理工艺简单等的全小分子光伏器件是非常有意义的研究方向。

3. 器件稳定性

有机太阳能电池在过去 10 年获得持续性研究突破、器件效率被不断刷新，有机太阳能电池在未来商业化生产应用的过程中，器件的稳定性和成本问题是限制有机太阳能电池进一步商业化大规模生产应用的关键。获得高稳定性的全小分子光伏器件主要包括活性层材料的稳定性、界面层材料对水氧等的稳定性、光伏器件的存储稳定性以及光伏器件对光热的稳定性等方面。对于热稳定性来说，目前的小分子材料通常具有较好的热稳定性，这对于器件的长期稳定性是基础。随着最近非富勒烯受体材料的快速发展，近期研究结果也表明，基于非富勒烯体系的光伏器件也表现出比富勒烯体系更加稳定的器件稳定性。然而对于器件稳定性的研究工作，目前仍然非常有限，在未来研究者需要投入更多的时间和精力开展稳定性方面的研究工作，这对于有机太阳能电池的大规模商业化应用是非常重要的。

4. 全小分子光伏器件面临的机遇与挑战

在目前有机太阳能电池的研究发展过程中，经过研究者的不懈努力，无论是器件效率还是稳定性方面，都取得了令人瞩目的研究成果。小分子材料由于具有确定的分子结构、批次差异性小、合成过程简单、结构与性质易于调控等优势是未来发展该领域的重要研究方向。然而相比于聚合物体系的光伏器件，全小分子光伏器件的发展仍然滞后。在全小分子光伏器件未来的发展过程中，提升器件光电转换效率仍然是重中之重。在关注效率的同时，设计开发更多价格便宜、合成路线简单、步骤少、纯化简单的光伏材料显得十分重要。此外，与聚合物体系光伏器件相似，器件的稳定性、简易的后处理过程（甚至是无需后处理的光伏器件）是研究者需要关注的重点。总的来说，经过几代研究工作者的不懈努力有机太阳能电池在目前已经取得鼓舞人心的研究进展。在后续不断的研究过程中，全小分子有机太阳能电池在器件效率、稳定性、成本、大面积柔性器件等领域都将会获得不断的突破。

综上论述，有机太阳能电池领域活性层材料的设计过程中，给体材料扮演着至关重要的角色，对获得高效率光伏器件起到非常重要的作用。随着材料的创新，必定会带动领域的持续进展。

参考文献

［1］Brunel D．，Dumur F. Recent advances in organic dyes and fluorophores comprising a 1，2，3 – triazole moiety［J］. New J. Chem．，2020，44(9)：3546 – 3561.

［2］Wang L．，Liu J．，Ding Z．，Miao J. Research progress in organic solar cells based on small molecule donors and polymer acceptors［J］. Acta Chim. Sin．，2021，79(5)：545.

［3］Cheng P．，Yang Y. Narrowing the band gap：the key to high – performance organic photovoltaics［J］. Acc. Chem. Res．，2020，53(6)：1218 – 1228.

［4］Kini G. P．，Jeon S. J．，Moon D. K. Design principles and synergistic effects of chlorination on a conjugated backbone for efficient organic photovoltaics：a critical review［J］. Adv. Mater．，2020，32(11)：1906175.

［5］Wadsworth A．，Hamid Z．，Kosco J．，Gasparini N．，McCulloch I. The bulk heterojunction in organic photovoltaic，photodetector，and photocatalytic applications［J］. Adv. Mater．，2020，32(38)：2001763.

［6］Mohapatra A. A．，Tiwari V．，Patil S. Energy transfer in ternary blend organic solar cells：recent insights and future directions［J］. Energy Environ. Sci．，2021，14(1)：302 – 319.

［7］Xie B．，Chen Z．，Ying L．，Huang F．，Cao Y. Near – infrared organic photoelectric materials for light – harvesting systems：organic photovoltaics and organic photodiodes［J］. InfoMat，2019，2(1)：57 – 91.

［8］Liu Y．，Zhao J．，Li Z．，Mu C．，Ma W．，Hu H．，Jiang K．，Lin H．，Ade H．，Yan H. Aggregation and morphology control enables multiple cases of high – efficiency polymer solar cells［J］. Nat Commun，2014，5：5293.

[9] Dang M. T. , Hirsch L. , Wantz G. P3HT：PCBM, best seller in polymer photovoltaic research [J]. Adv. Mater. 2011, 23(31)：3597 – 3602.

[10] Li S. , Liu W. , Shi M. , Mai J. , Lau T. – K. , Wan J. , Lu X. , Li C. – Z. , Chen H. A spirobifluorene and diketopyrrolopyrrole moieties based non – fullerene acceptor for efficient and thermally stable polymer solar cells with high open – circuit voltage [J]. Energy Environ. Sci. 2016, 9(2)：604 – 610.

[11] Holliday S. , Ashraf R. S. , Wadsworth A. , Baran D. , Yousaf S. A. , Nielsen C. B. , Tan C. H. , Dimitrov S. D. , Shang Z. , Gasparini N. , Alamoudi M. , Laquai F. , Brabec C. J. , Salleo A. , Durrant J. R. , McCulloch I. High – efficiency and air – stable P3HT – based polymer solar cells with a new non – fullerene acceptor[J]. Nat. Commun. , 2016, 7：11585.

[12] Baran D. , Ashraf R. S. , Hanifi D. A. , Abdelsamie M. , Gasparini N. , Rohr J. A. , Holliday S. , Wadsworth A. , Lockett S. , Neophytou M. , Emmott C. J. , Nelson J. , Brabec C. J. , Amassian A. , Salleo A. , Kirchartz T. , Durrant J. R. , McCulloch I. Organic solar cells based on non – fullerene acceptors[J]. Nat. Mater. , 2017, 16：363 – 369.

[13] Liu Z. , Wu Y. , Zhang Q. , Gao X. Non – fullerene small molecule acceptors based on perylene diimides[J]. J. Mater. Chem. A, 2016, 4(45)：17604 – 17622.

[14] Moore J. R. , Albert – Seifried S. , Rao A. , Massip S. , Watts B. , Morgan D. J. , Friend R. H. , McNeill C. R. , Sirringhaus H. Polymer blend solar cells based on a high – mobility naphthalenediimide – based polymer acceptor：device physics, photophysics and morphology [J]. Adv. Energy Mater. , 2011, 1(2)：230 – 240.

[15] Fabiano S. , Chen Z. , Vahedi S. , Facchetti A. , Pignataro B. , Loi M. A. Role of photoactive layer morphology in high fill factor all – polymer bulk heterojunction solar cells [J]. J. Mater. Chem. , 2011, 21(16)：5891 – 5896.

[16] Yan H. , Chen Z. , Zheng Y. , Newman C. , Quinn J. R. , Dotz F. , Kastler M. , Facchetti A. A high – mobility electron – transporting polymer for printed transistors[J]. Nature, 2009, 457：679 – 686.

[17] Schubert M. , Dolfen D. , Frisch J. , Roland S. , Steyrleuthner R. , Stiller B. , Chen Z. , Scherf U. , Koch N. , Facchetti A. , Neher D. Influence of aggregation on the performance of all – polymer solar cells containing low – bandgap naphthalenediimide copolymers [J]. Adv. Energy Mater. , 2012, 2(3)：369 – 380.

[18] Zhou J. , Wan X. , Liu Y. , Zuo Y. , Li Z. , He G. , Long G. , Ni W. , Li C. , Su X. , Chen Y. Small molecules based on benzo[1, 2 – b：4, 5 – b′]dithiophene unit for high – performance solution – processed organic solar cells[J]. J. Am. Chem. Soc. , 2012, 134(39)：16345 – 16351.

[19] Huo Y. , Zhang H. – L. , Zhan X. Nonfullerene all – small – molecule organic solar cells[J]. ACS Energy Lett. , 2019, 4(6)：1241 – 1250.

[20] Tang H. , Yan C. , Karuthedath S. , Yin H. , Gao Y. , Gao J. , Zhang L. , Huang J. , So

S. K. , Kan Z. , Laquai F. , Li G. , Lu S. Deciphering the role of fluorination: morphological manipulation mrompts charge separation and reduces carrier recombination in all – small – molecule photovoltaics[J]. Sol. RRL, 2020, 4(4): 1900528.

[21]Liang Y. , Xu Z. , Xia J. , Tsai S. T. , Wu Y. , Li G. , Ray C. , Yu L. For the bright future—bulk heterojunction polymer solar cells with power conversion efficiency of 7.4% [J]. Adv. Mater. , 2010, 22(20): 135 – 138.

[22]Liang Y. , Wu Y. , Feng D. , Tsai S. T. , Son H. J. , Li G. , Yu L. Development of new semiconducting polymers for high performance solar cells[J]. J. Am. Chem. Soc. , 2009, 131(1): 56 – 57.

[23]Liang Y. , Feng D. , Wu Y. , Tsai S. T. , Li G. , Ray C. , Yu L. Highly efficient solar cell polymers developed via fine – tuning of structural and electronic properties [J]. J. Am. Chem. Soc. , 2009, 131(22): 7792 – 7799.

[24]Chen H. – Y. , Hou J. , Zhang S. , Liang Y. , Yang G. , Yang Y. , Yu L. , Wu Y. , Li G. Polymer solar cells with enhanced open – circuit voltage and efficiency[J]. Nat. Photon. , 2009, 3: 649 – 653.

[25]Son H. J. , Carsten B. , Jung I. H. , Yu L. Overcoming efficiency challenges in organic solar cells: rational development of conjugated polymers [J]. Energy Environ. Sci. , 2012, 5 (8): 8158.

[26]Xu Y. , Yao H. , Hou J. Recent advances in fullerene – free polymer solar cells: materials and devices[J]. Chinese J. Chem. , 2019, 37(3): 207 – 215.

[27]Collins S. D. , Ran N. A. , Heiber M. C. , Nguyen T. – Q. Small is powerful: recent progress in solution – processed small molecule solar cells [J]. Adv. Energy Mater. , 2017, 7 (10): 1602242.

[28]Liu Y. , Wan X. , Wang F. , Zhou J. , Long G. , Tian J. , Chen Y. High – performance solar cells using a solution – processed small molecule containing benzodithiophene unit [J]. Adv. Mater. , 2011, 23(45): 5387 – 5391.

[29]Kan B. , Zhang Q. , Li M. , Wan X. , Ni W. , Long G. , Wang Y. , Yang X. , Feng H. , Chen Y. Solution – processed organic solar cells based on dialkylthiol – substituted benzodithiophene unit with efficiency near 10%[J]. J. Am. Chem. Soc. , 2014, 136(44): 15529 – 15532.

[30]Kan B. , Kan Y. , Zuo L. , Shi X. , Gao K. Recent progress on all – small molecule organic solar cells using small – molecule nonfullerene acceptors[J]. InfoMat, 2020, 3(2): 175 – 200.

[31]Gao K. , Kan Y. , Chen X. , Liu F. , Kan B. , Nian L. , Wan X. , Chen Y. , Peng X. , Russell T. P. , Cao Y. , Jen A. – K. Low – bandgap porphyrins for highly efficient organic solar cells: materials, morphology, and applications[J]. Adv Mater, 2020, 32(32): 1906129.

[32]Tang H. , Yan C. , Huang J. , Kan Z. , Xiao Z. , Sun K. , Li G, Lu S. Benzodithiophene – based small – molecule donors for next – generation all – small – molecule organic photovoltaics [J]. Matter, 2020, 3(5): 1403 – 1432.

第4章 有机太阳能电池的受体材料

有机太阳能电池的活性层材料主要包括给体材料以及受体材料，因此，设计合成新型受体材料在OSCs器件的发展过程中发挥着至关重要的作用。受体材料主要包括富勒烯衍生物、聚合物受体材料以及小分子受体材料。其中，富勒烯衍生物由于具有较高的电子迁移率、各向异性的电荷传输以及较好的相分离形貌，成为应用最早且最广泛的受体材料。

近年来，聚合物受体与小分子受体材料发展迅速，有力推动了有机太阳能电池效率的进一步提升。其中聚合物受体材料与聚合物给体材料类似，具有较好的成膜性以及分子间电荷传输能力。基于 A – D – A 结构的小分子受体是目前研究最多也是性能最突出的分子体系。当前基于非富勒烯受体材料的单结器件效率已经超过19%，叠层器件效率超过20%。本章将主要围绕富勒烯受体、聚合物受体和小分子受体的角度展开，简要介绍有机太阳能电池的发展过程中受体材料的研究进展及对器件性能的影响。

4.1 基于富勒烯体系的受体材料的研究进展

富勒烯及其衍生物类是发展最早也是应用最广泛的受体材料，如 $PC_{61}BM$、$PC_{71}BM$、ICBA 等，其化学结构如图1.4所示。因此，设计合成具有良好的吸收光谱及电荷传输性能的给体材料是基于富勒烯体系光伏器件的重要研究方向之一。其中给体材料的研究在第3章内容中已经详细介绍，在此不再多做赘述。目前基于富勒烯体系的光伏器件研究已经相对成熟。富勒烯及其衍生物材料具有高的电子迁移率，几乎可与大部分给体材料进行良好的能级匹配，形成良好的电荷传输通道。因此，本章将以P3HT这种合成路线简单、价格便宜的给体材料为主，简要介绍基于富勒烯体系的研究历程。

1995 年Yu等科学家首次提出了本体异质结结构的器件（Bulk – Heterojunction，BHJ），他们创造性地将聚合物给体分子 MEH – PPV 与富勒烯衍生物 $PC_{61}BM$ 共混，从而有效地增大了给受体界面的接触面积，为获得较高的光电转换效率提供了可能。这种给受体共混得到的本体异质结结构具有纳米尺度的互穿网络结构，相应光伏器件获得了 2.9% 的光电转换效率，这也是基于富勒烯材料为受体的第一例光伏器件。由于本体异质结结构有效扩大了给受体之间的接触面积，可以有效地促进激子在给受体界面的解离效率，逐渐成为有机太阳能电池领域的研究主流，并极大推动了有机太阳能电池获得快速的发展。

在随后的研究中，基于 BHJ 结构的有机太阳能电池不断取得创新性研究进展，也取得一系列突破性研究成果，部分主要的研究成果在第 1 章已经列出。总的来说，得益于有机半导体材料的创新、器件制备工艺的进步、活性层薄膜后处理工艺的探索、界面层材料的进步等使有机太阳能电池在最近十年获得快速发展。其中，单结器件已获得超过 19% 的器件效率，叠层器件的光电转换效率已达到 20.2%。

4.2 基于聚合物受体材料的发展

鉴于受体材料通常需要具有相对低的 HOMO 和 LUMO 能级，才能使得给体与受体材料具有良好的能级匹配，以获得有效的激子解离及电荷传输效率。因此，常见的聚合物受体材料主要包括基于苝二酰亚胺（PDI）单元、萘二酰亚胺单元（NDI）单元和 B-N 配位键单元的聚合物等构筑单元。通常可以通过改变给电子单元的种类和重复单元的数目、调控上述受体单元的取代基、稠环位点等。

4.2.1 基于 PDI 单元的聚合物受体材料

PDI 衍生物因其具有较好的拉电子能力，较高的电子迁移率，特别是有很多修饰位点可以调节分子的能级和吸收光谱，所以在聚合物受体材料中应用非常广泛。相比于富勒烯衍生物来说，PDI 受体材料的发展仍然滞后，这主要是由于 PDI 类受体材料有较强的自身 $\pi - \pi$ 堆积，从而导致较大的聚集尺寸，而这种较大的相尺寸又会影响电荷在给受体界面的分离。为了解决这些问题，研究人员试图打破这种 PDI 受体分子的平面性，从而抑制其过度的聚集。

2007 年，占肖卫教授等首次报道了基于 PDI 与并三噻吩共聚的具有较高迁移率的聚合物材料，并将其应用在场效应晶体管以及全聚合物有机太阳能电池中。该器件在当时的测试条件下获得了高达 $1.3 \times 10^{-2} \mathrm{cm}^2 \cdot \mathrm{V}^{-1} \cdot \mathrm{s}^{-1}$ 的电子迁移率，与聚噻吩类聚合物给体材料搭配时获得了超过 1% 的光电转换效率。当将与 PDI 相连的给体单元换为其他单元，如连二噻吩单元的 P(PDI2OD-T2) 时，制备成有机薄膜晶体管器件时获得了高达 $2 \times 10^{-3} \mathrm{cm}^2 \cdot \mathrm{V}^{-1} \cdot \mathrm{s}^{-1}$ 的电子迁移率。结构式如图 4.1 所示。

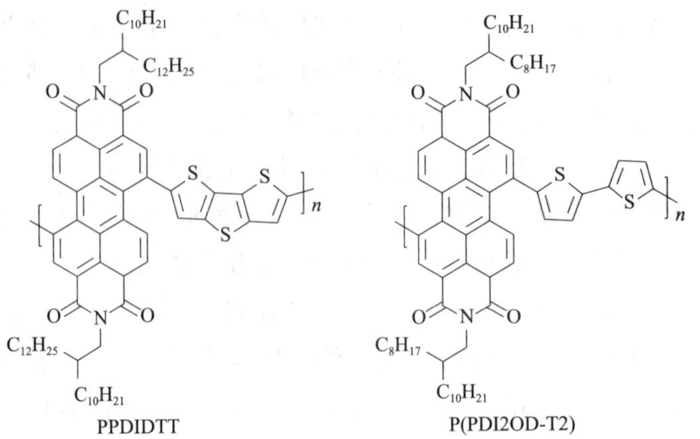

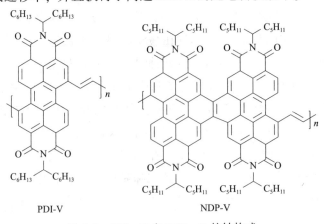

图 4.1　PPDIDTT 和 P(PDI2OD – T2)的结构式

在 PDI 聚合物受体材料中，由于相邻两个 PDI 单元之间通常存在 $50° \sim 70°$ 的扭转角，这就使得该类聚合物通常具有较低的平面性和电子迁移率。基于以上通过聚噻吩等单元桥联 PDI 单元的思路，2016 年，颜河教授等将上述噻吩单元用乙烯键代替，合成了 PDI – V（图 4.2）。该设计降低了分子的空间位阻，促进了分子间的 $\pi – \pi$ 堆积，从而提升了分子的电荷传输能力。当与窄带隙聚合物 PTB7 – Th 共混时获得了 7.57% 的光电转换效率。这是当时报道的基于 PDI 全聚合物太阳能电池的最高效率。当在大气氛围下制备器件，空气湿度在 90% 时，仍获得了 7.49% 的光电转换效率，说明该材料具有非常好的空气稳定性。将两个 PDI 单元通过共价键稠合获得聚合物 NDP – V，该分子具有较大的芳环共轭单元、较少的碳碳单键扭转角，因此，该分子展现出较强的结晶性及电子迁移率。当与 PTB7 – Th 共混时，分别获得了 $3.0 \times 10^{-4} \mathrm{cm}^2 \cdot \mathrm{V}^{-1} \cdot \mathrm{s}^{-1}$ 和 $1.0 \times 10^{-3} \mathrm{cm}^2 \cdot \mathrm{V}^{-1} \cdot \mathrm{s}^{-1}$ 的电子和空穴迁移率，并且获得了高达 8.59% 的光电转换效率。

图 4.2　PDI – V 和 NDP – V 的结构式

4.2.2 基于 NDI 单元的聚合物受体材料

NDI 类聚合物无论是在有机场效应晶体管领域还是在有机太阳能电池领域都是一类高效的有机光电材料。NDI 单元具有较高的热稳定性与抗氧化性，其较强的缺电子芳环单元使得该类化合物通常具有较低的 LUMO 能级，是一类很好的电子传输半导体材料。相比于基于富勒烯衍生物受体材料的器件，基于 NDI 共聚单元的全聚合物太阳能电池获得了突破 10% 以上的光电转换效率，很多材料也已经获得可与富勒烯衍生物相当的光伏性能。

2009 年，Marks 研究组报道了第一个基于 NDI 的聚合物 P（NDI2OD–T2）（又名 N2200），该分子具有低的 LUMO 能级（–3.9eV），在空气中有较好的稳定性。早期该化合物仅被应用于有机场效应晶体管领域，应用于 OSCs 领域的初期仅获得 0.21% 和 0.17% 的光电转换效率。随着聚合物给体材料的发展，该材料在有机太阳能电池领域的潜力逐渐凸显。2016 年，李永舫院士等报道了基于 J51：N2200 的太阳能电池器件，获得了 8.27% 的光电转换效率以及 0.70 的填充因子；紧接着 2017 年，黄飞教授等采用 PTzBI–Si 为聚合物给体材料，与 N2200 制备的太阳能电池器件获得了高达 10.1% 的光电转换效率。随后大量文献报道了围绕 N2200 进行结构修饰与调整的工作，包括 NDI 侧链由烷基链改为噻吩烷基链的 P（NDI2TOD–T2）、在连二噻吩单元上引入氟原子的 P（NDI2DT–FT2）、将连二噻吩换为单噻吩的 P（NDI2HD–T）或者采用硒酚桥联的 PNDIS–HD 等均获得不错的光伏性能（图 4.3）。

4.2.3 基于 B–N 配位键的聚合物受体材料

目前，基于缺电子单元的双 B–N 配位键的聚合物受体材料取得了很大的突破。这主要归功于该体系较好的分子共平面性，促进了分子间的 $\pi–\pi$ 相互作用，进而提升器件的电子迁移率，同时该分子具有合适的分子能级，且在可见光区有较好的吸收光谱。刘俊研究员等研究了基于 B–N 配位键化合物结构与其性质之间的关系。如 P–BNBP–T 和 P–BNBP–Se，当将噻吩单元换为硒酚时，对应混合薄膜的电子迁移率得到提升，因此基于该材料的器件获得了 4.26% 的光电转换效率。当将 B–N 配位化合物上的烷基链换为苯氧基烷基链时，会使分子的 LUMO 能级降低，电子迁移率进一步提升。而当将聚合物 P–BNBP–T 中共轭单噻吩换为氟取代的连二噻吩单元时，笔者合成了聚合物 P–BNBP–fBTh，当采用 PTB7–Th 作为聚合物给体时，混合薄膜展现明显的 face–on 的堆积形式，$9.65 \times 10^{-4} \mathrm{cm}^2 \cdot \mathrm{V}^{-1} \cdot \mathrm{s}^{-1}$ 的电子迁移率以及提升的短路电流密度 $12.69 \mathrm{mA} \cdot \mathrm{cm}^{-2}$，

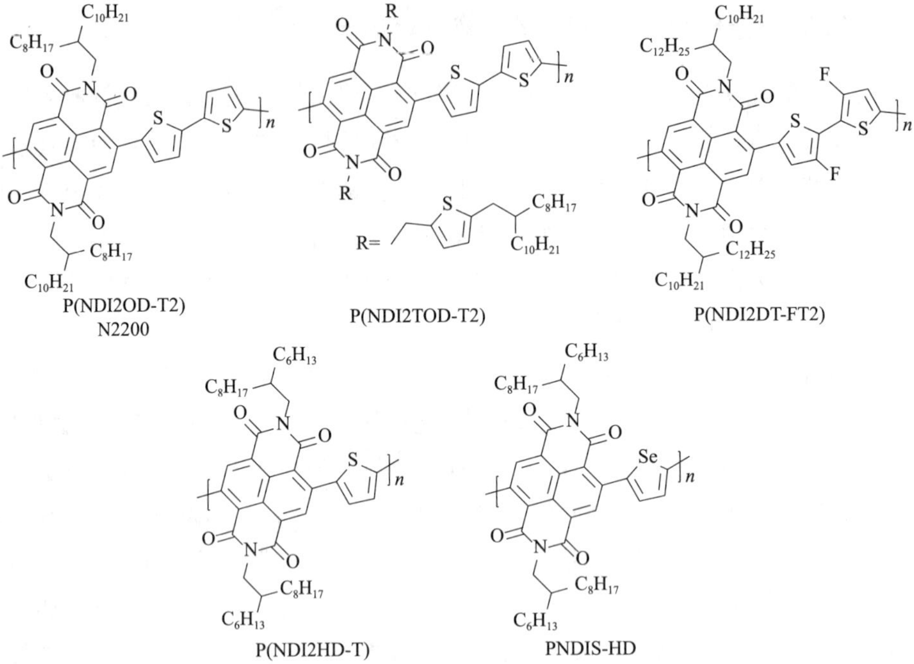

图 4.3   NDI 衍生物的结构式

同时，又因其较高的开路电压(1.07V)，最终获得高达 6.26% 的光电转换效率。紧接着他们又将与 B－N 配位键结构相连的噻吩单元换为给电子能力更强的双噻吩并环戊二烯单元，设计合成了窄带隙的聚合物受体 P－BNBP－CDT，相比于前面的聚合物分子，P－BNBP－CDT 具有提升的 LUMO 能级，当与 P3HT 共混制备器件时获得了 1.76% 的光电转换效率。随后在 P－BNBP－CDT 基础上，他们进一步将噻吩并环戊二烯单元中亚甲基碳原子换为硼原子，设计了 P－BNBP－BNTT，该分子在 300～700nm 范围有着非常好的吸收光谱，与光谱互补的聚合物给体 PTB7－Th 共混时获得了 2.37% 的光电转换效率。另外 B－N 配位键结构的化合物与 DPP 结构相连的聚合物受体材料 P－BNBP－DPP 与 PTB7－Th 制备成器件时也获得了 2.37% 的光电转换效率。其具体结构式如图 4.4 所示。

除了上述介绍的基于 PDI、NDI 以及 B－N 配位键的聚合物受体材料，研究者吸取 A－D－A 型小分子受体的经验，李永舫院士团队等首次将小分子受体聚合物化，并且获得与相应小分子材料相当的器件效率(9.19%)。该类将优异性能的具有 A－D－A 构型小分子受体聚合物化的策略为聚合物受体材料的发展提供了有效的设计策略。

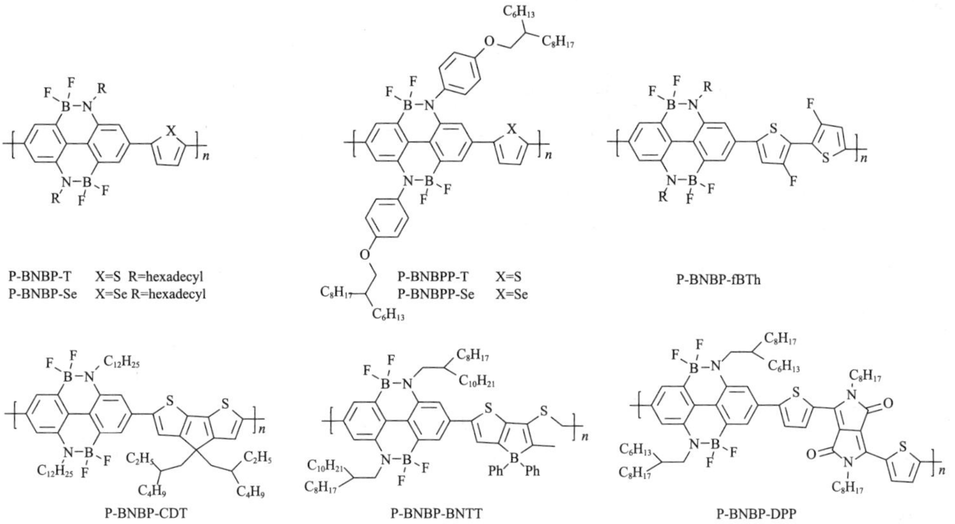

P-BNBP-T   X=S R=hexadecyl
P-BNBP-Se   X=Se R=hexadecyl

P-BNBPP-T   X=S
P-BNBPP-Se X=Se

P-BNBP-fBTh

P-BNBP-CDT

P-BNBP-BNTT

P-BNBP-DPP

图 4.4   B－N 桥联吡啶衍生物的结构式

4.3   基于非富勒烯小分子受体材料的发展

小分子受体材料主要包括两大类材料，即基于 PDI 单元的受体材料以及 A－D－A 型小分子受体材料。目前基于寡聚 PDI 分子体系已经获得了超过 10% 的光电转换效率。从 2015 年开始，A－D－A 型小分子受体材料，尤其是稠环受体材料与聚合物给体材料搭配作为活性层材料取得了不断突破，也在不断地刷新着有机太阳能电池领域器件的光伏性能参数。下面将主要从基于苝二酰亚胺和小分子受体的角度出发，系统介绍小分子受体材料的研究进展。

4.3.1   基于苝二酰亚胺小分子受体材料

PDI 单元因其具有较大的共轭平面，非常容易发生自聚集，以至于形成较大的相分离尺度，使得激子在给受体界面很难有效地分离。通过对 PDI 单元不同位点的修饰来增大其扭转角度，能够在一定程度上抑制聚集。因此，研究者们发展了一系列的 PDI 二聚体分子，包括以单键键连、其他共轭单元的桥联、直接或者通过其他共轭基团稠合的二聚体以及多个 PDI 单元稠合等的受体分子。

2014 年，王朝晖教授等报道了通过单键键连的 PDI 二聚体 s－diPBI，通过 DFT 理论计算发现，该分子两个 PDI 平面呈现 70°的夹角，降低了分子之间的自聚集效应，使之具有较高的 LUMO 能级。当与聚合物 PBDTTT－C－T 制备成光伏器件时获得了 3.63% 的光电转换效率。当将两边 PDI 单元分别以两个硫原子稠合时得到了 S – diPBI – S，其 LUMO 能级进一步提升，使开路电压进一步提升。同时这种单键键连的三维空间构型进一步阻止分子的自聚集，从而形成合适的相分离形貌。在正向器件中，基于 PBDB – T1：SdiPBI – S 获得了高达 7.16% 的光电转换效率。考虑到该体系的成功，笔者采用分子工程学的策略，将上述硫原子稠合改为硒原子，得到了 SdiPBI – Se。硒原子具有更大的分子半径，更离域和极化的电子云分布及分子间相互作用，使之具有较高的电子迁移率。因此基于该受体的器件获得了高达 0.70 的填充因子以及 6.42% 的光电转换效率。其结构式如图 4.5 所示。

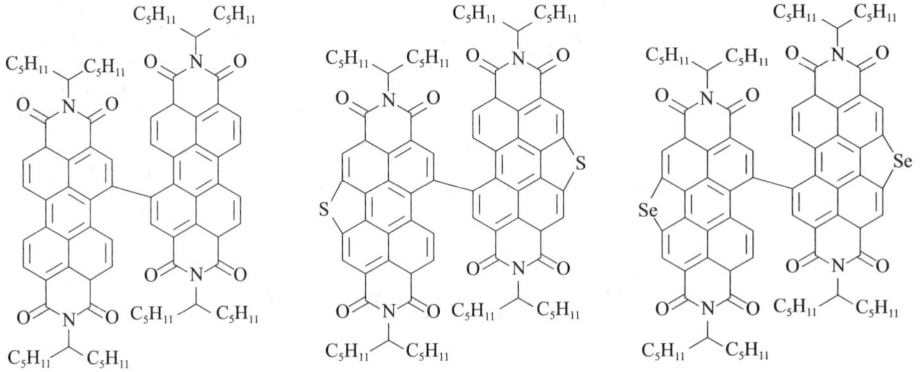

s-diPBI　　SdiPBI-S　　SdiPBI-Se

图 4.5　s – diPBI、SdiPBI – S 和 SdiPBI – Se 的结构式

2014 年，姚建年院士与詹传郎研究员等报道了以单噻吩作为桥联基团，连接两个 PDI 单体的受体材料 Bis – PDI – T – MO。这种二聚体，同时具有甲氧基烷基链在两侧，可以有效抑制两个 PDI 分子之间的自聚集效应。当与聚合物给体 PBDTTT – C – T 共混时，获得了 4.34% 的光电转换效率。2015 年，颜河教授等合成了以烷基链取代的连二噻吩作为中间桥联基团的基于 PDI 受体材料 $i-Me_2T_2-PDI_2$。这种烷基取代位置的受体材料展现出头对头的空间构型，具有较小尺寸和较好的相分离形貌，因此，当采用 PffBT4T – 2DT 为聚合物给体材料时获得了 4.1% 的光电转换效率。随后，Hadmojo 等在连二噻吩单元之间加入了 2，5 – 二氟苯合成了 F2B – T2PDI，研究了结构的改变对器件性质的影响。该材料具有较宽的分子带隙，在两个 PDI 分子之间有较大的扭转角，因此比前者具有更好的光伏性能，当采用 PTB7 – Th 给体时获得了 5.05% 的光电转换效率。其结构式如图 4.6 所示。

2016 年，陈红征教授团队报道了 PDI 三聚体的非富勒烯受体材料 $B(PDI)_3$，将三个 PDI 分子通过单键与苯环相连。这个不共平面的 PDI 三聚体材料，当与 PTB7 – Th 共混制备的光伏器件获得了 5.65% 的光电转换效率。2017 年，Duan

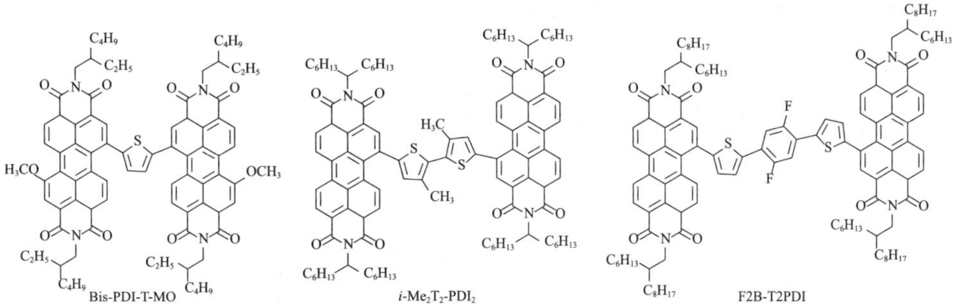

图 4.6　Bis－PDI－T－MO、i－Me$_2$T$_2$－PDI$_2$ 和 F2B－T2PDI 的结构式

等将上述 PDI 三聚体中苯环换为三嗪结构报道了 Ta－PDI，研究发现，相比于苯环来说，三嗪结构有相对较弱的扭转结构，有相对加大的聚集可能性，会提升混合薄膜的电子迁移率。当以 PTB7－Th 作为聚合物给体时，获得了高达 9.18% 的光电转换效率，17.1mA·cm^{-2} 的短路电流密度和 0.68 的填充因子。随后李韦伟研究员等合成了基于卟啉体系的 PDI 四聚体 PBI－por。相比于大部分 PDI 受体材料来说，该分子有相对较低的能级结构以及较弱的结晶性，因此，当以 PBDTB-DD 为给体材料时，其吸收光谱互补且获得了 7.4% 的光电转换效率。其结构式如图 4.7 所示。

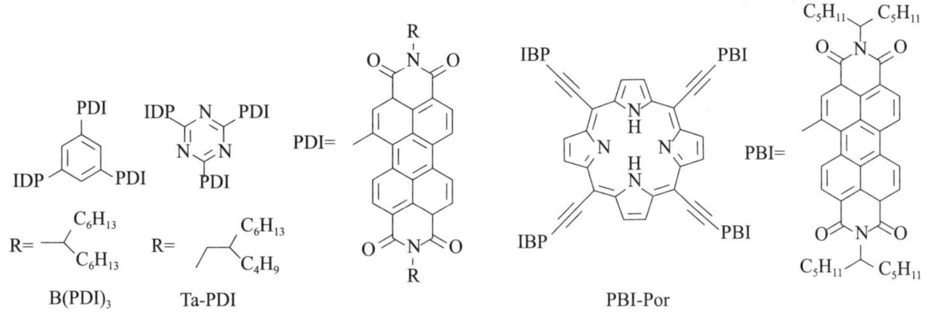

图 4.7　B(PDI)$_3$、Ta－PDI 和 PBI－Por 的结构式

相比于上述的单键键连 PDI 受体材料，也有很多稠环结构相连的 PDI 受体材料，并且获得了高效的光伏性能。其中 2014 年，Nuckolls 教授等报道了螺旋式结构的 PDI 稠环结构二聚体 Helical PDI 1。这种刚性非共平面的结构与 PTB7－Th 共混后，混合膜具有合适的相分离形貌，具有较强的电荷传输能力（约 0.2ps）。最终获得了 6.05% 的光电转换效率。随后 Hartnett 教授等报道了 PDI 稠环单元之间不同结构的影响，当采用噻吩基团时合成了 FPDI－T。在 PDI 分子间的稠环单元提升了分子间的电子耦合作用，这一般会导致 LUMO 能级的提升和吸收光谱的蓝移，同时也会提高其电子迁移率，而当与 PTB7－Th 共混时，器件获得了

3.89% 的光电转换效率。其结构式如图 4.8 所示。

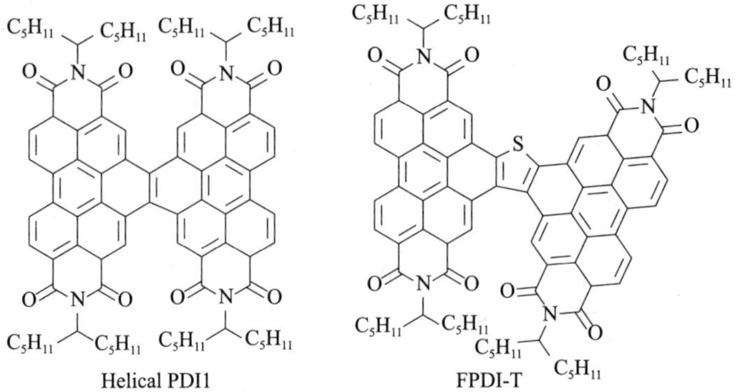

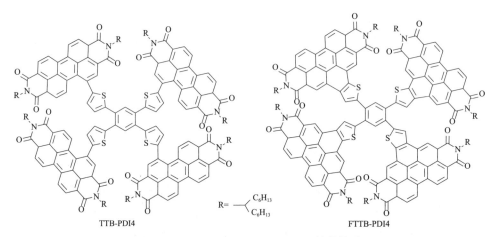

Helical PDI1

FPDI-T

图 4.8　Helical PDI - 1 和 FPDI - T 的结构式

2017 年，颜河教授等报道了 PDI 四聚体结构，采用四噻吩苯基中间核，合成了未与相邻 PDI 稠合的 TTB - PDI4 和与相邻 PDI 稠合的 FTTB - PDI4（图 4.9）。相比于未稠环的 TTB - PDI4，FTTB - PDI4 具有更加合适的能级，拓宽的光吸收范围和较强的分子间堆积能力。从形貌数据也可以看出稠环的材料具有更高的相纯度，可以很好地保持分子的堆积和迁移率。因此，基于 P3TEA：FTTB - PDI4 的电池获得了高达 10.58% 的光电转换效率，这是当时基于 PDI 受体材料的体系中效率最高的体系。

TTB-PDI4

$R=\begin{array}{c}C_6H_{13}\\C_6H_{13}\end{array}$

FTTB-PDI4

图 4.9　TTB - PDI4 和 FTTB - PDI4 的结构式

4.3.2　基于非稠环体系的小分子受体材料

相比于稠环受体材料具有较长的合成路线、较大的合成难度、反应步骤长，导致反应收率难以控制，通过单键键连具有非稠环骨架结构的小分子受体材料逐渐进入人们的研究视角。随着有机太阳能电池的快速发展，成本和经济效益也日益被重视。这种通过单键键连取代稠环受体材料中 sp^3 碳，可以有效地缩短反应的合成路线，有效地增加材料的可修饰多样性，进而有效地调控材料的相应光学、电化学及光伏性能。随着研究者的不懈努力，目前基于简单结构的非稠环受体材料已取得超过 14% 的光电转换效率。

如图 4.10 所示，2017 年，陈红征教授等报道了基于非稠环体系的非富勒烯受体材料 DF - PCIC。该分子采用噻吩并环戊二烯与 2，5 - 二氟苯单键相连作为中间给电子单元，通过分子间 F - H 之间非共价键相互作用保证 FD - PCIC 分子的平面性。同时当采用宽带隙聚合物作为给体材料时，获得了 10.14% 的光电转换效率。这也是当时基于非稠环体系报道的最高效率。由于其独特的分子结构，使得 DF - PCIC 具有非常好的热稳定性，在 180℃ 持续加热 12h 后，器件效率仍能保持 70%。同时笔者也设计合成了双氟以及双氯取代末端基团的分子 HF - PCIC 和 HC - PCIC。强电负性元素的引入，使得两个分子的 HOMO/LUMO 能级均下降，因此，他们采用了 HOMO 能级更低的 PBDB - TF(PM6) 作为给体材料，同时加入 PC$_{71}$BM 作为第三组分制备了三元器件，PC$_{71}$BM 的加入改善了活性层的电荷转移和传输能力，使得器件的 EQE 高度整体提升，最终 PBDB - TF：HC - PCIC：PC$_{71}$BM 的三元体系获得 12.36% 的光电转换效率。两种器件均显示非常好的热稳定性，在 130℃ 持续加热 12h 仍能保持最初效率的 80%，这也说明了含有富勒烯及非富勒烯的体系，在加热的情况下形貌是非常稳定的。

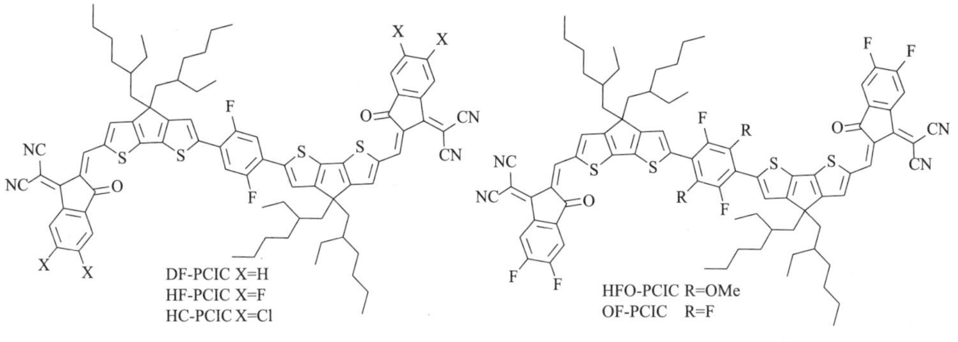

图 4.10　DF - PCIC，HF - PCIC 和 HC - PCIC 的结构式

另外，通过在中间 2，5 - 二氟苯基单元的 3，6 位进行了修饰，分别引入甲氧基或者氟原子等，设计合成了 HFO - PCIC 以及 OF - PCIC 两个新的非稠环受体材料。由于不同取代基对中间苯环单元的修饰会影响分子的立体构型，通过 DFT 理论计算，发现对于 HF - PCIC、HFO - PCIC 以及 OF - PCIC，中间苯环与两翼噻吩并环戊二烯之间的夹角分别为 14.20°、12.36° 以及可以忽略的 0.05°。

这主要是由于相邻的 F—H 之间有弱的非共价键相互作用，因此 OF—PCIC 平面性最好，而 F—H、O—S 之间均有相互作用因此 HFO—PCIC 之间夹角适中，而 HF—PCIC 仅存在一侧的 F—H 相互作用所以平面性最差。同上，笔者同样采用了 PBDB—TF 作为聚合物给体材料，通过器件优化，PBDB—TF：HF—PCIC 获得 11.49% 的光电转换效率。这主要是因为立体构型的改变，导致分子产生不同的堆积形式进而影响其相尺度大小，从而造成了器件光伏性能的差异。

此外，随着研究的深入，陈红征教授等采用对位烷氧取代的苯基为中间核心，采用简单的噻吩单元作为桥联基团，通过两步反应设计合成了目前合成路线最短，价格最便宜，光电转换效率依然超过 10% 的非稠环小分子受体 PTIC。由于分子内较好的 O⋯H、O⋯S 非共价相互作用，分子内形成较好的非共价构象锁，因此 PTIC 分子表现出较好的共平面性。PTIC 分子在可见光区表现较好的光谱响应，其在薄膜状态下的最大吸收峰位于 747nm，截止吸收波长可达到 810nm。当采用与其吸光互补且能级匹配的 PBDB—TF（PM6）作为聚合物给体时，器件获得高达 10.27% 的光电转换效率。

在此基础上，陈红征团队在噻吩桥连单元上引入大位阻的二维侧链，同时采用卤化的末端基团作为缺电子的受体单元，通过两步法设计合成了完全非稠环小分子受体 PTB4Cl，大位阻二维侧链的引入可以有效地优化混合薄膜的堆积以及分子堆积取向，进而延长激子寿命获得较快的电荷传输。最终基于 PBDB—TF：PTB4Cl 的光伏器件获得 12.76% 的光电转换效率。这主要是由于分子内 O⋯S 和 O⋯H 的相互作用，使分子内形成有效的分子内构象锁，可以保证分子形成较好的共平面构象，而分子内大位阻苯基侧链的存在有助于调节非稠环受体材料之间的堆积性质，获得多个分子间的短接触，分别为基于 PTB4F 分子的 d_{inter}，C＝O⋯H（2.47Å）和 d_{inter}，F⋯H（2.66Å），和基于 PTB4Cl 分子的 d_{inter}，CN⋯H（2.62Å）。该工作获得的 12.76% 的光电转换效率也是当时获得的基于全非稠环受体材料的最高器件效率。这为之后设计结构简单、性能高效的分子提供了重要的实验依据。

此外，陈永胜教授团队和薄志山教授团队分别报道了采用具有更大共轭体系长度，更强给电子能力的环戊二噻吩（CPT）作为桥连单元的小分子受体 DOC2C6—2F（UF—EH—2F），由于聚合物给体 PBDB—T 与 DOC2C6—2F 具有更好的吸收光谱互补性质，基于 PBDB—T：DOC2C6—2F 的光伏器件获得 13.24% 的光电转换效率。而当采用 J52 作为聚合物给体时，基于 J52—UF—EH—2F 的光伏器件获得 13.56% 的光电转换效率，这也是当时基于非稠环受体材料的最高光伏器件效率。结构式如图 4.11 所示。

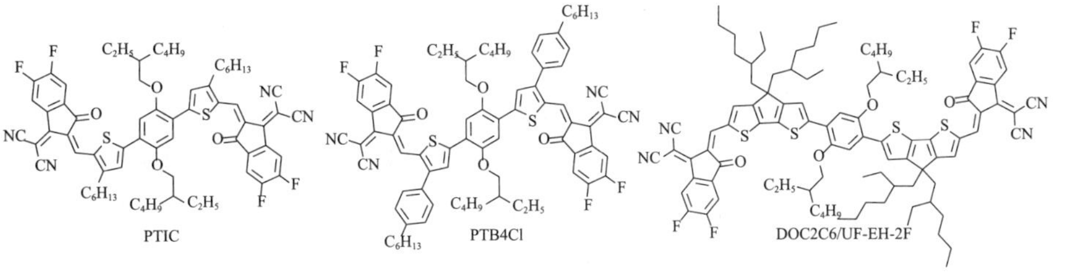

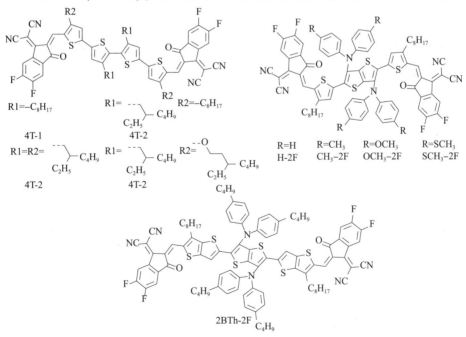

图 4.11 PTIC、PTB4Cl、DOC2C6 – 2F（即 UF – EH – 2F）的结构式

众所周知，噻吩单元是非常优异的光伏材料构筑单元，同时价格便宜非常适合用于未来有机太阳能电池大规模生产制备的光伏材料，例如聚噻吩单元的聚合物给体 P3HT，从材料价格到大规模生产，都是有机光伏大规模生产制备的最佳选择。尽管随之发展起来的非稠环小分子受体材料也取得较好的光伏性能，各构筑单元仍有小部分的稠合单元，材料价格仍然有待商榷。基于此，薄志山教授团队发展了基于噻吩单元作为构筑单元的全非稠环寡聚噻吩单元作为小分子受体材料，采用 IN – 2F 作为缺电子末端基团，同时研究骨架噻吩单元上烷基链的差异对材料的溶解度以及堆积性能进行调控，设计合成小分子受体 4T – 1、4T – 2、4T – 3 和 4T – 4（图 4.12）。当共轭噻吩主链上的烷基链均采用 2 – 乙基己基（EH）

图 4.12 4T – 1、4T – 2、4T – 3、4T – 4、H – 2F、CH₃ – 2F、
OCH₃ – 2F、SCH₃ – 2F 和 2BTh – 2F 的结构式

时，材料具有最红移的吸收光谱，薄膜状态下的最大吸收峰位于 667nm，截止吸收波长可达到 817nm。通过器件优化发现，当采用 PBDB-T 作为聚合物给体材料时，当给体/受体比例为 1:1，加入 0.5%（体积比）的 1-氯萘作为添加剂，同时对活性层进行 90℃ 加热退火处理时基于 PBDB-T：4T-3 的器件获得 10.15% 的光伏器件效率。而当采用具有更低 HOMO 能级的 D18 作为聚合物给体材料，同时对器件进行 100℃ 加热退火处理时，基于 D18：4T-3 的光伏器件获得最高 12.04% 的光电转换效率，这是当时基于全非稠环受体材料的最高器件效率。

该研究说明，通过合成廉价的材料获得高性能光伏器件是可行的。随后薄志山等以 3，6 位二芳胺取代的噻吩并[3，2-b]噻吩为中间核心单元，以单噻吩为桥联基团设计合成了一系列非稠环受体材料 H-2F、CH₃-2F、OCH₃-2F 和 SCH₃-2F，研究了二芳胺上不同取代基对材料性质的影响，发现 CH₃-2F 在共混体系给受体界面处可以形成有序的分子堆积和面对面（face-on）堆积取向。同时其单晶数据表明 CH₃-2F 可以形成有效的二维电荷传输通道，因此基于 PBDB-T：CH₃-2F 的光伏器件获得高达 12.28% 的光电转换效率。随后，在此研究基础上他们又进一步研究了共轭桥联基团的长度对材料基本性质及相应光伏性质的影响。研究将发现，随着共轭桥联基团长度的延长，非富勒烯受体材料的摩尔吸光系数、电子迁移率逐渐提升。此外，采用噻吩并[3，2-b]噻吩单元作为桥联基团的非稠环受体材料 2BTh-2F 通过分子内的 S…N 和 O…S 相互作用表现出较好的共平面构象，同时随着共轭桥连单元的延长，材料的堆积方式由最初单噻吩桥联基团的二维堆积方式转变为以噻吩并[3，2-b]噻吩桥联基团三维网络堆积结构。因此基于 PBDB-T：2BTh-2F 的光伏器件获得高达 14.53% 的光电转换效率，当选用 D18 作为聚合物给体材料时更是获得高达 15.44% 的光电转换效率，这也是目前基于非稠环受体材料的最高光伏器件效率。

陈永胜教授等也报道了基于 BDT 单元的非稠环受体材料，采用噻吩并环戊二烯与中间 BDT 单元单键键连的受体材料 BDTC-4Cl 以及与二噻吩硅单键键连的受体材料 BDTS-4Cl（图 4.13）。通过器件优化，基于 PBDB-T：BDTC-4Cl 以及 PBDB-T：BDTS-4Cl 体系的器件分别获得 9.54% 以及 3.73% 的光电转换效率，当采用 PC₇₁BM 作为第三组分制备三元器件时，获得了 12.19% 的光电转换效率。这主要是因为 BDTC-4Cl 体系具有更高的 LUMO 能级，纳米互穿网络结构的相分离形貌以及更加平衡的迁移率（μ_h / μ_e）。

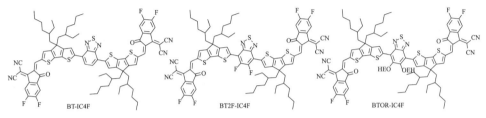

BDTS–4Cl   X=Si
BDTC–4Cl   X=C

图4.13   BDTS–4Cl 和 BDTC–4Cl 的结构式

除了上述介绍的基于苯基和苯并二噻吩(BDT)单元为中间核心的材料之外，苯并噻二唑单元(BTZ)单元具有缺电子性质，同时其中含有的氮(N)原子可以和硫(S)原子形成非共价构象锁，可以使得中间骨架具有较好的共平面性质。2020年，研究人员继续利用 BTZ 单元作为中间核心，利用环戊二噻吩(CPT)单元作为桥连单元，采用具有较强拉电子能力的双氟取代双氰基茚满酮(IN–2F)作为末端拉电子基团设计合成了 BT2F–IC4F。当在 BTZ 单元引入具有给电子能力的烷氧基取代基时，设计合成了 BTOR–IC4F，或者氢(H)原子取代的 BT–IC4F 作为参比受体分子以研究在 BT 单元上引入不同推拉电子能力的取代基对材料吸收光谱、能级及光伏性能的影响。研究发现，参比分子 BT–IC2F 在薄膜中的最大吸收峰位于734nm，其截止吸收波长可达到907nm。通过器件工艺优化发现，基于 PBDB–T：BT–IC2F 的光伏器件获得9.83%的光电转换效率，21.4mA·cm^{-2}的J_{sc}和0.664的 FF。当在 BTZ 单元中引入具有缺电子能力的氟原子时，器件仅获得8.45%的光电转换效率。而当引入烷氧基时，器件的空穴/电子迁移率变得更加平衡，其比值可达到1.85，同时器件的开路电压可提升到0.8V。通过器件工艺的优化，基于 PBDB–T：BTOR–IC4F 的器件获得11.48%的器件效率。相应材料结构式如图4.14所示。

图4.14   BT2F–IC4F、BTOR–IC4F 和 BT–IC4F

对于具有 A–D–A 结构的稠环受体材料来说，中间稠环核心结构具有重要的作用，这是由于在这些稠环受体材料中，这些稠环构筑单元需要具有共平面和刚性结构，才能获得较好的 π 电子离域和分子内的电荷传输。因为这些稠环构筑单元通常都包含一些硫或者氮原子的五元杂环，进而具有富电子性质，当它们与缺电子的末端基团连接之后，材料表现出较强的分子内电荷转移(ICT)效应，这就有利于有效地调节分子的吸收光谱和分子能级结构。另外稠环骨架上的大位阻的二维侧链不仅确保材料具有较好的溶解度，而且可以确保材料通过末端基团获得有效的分子间 π - π 堆积，这样的堆积模式对于材料的缺电子能力是非常重要的。从这个角度考虑可知，采用非稠环材料替代稠环受体材料面临着较大的挑战。根据上述介绍的基于非稠环体系的有机太阳能电池器件可知，限制非稠环受体材料发展的最大挑战在于控制非稠环材料的分子构象和堆积模式，而这个挑战目前还未研究清楚。因此，从非稠环受体材料的设计角度出发，材料的共平面性和刚性结构对于材料的聚集和电荷传输是至关重要的。另外，分子的共平面性越好，受体材料之间越有利于获得有效的 π - π 堆积，随着分子的刚性结构的提升，越有利于降低分子内 C - C 单键之间的扭转作用，提升受体材料的构象稳定性。与稠环受体材料具有较好的共平面性和刚性结构不同，非稠环受体材料通常包含两个或者更多较小的芳环结构，使得非稠环受体材料具有更容易扭转的性质。因此，就分子的构象控制来说，一些功能化基团可以诱导产生分子间的相互作用(如 O···S、F···S、F···H、N···S 等)，通常被用来获得有效的分子内构象锁来构筑具有较高构象稳定性的共平面的非稠环受体，可以有效提升非稠环受体材料的光伏性能(如 BTIC - EH、Ph - IC、PTIC、o - 4TBC - 2F 等)。然而想要实现类似于稠环受体材料的分子堆积模型，采用分子内功能化基团实现的非共价构象锁远远不能满足稠环受体材料的大位阻空间效应。因此，为了实现较低的合成成本，同时获得与稠环受体类似的优异光伏性能，非常有必要发展一种新型设计策略确保较好的分子共平面性和刚性非稠环共轭骨架，同时模拟稠环受体材料共轭骨架的空间位阻效应是获得高效率非稠环受体材料的关键。

基于上述考虑，侯剑辉研究员通过分子设计的角度设计合成了以 3，3′ - 双(2，4，6 - 三异丙基苯) - 2，2′ - 联噻吩作为中间核，获得了较好的分子平面性和较高的构象稳定性，较大空间位阻的侧链就是为了实现上述提到的同时具有较好共平面性和刚性骨架结构的分子堆积模型。从 A4T - 16 分子的单晶 X 射线衍射图谱中可以看出分子通过末端基团形成了三维互穿网络结构的 π - π 堆积，获得提升的电荷传输。研究发现，A4T - 16 分子同时显示相对较高的电致发光(EL)效率，获得较低的非辐射复合能量损失。因此，基于 A4T - 16 的太阳能电池获得高达 15.2% 的单结器件效率，这不仅是基于非稠环受体材料的最高光伏器件效率之一，而且是具有相同水平骨架结构稠环受体材料中的最高光伏器件效

率。非稠环受体材料的一系列研究以
及取得的高效光伏性能，为低合成成
本的光伏材料设计提供了广阔的发展
应用平台，在有机太阳能电池发展的
进程中具有重要的意义。其结构式如
图 4.15 所示。

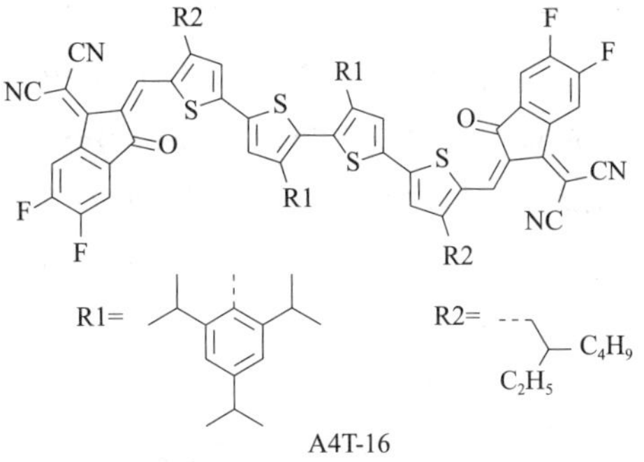

上述研究结果表明，得益于有机
分子结构的多样性，非稠环体系在合
成路线简单易行的情况下也能获得与

R1=

R2= C₄H₉ C₂H₅

A4T-16

图 4.15　A4T－16 的结构式

稠环体系相当的光伏性能，这也为设计合成更加高效的受体分子和获得更高效率
的光伏器件提供巨大的空间。

4.3.3　基于稠环骨架的小分子受体材料

在 2015 年，A－D－A 型稠环受体分子 ITIC 的报道，为有机太阳能电池的发
展打开了新的篇章，使得 A－D－A 型稠环受体材料成为研究的热点。近年来，
基于 A－D－A 型稠环受体材料的研究主要集中在中间给电子单元的稠环共轭骨
架，末端基团以及侧链调节等方面。通过新型高效受体材料的设计合成；基于前
期的研究经验对材料进行的简单修饰；同时设计给受体材料（吸光能级匹配），
在保证高开压的同时尽可能获得高电流从而不断协调电流与电压之间的相互制约
关系；形貌及器件的优化等使得有机太阳能电池在近期获得了巨大的突破。其中
单结器件目前已经获得超过 19% 的光电转换效率，叠层器件获得超过 20% 的光
电转换效率。接下来，主要从中间给电子的稠环单元，末端基团，侧链等三个方
面介绍 A－D－A 型小分子受体材料的研究进展。

1. 中间给电子稠环核心单元的改变

2015 年，占肖卫教授研究组报道了稠环受体材料 ITIC，采用苯环与两个噻
吩并［3，2－b］噻吩通过 sp³ 碳稠合作为中间给电子的 D 单元，以 4－己基苯作为
二维侧链单元，一方面抑制大稠环分子的过度堆积，另一方面增加分子的溶解
度。ITIC 同时采用具有强拉电子能力的双氰基茚满二酮作为拉电子的末端基团，
使分子具有较宽的吸光范围，并具有合适的能级（HOMO：－5.48eV，LUMO：
－3.83eV）使之可以与当时报道的很多给体材料能级匹配。当与 PTB7－Th 共混
时获得了 6.80% 的光电转换效率，在同等条件下 PTB7－Th：PC₇₁BM 体系获得了
7.52% 的光电转换效率。这在当时是非常大的突破，首次获得了几乎可与富勒烯
衍生物媲美的受体材料。2016 年，在 ITIC 的基础上，占肖卫教授等报道了 IC－

C6IDT－IC 受体分子(图 4.16)，与 ITIC 相比该分子在中间核部分采用单噻吩稠环，使得分子的 HOMO/LUMO 能级均向下移，尤其是 HOMO 能级下移到 －5.69eV。且该材料显示出较高的电子迁移率，在不进行任何后处理或者添加剂的情况下，与聚合物给体材料 PDBT－T1 共混时获得了 8.71% 的光电转换效率，这也是当时非富勒烯体系太阳能电池的最高效率。

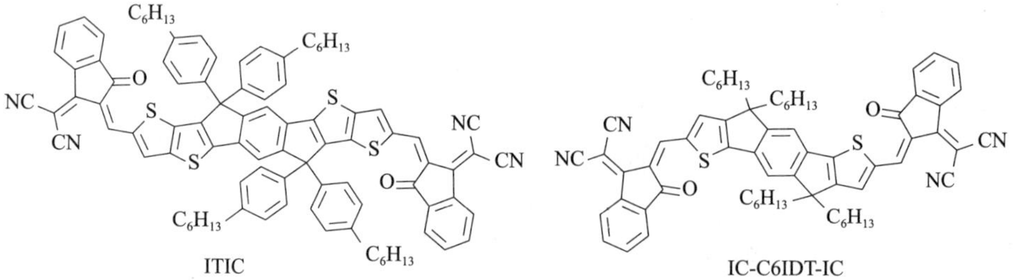

图 4.16　ITIC 和 IC－C6IDT－IC 的结构式

　　2017 年，占肖卫教授等在之前的研究基础上进一步拓宽中间核的共轭体系长度，采用并三噻吩作为稠合单元，设计合成了 INIC、INIC1、INIC2 和 INIC3 四种稠环分子(图 4.17)。这四种分子在 550～850nm 范围内具有较强的吸光范围，其中 INIC3 的摩尔吸光系数可达到 $2.1 \times 10^5 M^{-1} \cdot cm^{-1}$。同时，氟原子的引入，使得分子的 HOMO/LUMO 能级均向下移。相比于没有氟化端基的 INIC，含有双氟端基的 INIC3 的短路电流密度由 13.51mA·cm^{-2} 提升到 19.44mA·cm^{-2}，最终获得高达 11.2% 的光电转换效率。基于 FTAZ：INIC3 的体系中，具有双氟原子取代末端基团的受体材料 INIC3，保持了聚合物给体材料 FTAZ 以及其自身的半结晶状态的堆积形式，使之获得了较高的且平衡的电子迁移率。其共混薄膜显示出纳米互穿网络结构的形貌，这也有利于激子的有效分离。

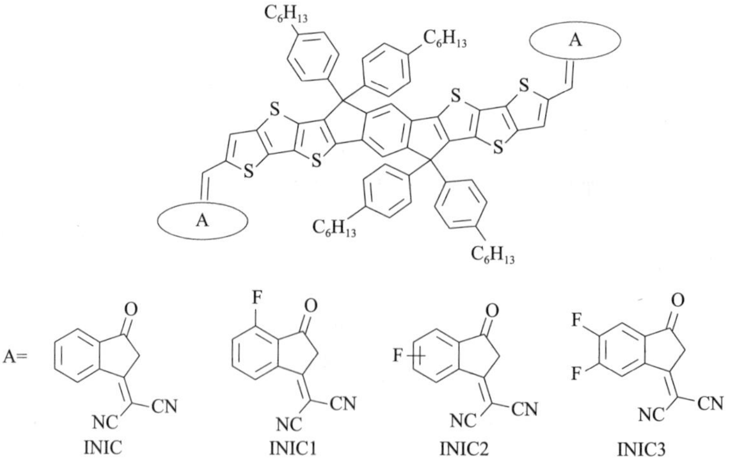

图 4.17　INIC、INIC1、INIC2 和 INIC3 的结构式

为了降低 IDTT 核的给电子能力，朱晓张研究员等通过将 IDTT 中间稠环单元边缘的噻吩单元替换为苯并噻吩单元的策略，以削弱 IDTT 单元的给电子能力，获得提高的开路电压值，报道了引达省并苯并噻吩（IDBT）单元，合成了 NIDBT 分子。相比于 ITIC，NIDBT 吸收光谱发生蓝移，带隙变宽，当与 PTB7 – Th 搭配时，经优化，效率仅有 4.45%。此外，唐卫华教授等将在 IDTT 共轭骨架中的边缘 TT 稠环单元的 3 号位点引入柔性侧链正己基，取代原有的氢原子，合成了 ITC6 – IC，进一步增大分子的空间位阻，抑制分子的进一步扭转，实现构象锁定的目的。通过理论计算模拟发现，共轭骨架两端烷基侧链的引入，提高了分子的平面性，增加了其溶解度，使得 ITC6 – IC 比 ITIC 的 LUMO 能级略有升高，吸收略微蓝移，但摩尔吸收系数升高。当与 PBDB – T 搭配，获得了 0.97V 的高开压和 0.73 的 FF，以及高达 11.61% 的光电转换效率。

此外，为了更多地利用太阳光，进一步拓宽受体材料的吸光范围，占肖卫等在 IDTT 构筑单元的基础上进一步延长共轭骨架长度，合成了一个新的小分子受体 INIC。相比于 ITIC，中间给体共轭单元的延长，材料的带隙变窄，吸收光谱发生红移。当选用与之能级匹配、吸收光谱互补的聚合物 FTAZ 与之搭配时，光伏器件获得了 7.7% 的光电转换效率。为了进一步拓宽材料的吸光范围，他们通过在末端基团引入具有拉电子能力的氟原子，研究氟原子的位置和个数对材料性质的影响。最终，基于 IN – 2F 端基的分子 INIC1 – 3 获得了超过 10% 的光电转换效率，这主要依赖于双氟取代端基的引入使材料的带隙进一步变窄，同时增强了分子的堆积性能。由此可见，中间共轭单元的扩展可视为拓宽光谱吸收范围的一个重要策略。基于此，在 ITIC 中间核 IDTT 两端，分别增加两个稠环单元，以 IN-CN – 2F 作为末端基团，设计合成了具有十一个稠环单元的小分子 IUIC，其带隙为 1.41eV，薄膜有效吸收边达到了 879nm。较大的共轭单元及较强的给电子能力，使得 IUIC 的能级较 IT – 4F 有所提升，尤其是 HOMO 能级，有利于开压的增加及吸收光谱的拓宽。最终，基于 IUIC 的器件其效率为 11.2%，由于 IUIC 近红外吸收的特性，也制备了基于 PTB7 – Th：IUIC 体系的半透明电池，效率达到了 10.2%，表明 IU 单元在设计合成近红光区分子以及半透明器件中具有较大的潜力。

为了系统地研究中间给电子单元稠环单元的数量对器件性能的影响，占肖卫等以 IDT 为中心单元，逐渐向两边增加噻吩单元的数量，合成了 5 ~ 11 个环不等的小分子受体 F5IC、F7IC、F9IC 和 F11IC。研究发现，随着中间给电子单元稠环数量的增加，HOMO 和 LUMO 能级逐渐上升，尤其是 HOMO 能级，由 – 5.82 上升到 – 5.44eV，分子的堆积更为紧密，电子迁移率也逐渐增加。与聚合物给体

FTAZ 共混，基于 F9IC 的二元器件获得了 11.7% 的效率，明显高于 F5IC 的 5.6%。此外，由于 F11IC 的结晶性过强，使其溶解度过差，基于该体系的二元器件没有明显的光伏响应，然而，当将少量的 F11IC 加入上述三个二元体系中时，由于 F11IC 较高的 LUMO 能级，较强的结晶性以及较高的电子迁移率，使得其三元器件的 V_{oc}、FF 和 J_{sc} 均有所提高，其中，基于 F9IC 的二元体系在加入 5% 的 F11IC 后，其 PCE 从 11.7% 提高到了 12.6%。廖良生等则将两个 IDT 单元稠合作为中间单元，以 INCN 为末端基团，合成了一个含 10 个共轭稠环单元的小分子受体 IDTIDT - IC，扩大的稠环结构使材料的吸收光谱进一步红移，薄膜截止吸收波长达到了 810nm，当采用窄带隙聚合物 PTB7 - Th 作为给体时，电流达到了 14.49mA·cm^{-2}。但由于 IDTIDT - IC 较低的电子迁移率，导致器件的 FF 较差，最终器件的光电转换效率仅为 6.48%。为了提高其电子迁移率，将 IDTIDT 末端的两个硫原子换成了具有更大原子半径的硒原子，设计合成了 IDTIDSe。硒原子的引入增强了相应材料基态的醌式共振特性，不仅提高了器件的电子的迁移率，而且也降低了其带隙。选用 J51 作为聚合物给体时，基于 IDTIDSe 的器件获得了一个较高的效率 8.02%。相应结构式如图 4.18 所示。

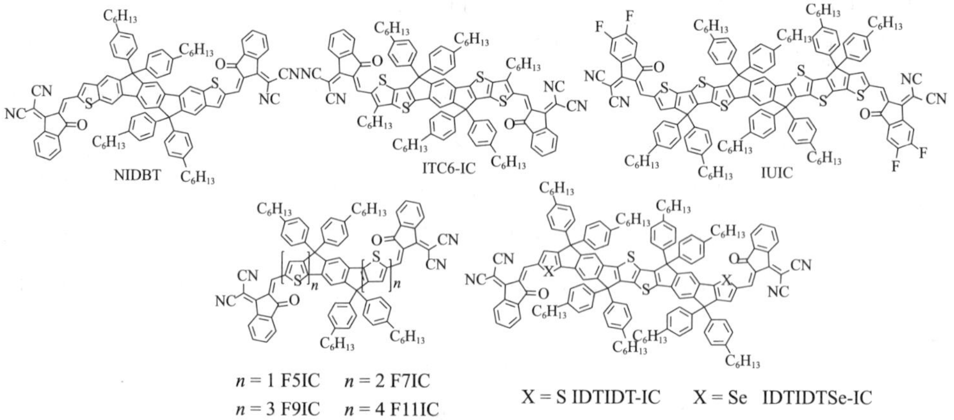

图 4.18　NIDBT、ITC6 - IC、IUIC、F5IC、F7IC、
F9IC、F11IC、IDTIDT - IC、ITDITDSe - IC 的结构式

2017 年，占肖卫教授等报道了基于噻吩并[3，2 - b]噻吩六元芳杂环受体分子 IHIC(又名 TTIC 或者 4TIC)，该分子在可见光区(600 ~ 900nm)有较强的吸收光谱，其光学带隙为 1.38eV。因其较红移的吸光范围笔者采用 PTB7 - Th 作为聚合物给体材料，制备了半透明器件，在平均透光率 36% 的情况下获得了高达 9.77% 的光电转换效率，这也是当时半透明器件的最高效率。鉴于 6T 核具有较强的给电子能力，使得 6TIC 分子的吸收截止波长达到 905nm。Alex 教授等报道

了将 3 个噻吩并[3，2-b]噻吩稠合的受体分子 6TIC。由于共轭体系的进一步拓宽，相比于 4TIC 来说，6TIC 的 HOMO/LUMO 能级均有一定程度上移，当与PTB7-Th 共混时获得了 20.11mA·cm⁻² 的短路电流密度以及 11.07% 的光电转换效率。同时，他们也制备了半透明器件，获得了超过 7% 的光电转换效率。随后占肖卫教授等连续报道了基于 6T 核的稠环受体分子 FOIC 以及 F8IC，分别采用了单氟取代的双氰基茚满二酮以及双氟取代的双氰基茚满二酮端基。通过引入具有强拉电子作用的氟原子，分子吸收光谱进一步红移，分子的 HOMO/LUMO能级逐渐下移。当采用同一种聚合物给体材料 PTB7-Th 时，由于 FOIC 分子LUMO 能级的下移动，器件开路电压由最初的 0.83V 降低到 0.74V，由于吸光范围的拓宽，短路电流密度提高到 24.0mA·cm⁻²，因此获得超过 12% 的光电转换效率。与单氟端基 FOIC 相似，双氟端基的 F8IC 吸光范围进一步变宽、带隙变窄、能级下移，开路电压进一步下降到 0.64V，但是却获得了高达 25.12mA·cm⁻² 的短路电流密度以及 10.9% 的光电转换效率。几乎同一时间，陈永胜教授等设计合成了基于 6T 核(3TT-FIC)、双氟取代双氰基茚满二酮端基，以及 2-乙基己基苯为侧链的受体分子，并且制备了基于此材料的反向器件，当加入第三组分 PC₇₁BM 后，三元器件在 300~700nm 范围内的 EQE 响应值明显高于二元器件，通过器件优化最终获得了 13.53% 的光电转换效率。随后颜河教授等报道了基于单氯以及双氯取代双氰基茚满二酮端基的该系列分子(IXIC-2Cl，IXIC-4Cl)，当采用 PBDB-T 聚合物给体材料时也均获得了超过 11% 的光电转换效率。其结构式如图 4.19 所示。

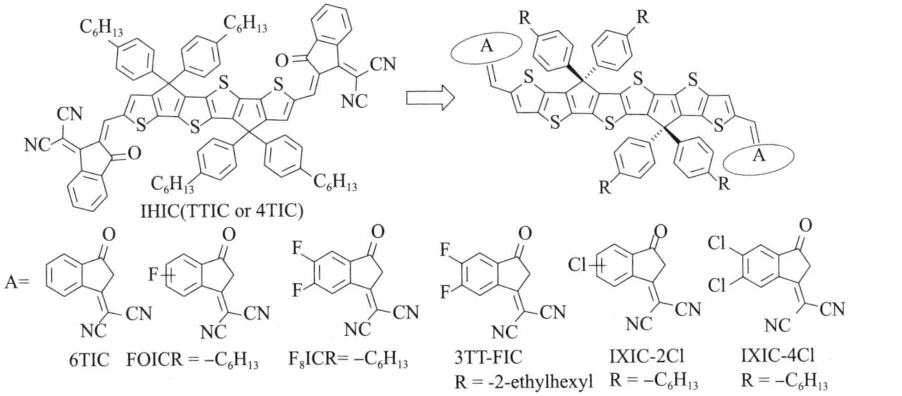

图 4.19 IHIC、6TIC 及其衍生物的结构式

对于稠环共轭骨架来说，除了增加其共轭单元的长度来拓宽材料的吸收光谱，调节其光伏性能以外，还可引入一些杂原子以改进材料的光学和电学性质。2018 年，丁黎明研究员等报道了基于碳氧键桥联六元杂环梯形受体分子

$CO_{i_6}DFIC$(图4.20)，该分子具有较窄的光学带隙1.31eV，当采用宽带隙聚合物给体FTAZ与之搭配时，器件获得了超过$20mA \cdot cm^{-2}$的短路电流密度，但由于该体系FF值较低(0.58)，因此当时只获得了8.25%的光电转换效率。早在2017年，丁黎明研究员等报道了基于碳氧键桥联八元杂环受体材料$CO_{i_8}DFIC$，该分子在600~1000nm范围内显示较强的光吸收，并且其光学带隙仅为1.26eV。$CO_{i_8}DFIC$的HOMO/LUMO能级分别为-5.50eV以及-3.88eV，PTB7-Th的HOMO/LUMO能级分别为-5.39/-3.12eV，当两者共混时获得了超过$26mA \cdot cm^{-2}$的短路电流密度以及12.16%的光电转换效率。随后，制备了以$PC_{71}BM$为第三组分的三元器件，以$PC_{71}BM$作为第三组分，当给受体比例为1:1.05:0.45时，器件获得了$28.20mA \cdot cm^{-2}$的短路电流密度，0.71的填充因子以及14.08%的光电转换效率。

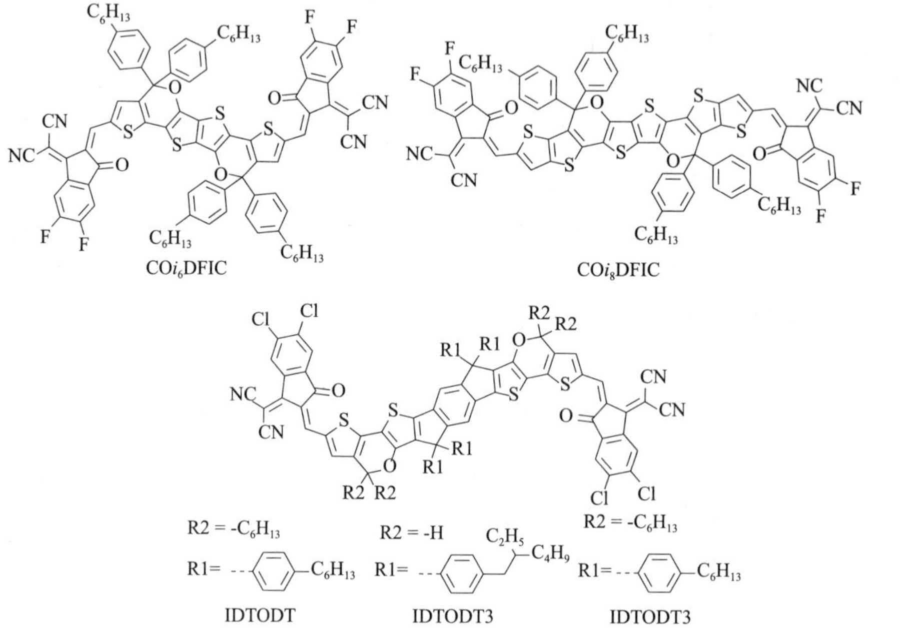

图4.20 $CO_{i_6}DFIC$、$CO_{i_8}DFIC$、IDTODT、IDTODT3和IDOT-4Cl的结构式

此外，朱晓张研究员等将IDTT单元中两个稠合噻吩环打开，引入了一个含氧原子的六元杂环，进一步扩展了中间核的共轭长度，设计合成了IDTODT系列分子(图4.20)。氧原子的引入，使其吸收范围较ITIC系列有较为大的红移，最大吸收峰可达846nm。同时，研究了不同烷基侧链对器件性能的影响，发现可以在IDT稠环核的基础上进一步扩展分子中间核的共轭程度，设计了IDTODT系列分子。研究发现不同烷基侧链对材料的堆积及载流子的分离具有较大的影响，其

中，基于 IDTODT - 3 的分子，吸收光谱最为红移，当与 PBDB - T 搭配后，其光电转换效率最高，为 8.34%。此外，陈永胜教授等也合成了类似的分子 IDOT - 4Cl，将氧原子的位置换到了靠近内侧噻吩的位置，并采用双氯取代的 INCN 端基，IDOT - 4Cl 的最大吸收峰为 813nm，当采用宽带隙聚合物 PBDB - T 与之搭配，相应光伏器件的光电转换效率为 12.50%。为了进一步改善材料的结晶性，调控活性层形貌，当选用 F - Br 作为第三组分，可有效改善其活性层形貌，提高载流子传输能力，最终基于该材料的三元效率可到 14.29%。

2017 年，邹应萍教授等报道了基于苯并三氮唑稠环受体分子 BZIC（图 4.21），其具有较高的 LUMO 能级（-3.88eV），以 BDT 与喹喔啉共聚的给体材料 HFQx - T 与该受体共混制备了太阳能电池器件，获得了 6.30% 的光电转换效率，这也是苯并三氮唑单元首次应用于稠环受体材料的给体 D 单元中。接下来，邹应萍教授等设计合成了 Y6 分子，以 PM6 作为给体材料制备器件，获得了 15.7% 的光电转换效率。理论计算显示该分子中 N - C - C - N 之间显示了 15.5° 的二面角，共轭骨架上的二面角以及烷基侧链的存在，有效地抑制了分子的过度堆积。通过原子力显微镜（AFM）以及透射电镜（TEM）发现，PM6 与 Y6 共混薄膜形成纳米纤维网状结构，具有合适的相分离尺度。最近，邹应萍与杨阳教授等报道了与 Y6 类似的稠环受体分子 Y1 和 Y2，在中间核引入了缺电子的苯并噻二唑单元，这种非传统的缺电子中间核产生较低的非辐射复合损失，因此器件具有较低的开路电压损失，仅 0.57eV。通过器件优化该体系获得了 13.4% 的光电转换效率。随后基于 Y6 及其衍生物受体材料不断被研究报道，目前基于该类受体材料的二元器件效率已获得超过 19% 的光电转换效率，将非富勒烯受体类有机太阳能电池的发展推向新纪元。如刘烽教授等分别利用氯仿（CF）和氯苯（CB）为溶剂，研究不同溶剂对共混体系中受体分子结晶性的影响及其对相应光伏器件性能的影响。以 PM6：Y6 体系为例，当利用 CF 作为溶剂时，经过系统地优化，器件效率可达 16.88%，而选用 CB 作为溶剂时，效率仅为 12.15%。这主要是由于受体分子 Y6 在 CB 溶剂中晶体取向较为无序，其分子间的 $\pi - \pi$ 堆积作用较弱，而在 CF 中，其 $\pi - \pi$ 堆积作用较强，主要呈现 face - on 堆积，有利于电荷的传输和收集。张志国等同样采用 PM6：Y6 作为活性层材料，利用自行设计的一种新型的电子传输层材料 PDINN，可与活性层薄膜形成良好的界面接触，并且获得了高达 17.23% 的效率。丁黎明研究员等在聚合物单元中引入了具有更强给电子能力的二噻吩并苯并噻二唑单元，设计合成了宽带隙聚合物给体 D18。当与 Y6 搭配时，其二元器件的效率提高到了 18.2%，同时该器件在 460 ~ 740nm 的范围内其 EQE 相应高达 80% 以上，在 540nm 处达到了 87%。

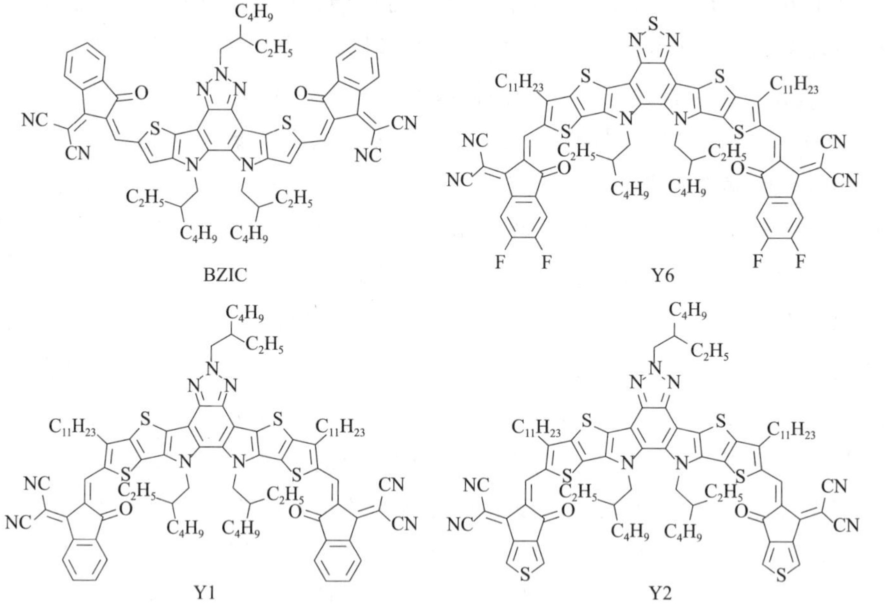

图 4.21　BZIC、Y6、Y1 和 Y2 的结构式

为了进一步调节 Y6 分子的溶解度，侯剑辉研究员等将其吡咯环上的侧链改为更长的 2 - 丁基辛基侧链，合成了 BTP - 4F - 12。研究表明，BTP - 4F - 12 分子具有较好的溶解性，当与 PM6 搭配，获得了 16.4% 的效率。此外，由于其较好的溶解度，当选用非卤素的二甲苯或四氢呋喃作为溶剂时，仍可获得 15.3% 和 16.1% 的器件效率。此外，为了进一步拓宽其吸收范围，将 BTP - 4F - 12 分子的末端基团换为采用双氯取代的双氰基茚满二酮，合成了 BTP - 4Cl - 12，基于 PBDB - T：BTP - 4Cl - 12 的器件最终获得了超过 17% 的光电转换效率。随后，通过调控中间给电子共轭核心单元两侧的烷基链，将原本的两条 C11 的烷基链换为了较短的 C9 的烷基链，设计合成了 BTP - eC9（图 4.22），通过对共轭骨架两侧烷基链长度的调控，使材料分子间的堆积变得更有序，因此，基于 PM6：BTP - eC9 的光伏器件获得了 17.8% 的光电转换效率。

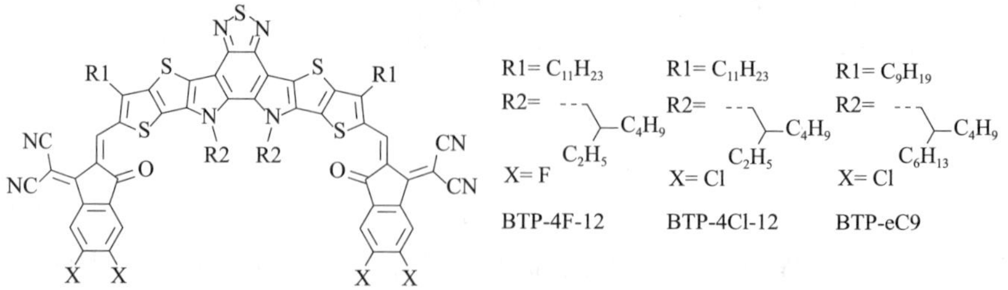

图 4.22　BTP - 4F - 12、BTP - 4Cl - 12 和 BTP - eC9 的结构式

吴宏滨教授等通过在原本 Y1-4F 分子中间核两端噻吩单元上引入烷基侧链设计合成了小分子受体 Y11，由于烷基链的引入进一步限制了材料的空间构象，使之更难进行扭转。通过该策略的调控，Y11 分子的能量无序性得到了有效的降低，有利于其获得较低的开路电压能量损失。因此，基于 PM6：Y11 的光伏器件其非辐射复合能量损失仅为 0.17eV，器件的能量损失仅为 0.43eV，并获得 16.54% 的器件效率。

颜和教授等对 Y6 的侧链的长度、取向，侧链分叉位点等进行了系统的研究，合成了一系列类 Y6 的衍生物、N3、N4 和 N-C11 等（图 4.23），发现侧链分叉位点的不同会对其分子的堆积和电学性质产生影响。结果显示，将 Y6 中间和中间核两边侧链调换位置得到的 N-C11 展示出了较差的溶解度，在混合膜中的自聚集情况较为严重，其效率只有 12.91%。相反地，另外两个将 Y6 中吡咯 N 上的烷基链的分叉位置改为 3 号位和 4 号位置上的 N3 和 N4，其光伏性能较好，尤其是 N3，有着相对较好的溶解度、结晶性能和显著的 face-on 堆积取向，基于 PM6：N3 的二元体系获得了接近 16% 的效率。以上结果说明，吡咯环上烷基链的长短及分叉位点的改变都会对分子的溶解性和电荷传输能力产生较大的影响。

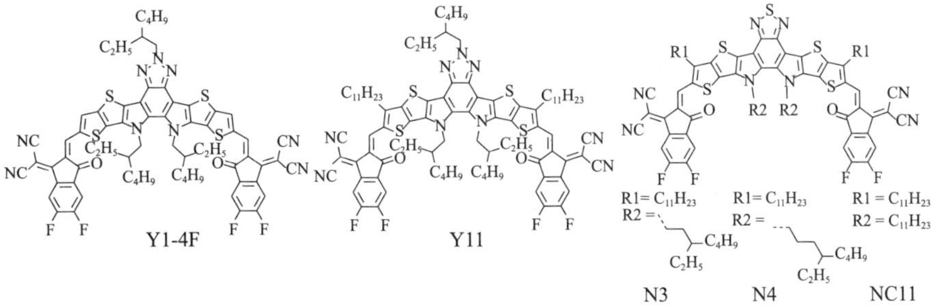

图 4.23　Y1-4F、Y11、N3、N4 和 N-C11 的结构式

中间核心除了使用具有缺电子基团的 BTz 单元之外，邹应萍教授和 YangYang 教授等将原来的苯并噻二唑单元换成了苯并三氮唑，并选用不同的末端基团，设计了两个窄带隙分子 Y1 和 Y2。其中，其中采用噻吩取代 INCN 末端基团的 Y2 分子的吸收光谱更加红移，当与 PBDB-T 搭配，都取得了接近 13.4% 的器件效率，其中 Y1 的 V_{oc} 更高些，Y2 的 J_{sc} 更大。研究结果表明，苯并三氮唑的引入可以有效降低电荷复合，使器件的电致发光效率得到增强，从而可以在满足电荷有效的产生和分离，即保证较高的 J_{sc} 下，降低开压损失。对于 Y1 分子，将氟原子引入末端基团，所合成的 Y1-4F 拥有更为红移的吸收，同时选用 HOMO 能级更低的 PM6 与之搭配，将器件的效率进一步提升到了 14.8%。

朱晓张研究员等将缺电子的喹喔啉单元引入到中间核单元中，设计合成了小分子受体 Aqx1 和 Aqx2，其中 Aqx1 为含甲基取代的喹喔啉单元。微小的结构变化对它们的吸收光谱和光学带隙影响很小。然而它们的器件性能展示出了巨大的差异，基于 Aqx2 的体系其效率为 16.64%，而 Aqx1 的仅为 13.31%，这主要是由于共混薄膜形貌的差异引起了这些差异。当与 PM6 共混后，Aqx2 比 Aqx1 的 $\pi - \pi$ 相互作用更强，更有利于空穴的传输，抑制双分子复合，因此具有更高的光伏性能参数。

硒原子与硫原子属于同一主族的元素，同时比硫元素具有更大的半径，当将硒原子引入到光伏材料中时，有利于材料具有更大的 π 共轭重叠面积，同时材料表现出优异的电荷传输性能，已经广泛应用于光伏材料的构筑中。任广禹教授等将硒原子引入到 BTP – 4F – 12 分子中间核两侧中，将原本的噻吩单元换为硒酚，设计合成了类 Y6 分子 CH1007。硒酚的引入增强了分子间和分子内的相互作用，与 Y6 相比，CH1007 的光谱红移了近 60nm，光学带隙仅为 1.30eV，且其 $\pi - \pi$ 间距离变短，相互作用增强。经过系统的器件优化，基于 PM6：CH1007：$PC_{71}BM$ 的三元体系效率超过了 17%，电流高达 27.48mA · cm^{-2}。随后，在原本硒原子取代的类 Y6 衍生物基础上，将中间的苯并噻二唑单元换成了具有较弱给电子能力的苯并三氮唑，同时缩短了两端的烷基侧链长度，以调节分子的形貌，合成了 mBzS – 4F，进一步将分子带隙降低至 1.25eV，最终，基于 mBzS – 4F 的二元器件获得了超过 17% 的效率，电流提升至 27.72mA · cm^{-2}。相应材料结构式如图 4.24 所示。

降低器件的非辐射电荷复合是获得高效率光伏器件至关重要的策略之一，同时，激子的行为与非辐射电荷复合之间的关系还未完全明晰。因此侯剑辉研究员等在 BTP – eC9 分子基础上，在中间核两侧引入了氧烷基链，设计合成了小分子受体 HDO – 4Cl，当在原本二元体系 PBDB – TF：eC9 中加入 HDO – 4Cl 后，可以有效地延长受体相中激子的扩散长度。相比于 eC – 9，HDO – 4Cl：eC – 9 的激子扩散长度从 12.2nm 增加大 16.3nm。激子扩散长度的进一步提升可以有效地降低器件的非辐射电荷复合、提升器件的光利用率。因此，在该工作中他们不仅获得高达 18.86% 的三元光伏器件效率，而且论证了非辐射复合能量损失与激子行为之间的关系。该工作说明，通过调节器件中激子的行为是一个有效降低器件非辐射复合能量损失，获得高性能光伏器件的方法。随后，利用了三元器件的策略获得了器件效率为 19%，验证效率为 18.7% 的三元器件。其中基于 PBQx – TF：eC – 2Cl 的二元器件获得 17.7% 的器件效率，当引入第三组分 F – BTA3，使得器件的光伏参数同时获得提升。这主要是由于第三组分引入之后使器件的光利用能力提升，阶梯状的能级排布和提升的分子间堆积模式使其 V_{oc} 提升至 0.897V，

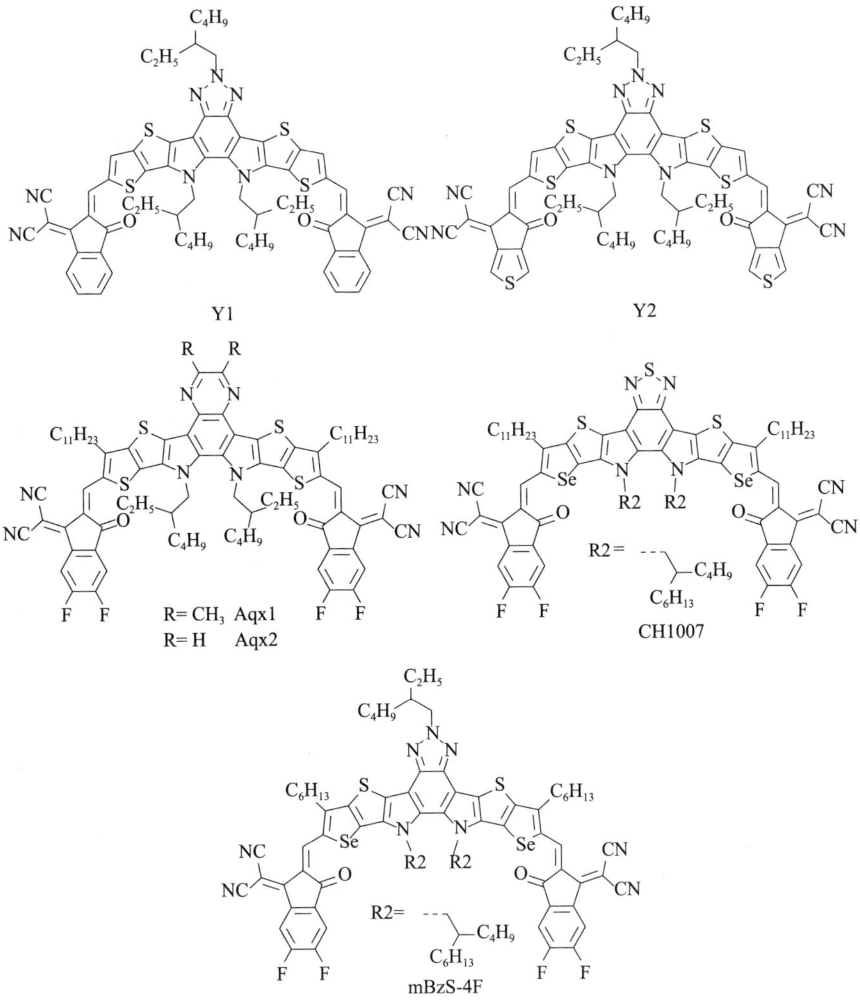

图 4.24　Y1、Y2、Aqx1、Aqx2、CH1007 和 mBzS - 4F 的结构式

J_{sc} 提升为 $26.7mA \cdot cm^{-2}$，其 *FF* 更是高达 0.809。该工作说明，进一步精细地调控材料的电子结构和活性层形貌是进一步获得器件 *PCE* 提升的有效策略。相应材料结构式如图 4.25 所示。

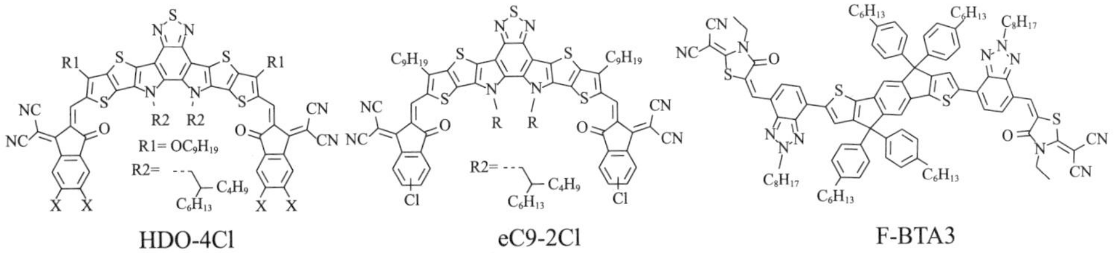

图 4.25　HDO - 4Cl、eC - 2Cl 和 F - BTA3 的结构式

针对目前具有最优光伏性能的 Y6 及其衍生物受体材料，除了通过材料结构优化，活性层形貌调控、三元器件等策略提升器件光电转换效率之外，叠层器件具有更大的潜力获得更高效率的光伏器件。因此，侯剑辉研究员等采用他们之前报道的优异前电池材料 PBDB - TF：ITCC 作为叠层器件的前电池，以 PBDB - TF：BTP - eC - 11 为后电池材料。同时，系统优化的后电池活性层薄膜的厚度及给受体比例，发现当后电池为 300nm，给体/受体比例为 1：2 时叠层器件获得高达 19.64% 的光电转换效率，同时其第三方官方验证效率也高达 19.50%，这是目前有机光伏获得的最高器件效率。

2016 年，陈永胜教授研究组等报道了非稠环的 DICTF 受体材料，当与 PCE10 共混时获得了 7.93% 的光电转换效率。在此基础上，他们将上述分子中的噻吩桥联单元与中间的芴单元稠合到一起获得稠环受体分子 FDICTF。与 DICTF 相比，FDICTF 显示红移的吸收光谱与提升的 LUMO 能级，当以 PBDB - T 作为给体材料时，同等条件下 DICTF、FDICTF 以及 $PC_{71}BM$ 体系分别获得了体系获得了 5.93%、10.06% 以及 7.33% 的光电转换效率。2017 年，Hsu 教授等在以上研究基础上，采用噻吩咔唑为中间稠合单元，以己基苯作为侧链单元，设计合成了 DTCCIC - C17。与 FDICTF 相比，其 HOMO 能级基本不变，而 LUMO 能级向上提高了 0.06eV。因此，该器件获得了高于 PBDB - T：FDICTF 的开路电压(0.94V 到 0.98V)，由于相对低的短路电流密度，该体系获得了 9.48% 的光电转换效率。其结构式如图 4.26 所示。

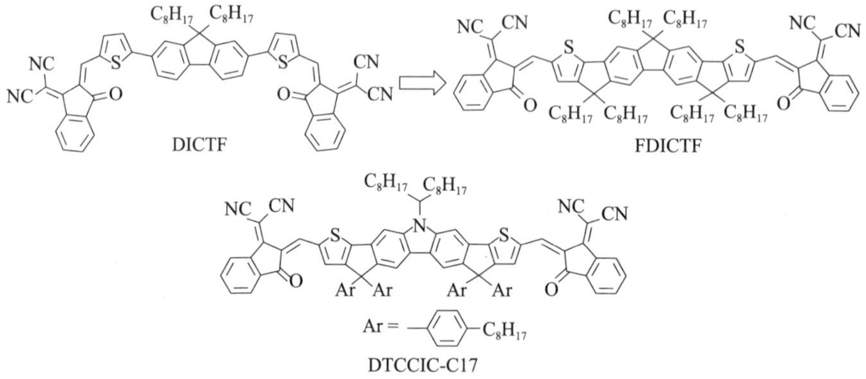

图 4.26 DICTF、FDICTF 和 DTCCIC - C17 的结构式

相比于 IDT 单元，BDT 单元具有更强的给电子能力，可以进一步拓宽分子的吸收光谱。如图 4.27 所示，2017 年，陈永胜教授研究组首次报道了以 BDT 作为中间单元，通过五元环稠合为七元杂环受体分子 NFBDT，该分子的光学带隙为 1.56eV，并且在 600~800nm 范围内具有有效的光吸收，当采用 PBDB - T 为给体材料时，器

件获得 10.42% 的光电转换效率，其短路电流密度可达 17.85mA·cm^{-2}。这也是当时报道的最高单结器件效率之一。与此同时，占肖卫等也报道了相同的分子，命名为 ITIC1，当与 FTAZ 共混时，仅获得了 8.54% 的器件效率。随后，选用噻吩基团替换双氰基茚满二酮(IN)基团中的苯基，设计合成了 ITIC5。相比于 ITIC1，ITIC5 具有增强的分子间的相互作用，具有更窄的分子带隙，更强的结晶性和明显提高的载流子迁移率。当采用 K71 作为聚合物给体时，器件的 FF 和 J_{sc} 均有提升，最终器件获得高达 12.5% 光电转换效率，揭示了末端基团的改变对材料光伏性能的影响。相关材料的结构式如图 4.27 所示。

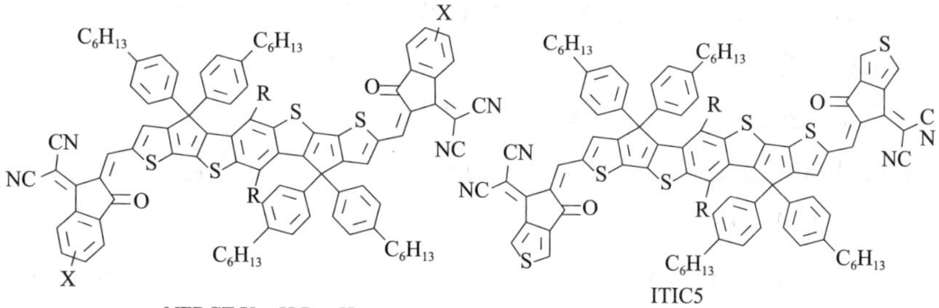

图 4.27　NFBDT、NCBDT 和 ITIC5 的结构式

此外，科研工作者们对 BDT 中间构筑单元进行了不同程度的修饰，调节材料相应的光学、电化学及光伏性能。陈永胜教授团队等通过在 BDT 单元引入二维侧链的方式，同时采用具有氟原子取代的末端基团，设计合成了小分子受体 NCBDT。BDT 二维烷基链的引入，使得分子的 HOMO 能级有所提升，同时，单氟取代末端基团的引入进一步拉低了材料的 LUMO 能级，两者的共同作用使得 NCBDT 的带隙变窄，为 1.45eV，光谱吸收能力变强。同时，与 NFBDT 相比，烷基链的引入也使得其分子间的 $\pi-\pi$ 堆积距离变短，器件获得更有效的电荷的传输能力，当与 PBDB-T 搭配时，光伏器件获得了 12.12% 的光电转换效率，其 J_{sc} 为 20.33mA·cm^{-2}，远高于基于 NFBDT 的 17.35mA·cm^{-2}，然而其 V_{oc} 并没有降低太多，为 0.839V，仅略低于 NFBDT 的 0.868V，这为我们提供了一个很好的平衡 V_{oc} 和 J_{sc} 的分子设计策略。随后，采取相同的策略，将烷基侧链换成了氧烷基侧链，合成了 NOBDT，氧原子的引入，进一步增加了 D 单元的给电子能力，提高了分子的 HOMO 能级。选用窄带隙的 PTB7-Th 作为给体材料，与之搭配作为叠层器件的后电池，选用 PBDB-T：F-M 作为前电池，通过器件优化，最终此叠层器件获得了高达 14.11% 的光电转换效率，是当时叠层器件的最高值之一。廖良生教授等也将氧烷基侧链引入到 BDT 单元中，不同于 NOBDT 所使用的 C8

直链，使用了 2 - 乙基己基的支链，合成了近红外小分子受体 BT - IC，与 J71 搭配，获得了超过 10% 的效率，证明氧烷基链的引入，对拓宽分子的吸收光谱具有一定的效果。随后，将双氯取代的 INCN 端基引入到 BT - IC 分子中，合成了 BT - CIC，增强了分子间的电荷传输效应，光学带隙较窄，为 1.33eV。同时，Cl⋯S 和 Cl⋯Cl 的分子间相互作用使其在混合膜中的堆积更加有序，最终，与 PTB7 - Th 共混，获得了 11.2% 的光电转换效率，其 J_{sc} 高达 22.5mA·cm^{-2}。此外，由于其在 650~800nm 的 EQE 响应高达 75%，是制备半透明电池较好的材料。不同于以上的引入烷基侧链，占肖卫等将共轭的噻吩侧链单元引入到 BDT 单元中，命名为 ITIC2，使得其相比 ITIC1（即 NFBDT），扩大了分子的共轭范围，HOMO、LUMO 能级都有所升高，带隙变窄，吸收光谱红移了 12nm，其摩尔吸光系数也进一步提高。同时，GIWAXS 结果表明，噻吩侧链的引入，使得 ITIC2 的晶体相干长度（CCL）变大，表明 ITIC2 的堆积能力更强。当选用 FTAZ 作为给体材料时，获得了 11.0% 的效率，远高于 ITIC1 的 8.54%。

A - D - A 小分子中间给电子单元的富电子能力对其能级和带隙有着巨大的影响，对于基于 BDT 单元的小分子受体的"D"部分，除了通过对其二维侧链进行修饰来改变其富电子能力外，研究者们将更多的目光集中在了通过引入其他共轭单元拓宽其共轭长度上。基于 NCBDT 体系，丁黎明研究员等在其中间核的两边分别增加了一个噻吩单元，合成了 NNFA 系列分子，并研究了烷基苯和 BDT 单元上侧链的长度对器件性能的影响。研究发现，BDT 上侧链的引入可以降低分子的带隙，与上述结论类似，无论是哪种侧链的长度，对分子的溶解度会造成较大的影响。并且溶解度较为适中的 NNFA[6, 6] 分子与 NNFA[12, 3] 和给体 FTAZ 搭配时，其混溶性较为适中，有利于获得合适相分离和电荷的传输，进而获得较好的器件性能，分别为 10.56% 和 10.81%。陈永胜教授等在前期的分子 NOBDT 中，采取相同的策略，在中间核的两端各增加一个噻吩单元，合成了小分子受体 OBTT - F，与 NOBDT 相比，薄膜的最大吸收峰红移了 3nm，为 784nm。为了进一步拓宽其吸收光谱，并研究卤素端基对器件性能的影响，也合成了端基为双氟取代的小分子 OBTT - 2F，薄膜的最大吸收峰红移至 811nm，且与 OBTT - F 相比，OBTT - 2F 的 π - π 堆积更为紧密，结晶性更强，与 PBDB - T 搭配，J_{sc} 高达 20.83mA·cm^{-2}，获得了 11.55% 的效率。随后，在 OBTT - 2F 中间核的末端引入了两个烷基侧链，合成了 TTCn - 4F 系列分子，并研究了侧链长度对光伏性能的影响。研究表明，侧链的引入，使得分子的 HOMO 和 LUMO 能级有所上升，有利于提高其开路电压，同时，选用具有较深 HOMO 能级的 PM6 作为给体，进一步提高其开路电压。此外，GIWASX 结果表明，侧链的长度过短，其自身的

$\pi-\pi$ 堆积能力较差，过长其自身堆积过强，其中，辛基侧链的堆积较为适中，与 PM6 搭配，可以形成较好的互穿网络结构，较为平衡的空穴和电子迁移率以及电荷分离及传输效率，最终，基于 PM6：TTC8 - 4F 的二元体系获得了 13.95% 的效率，为了进一步提高其性能，选用与 TTC8 - 4F 吸收互补的受体 F - Br 作为第三组分，所制备的三元器件其三个性能参数都有所提高，最后获得了高达 15.34% 的效率。基于 BDT 系列稠环受体材料的结构式如图 4.28 所示。

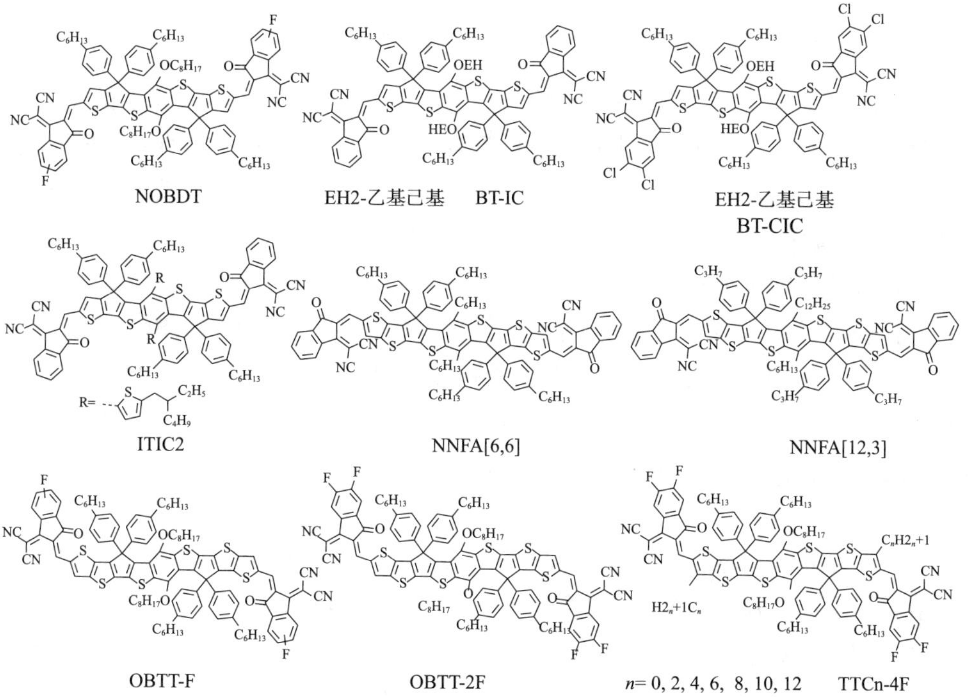

图 4.28　基于 BDT 系列稠环受体材料的结构式

同时，占肖卫等也基于 ITIC2 展开了研究。将 ITIC2 的噻吩烷基上的 2 - 乙基己基侧链换成了较短的己基链，采用双氟取代的 INCN 端基，在 ITIC2 的中间核的两端各稠合一个噻吩单元，合成了 FNIC2，以及它的同分异构体 FNIC1，如图 4.29 所示。扩大的共轭单元以及具有较强的拉电子能力的端基使它们的吸收光谱发生红移。与 FNIC1 相比，FNIC2 的吸收光谱更加红移，结晶性也更强，更有利于电荷的传输和分离。通过优化，基于 PTB7 - Th：FNIC2 的体系获得了 13.0% 的效率，J_{sc} 为 23.93mA · cm^{-2}，FF 高达 0.734，远远高于 PTB7 - Th：FNIC1 的 10.3% 的效率。随后，基于该体系制备了半透明器件，当可见光区的透光率为 20.3% ~13.6% 时，其器件效率可达 9.1% ~11.6%。

有机太阳能电池材料与器件

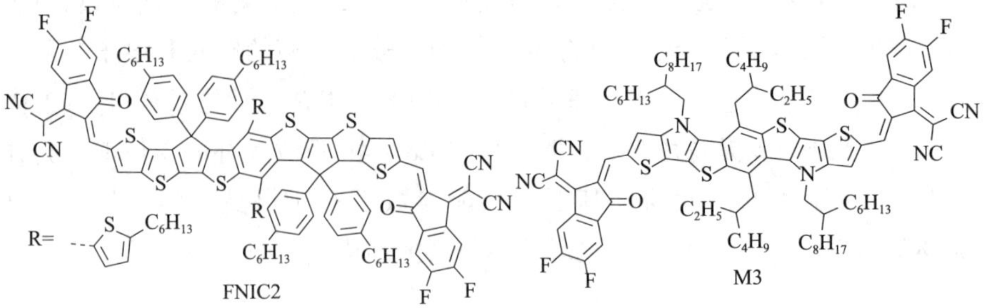

图 4.29　FNIC2 和 M3 的结构式

另外，郑庆东研究员等则对 A－D－A 型小分子受体中 D 单元上的侧链单元展开了研究，传统的 sp³ 碳的空间位阻效应可能不利于分子间的 π－π 堆积，因此，基于 BDT 单元的小分子受体，将 D 单元中 BDT 与噻吩单元中间的五元环上的 sp³ 碳桥换为 sp² 氮桥，设计合成了一系列基于 BDT 单元含有五元氮杂环稠环的 M 系列小分子受体材料。通过调节 BDT 单元二侧链和五元杂环中氮烷基链的长度，来调节分子的溶解性、结晶性、能级和电子迁移率等。最终合成的小分子受体 M3 与 PM6 共混，其活性层能获得良好的互穿网络结构、较高的载流子迁移率以及电荷传输和分离效率，获得了高达 16.66% 的效率，其中，V_{oc} 为 0.91V，J_{sc} 为 24.03mA·cm^{-2}，FF 达到 76.22%，是目前基于非富勒烯体系的最高值之一。

除此之外，还有一些其他核心为中间给电子单元的小分子受体材料。如陈永胜教授等报道了基于萘单元为中间核的受体分子 NTIC，并考察了不同取代基取代的末端基团对分子电化学性质的影响。相比于 NTIC 来说给电子的甲基和甲氧基使得分子的 LUMO 能级分别提升了 0.03eV 和 0.06eV，这对于器件获得较高的开路电压是有利的，而拉电子的氟原子使得其 LUMO 能级降低了 0.01eV。当采用 PBDB－T 为给体材料时，通过器件优化，NTIC 获得了 8.63% 的光电转换效率，而 NTIC－Me 获得了高达 0.965V 的开路电压，这就说明萘单元可以作为高效的有机光伏材料。在此基础上，陈永胜教授研究组也报道了采用蒽环作为中间核的稠环受体材料，该分子具有可达到 774nm 的截止吸收波长，以及相对较高的 LUMO 能级（－3.89eV）。当与 PM6 共混时制备的反向器件获得了 0.9V 的开路电压，19.52mA·cm^{-2} 短路电流密度以及 13.27% 的光电转换效率。通过上述研究发现，通过不断延长分子的共轭体系长度（由萘环到蒽环）器件短路电流密度逐渐提升，器件的光伏性能也在逐渐提升。其结构式如图 4.30 所示。

· 94 ·

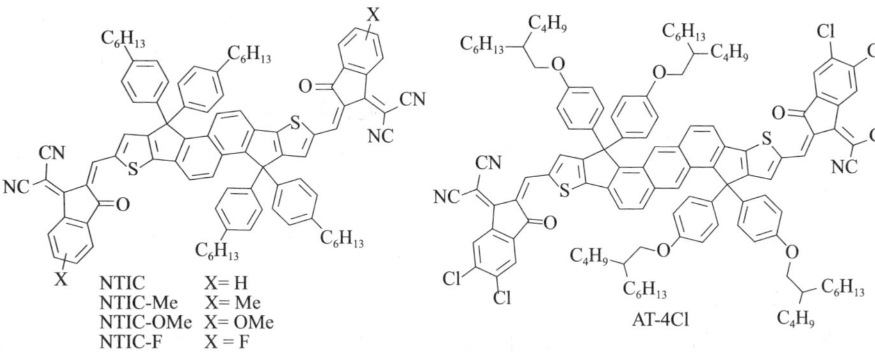

图 4.30　NTIC 及其衍生物和 AT – 4Cl 的结构式

2017 年，占肖卫教授等以萘二噻吩为中间核，双氟取代双氰基茚满二酮为末端基团，设计合成了稠环受体材料 IOIC2。相比于萘环中间核受体材料 IHIC2，IOIC2 吸收光谱红移 48nm，且 HOMO/LUMO 能级分别向上移动了 0.17eV 和 0.07eV。由于 IOIC2 的吸光范围变宽，且 LUMO 向上移动，有利于同时获得更高的短路电流密度与开路电压。通过器件优化，FTAZ：IOIC2 体系获得了 12.3% 的光电转换效率。2018 年，王春儒研究员与魏志祥研究员等在 IOIC2 的基础上，在萘并二噻吩中间核分别稠合两个噻吩并[3，2 – b]噻吩，进一步扩大分子共轭体系长度，使得分子的最大的吸收光谱相比于 IOIC2 红移 33nm(其结构式如图 4.31所示)。在此笔者也采用了 FTAZ 作为给体材料，当采用氯萘和 1，8 – 二碘辛烷作为混合添加剂时，获得了 0.87V 的开路电压，提升的短路电流密度($21.98\text{mA} \cdot \text{cm}^{-2}$)以及 13.58% 的光电转换效率。他们发现在器件制备过程中，当同时选用溶解度较好以及溶解度较差的混合添加剂时，可以有效调节活性层的形貌并且获得较高的器件性能。

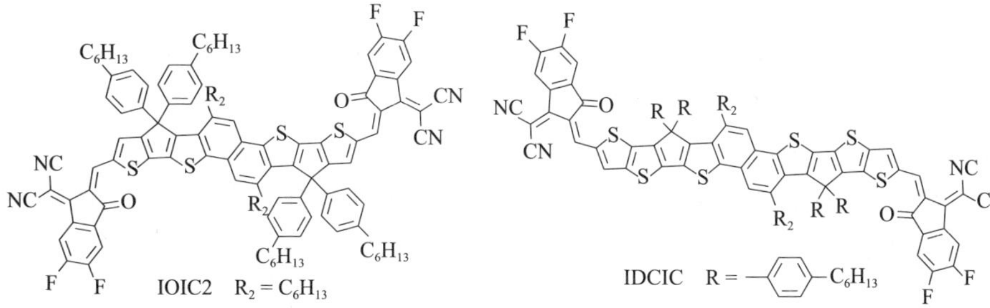

图 4.31　IOIC2 和 IDCIC 的结构式

2018 年，唐卫华教授等报道了以二噻吩[3，2 – b：2′，3′ – d]吡咯稠环的非富勒烯受体材料 INPIC 和 INPIC – 4F。由于氟原子的强拉电子作用，相比于 IN-PIC 来说，INPIC – 4F 具有更窄的光学带隙 1.39eV 以及降低的 HOMO/LUMO 能级。从其 AFM 以及 TEM 图像上可以发现，氟原子的引入增强了 INPIC – 4F 的结晶性，使其混合薄膜拥有更为适中的结晶能力以及更明显的纤维状结构，这有利于形成合适的相分离以及电荷的传输。当采用聚合物 PBDB – T 作为给体材料时，通过器件性能优化获得了高达 13.13% 的光电转换效率。随后，笔者将 INPIC 分子中氮原子取代位点上的正辛基换为 2 – 丁基辛基，并分别采用双氰基茚满二酮、双氟以及双氯取代双氰基茚满二酮作为末端基团合成一系列非富勒烯受体材料。与以上实验类似当换用支链取代烷基链时 PBDB – T：IPIC – 4Cl 体系获得了 13.4% 的光电转换效率，同时也伴随着非常低的能量损失(0.51eV)。同时他们也制备了三元器件，以 $PC_{71}BM$ 作为第三组分，器件的效率也从二元的 13.4% 提升到三元时的 14.3%。其结构式如图 4.32 所示。

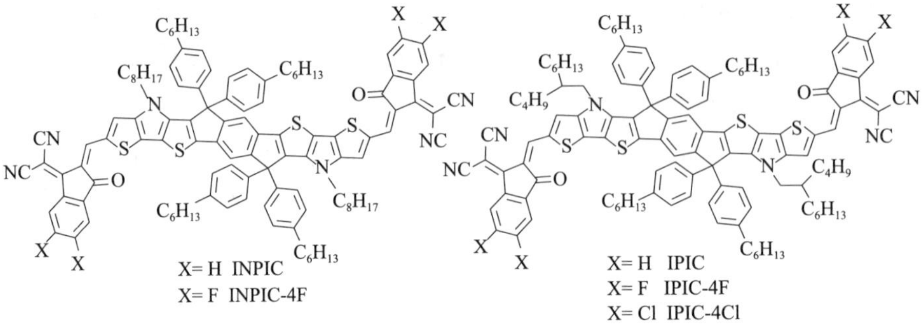

图 4.32 INPIC，INPIC – 4F，IPIC，IPIC – 4F 和 IPIC – 4Cl 的结构式

在 A – D – A 型小分子受体材料的设计合成中，在 D 和 A 单元之间引入次级给电子以及拉电子的桥联基团来调节分子的吸收光谱、能级等是一个有效的策略。早在 2016 年，朱晓张研究员等在 IDT 与末端双氰基绕丹宁单元之间引入缺电子的酯基取代噻吩并[3，4 – b]噻吩基团设计合成了 ATT – 1。ATT – 1 分子由于末端官能团拉电子能力弱于双氰基茚满二酮基团，因此具有较高的 LUMO 能级，这就有利于器件获得较高的开路电压。同时，ATT – 1 分子在薄膜状态下最大吸收光谱到达 736nm，相比于溶液状态下红移 46nm，这就说明分子在固态下发生很好的 π – π 堆积且其截止吸收超过 800nm，这就有利于获得较高的短路电流密度。因此当采用 PTB7 – Th 为给体材料时，获得了 $16.48mA \cdot cm^{-2}$ 的短路电流密度，0.70 的填充因子以及超过 10% 的光电转换效率。而在同等条件下 PTB7 – Th：$PC_{71}BM$ 体系仅获得 9.02% 的效率。这也是当时基于 PTB7 – Th 作为给体材料的非富勒烯体系获得的高效率之一。2017 年，朱晓张研究员等在 ATT – 1 的基础上，换用拉电子能力更强的双氰基茚满二酮端基设计合成了 ATT – 2。该分子在 600 ~ 940nm 范围内有较强的近红外光谱吸收并且光学带隙仅为 1.32eV。

在这里笔者采用 PTB7 - Th 为聚合物给体材料制备了单层器件，在没有任何后处理的情况下就获得了 9.58% 的效率以及 20.75mA·cm^{-2} 的短路电流密度。基于上述体系的半透明器件，在平均透光率为 37% 的情况下，获得了 7.7% 的能量转换效率，这是当时报道的最高的半透明器件。其结构式如图 4.33 所示。

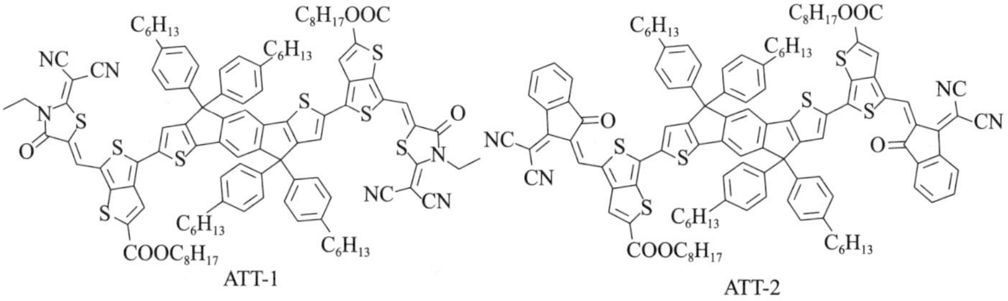

图 4.33 ATT-1 和 ATT-2 的结构式

2018 年，朱晓张研究员等报道了一种以茚并茚为中间单元，烷基取代噻吩并 [3，4 - b] 噻吩为桥联基团，连接末端基团与中间给电子单元，双氟取代双氰基茚满二酮为末端基团的受体分子 NITI。该分子是由两个 sp^3 碳桥联具有 14 - π 电子的共轭体系，这就使得这种结构的分子的电子结构和薄膜形貌具有更多地可调节性。由于噻吩并 [3，4 - b] 噻吩给电子桥联基团的引入使得分子光学带隙变为 1.49eV。通过 DFT 理论计算发现，在 NITI 分子中桥联基团与中间核具有 25° 的夹角，然而器件仍获得了较好的光伏性能。说明稠环分子中存在一定扭转角，通过器件优化合适给受体材料的选择也可以获得高性能的光伏器件。因此当选用聚合物 PBDB - T 为给体材料时，不仅与 NITI 之间形成较好的光谱互补以及能级匹配，也获得了 12.74% 较高的器件效率。在此工作基础上，采用了两个单噻吩基团与中间茚并茚基团稠合，制备了全稠合的受体材料 ZITI（其结构式如图 4.34 所示）。分别采用 PBDB - T 以及 J71 为聚合物给体材料，其均与 ZITI 具有很好的光谱互补性，有利于获得较高的电流值。当分别与两种给体材料搭配，通过器件优化，分别获得了 13.03% 以及 13.24% 的光电转换效率。

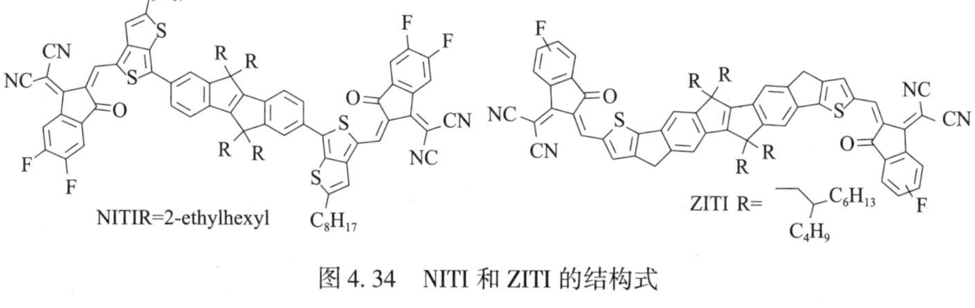

图 4.34 NITI 和 ZITI 的结构式

为了进一步拓宽分子的吸收光谱，降低其分子带隙，一系列基于 IDT 中间核的受体材料受到广泛关注。2015 年，占肖卫教授研究组首次报道了基于 IDT 中间核，引入两个给电子噻吩桥联基团的受体材料 IEIC。相比于溶液状态下的吸收光谱，IEIC 在薄膜状态下吸收光谱红移 50nm 并且出现较强的肩峰，说明分子存在一定程度的自组装并且产生很好的 π - π 堆积。IEIC 分子显示较宽的吸收光谱，其最大吸收波长位于 790nm，该体系中采用 PTB7 - Th 作为聚合物给体材料，获得了 6.31% 的光电转换效率，并在一个太阳光持续照射下效率仅降低 17%。在 IEIC 基础上，侯剑辉研究员等报道了在噻吩桥联单元上引入氧烷基链设计了新型非富勒烯受体材料 IEICO。氧烷基链的引入使得 IEICO 吸光范围进一步扩宽，其光学带隙降低为 1.34eV，由于氧烷基链的给电子作用，IEICO 的 HOMO能级进一步提升，且仍然具有与 IEIC 相似的 LUMO 能级，这就意味着以 IEICO为受体材料所制备的器件在不损失开路电压的情况下能更多地吸收太阳光。IEICO 在 600 ~ 850nm 范围内具有较强的光吸收能力，且最大吸收峰比 IEIC 红移90nm，因此基于 IEICO 制备的器件获得了高达 17.7mA · cm^{-2} 的短路电流密度及8.4% 的光电转换效率。紧接着在 IEICO 基础上，设计合成了 IEICO - 4F，强拉电子作用的双氟取代末端基团的引入，使 IEICO - 4F 的带隙变得更窄(1.24eV)，其吸光范围超过了 1000nm。由于强拉电子作用端基的引入使得 IEICO - 4F 的LUMO 能级降低到 - 4.19eV，当与窄带隙的 PTB7 - Th 共混时获得了高达22.8mA · cm^{-2} 的短路电流密度以及 10.0% 的光电转换效率。同时笔者也制备了三元器件，以 J52 作为第三组分，当给受体比例为 0.3 : 0.7 : 1.5 时获得了25.3mA · cm^{-2} 的短路电流密度以及 10.9% 的光电转换效率。这是当时报道的最高短路电流密度值。

2018 年，颜河教授等报道了 ICIES - 4F，将 IEICO - 4F 分子中氧烷基链换为硫烷基链。通过硫原子的引入大大增强了分子的结晶性与电子迁移率，使IEICS - 4F的吸收范围由 300 到 1000nm。由于其相对宽的吸收光谱，分别制备了单结器件以及半透明器件，分别获得了 10.3% 以及 7.5% 的光电转换效率。同时为了更多地吸收并利用太阳光，也制备了叠层半透明器件，以该红光区材料为后电池材料，P3TEA：FTTB - PDI4 为前电池材料，在平均透光率为 20% 时获得了10.5% 的光电转换效率。其结构式如图 4.35 所示。

2. 基于末端基团的调控

稠环受体 IDIC 和 ITIC 等的出现，将有机太阳能电池的发展推向了新的发展阶段。目前已经报道多个效率超过 13% 的非富勒烯受体材料。在这个发展过程中，在较优的体系中通过分子结构，特别是末端基团的微调，成为获得高效率光

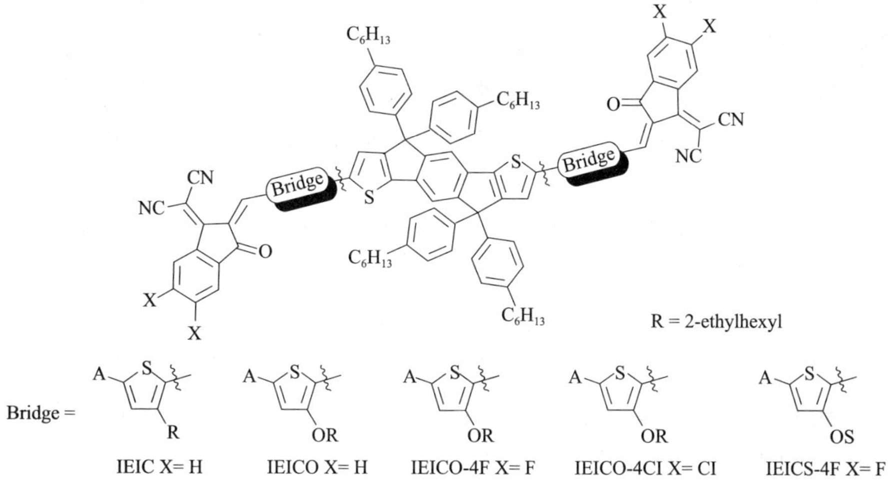

$$R = 2\text{-ethylhexyl}$$

Bridge =

IEIC X= H　　IEICO X= H　　IEICO-4F X= F　　IEICO-4Cl X= Cl　　IEICS-4F X= F

图 4.35　IEIC、IEICO、IEICO - 4F、IEICO - 4Cl 和 IEICS - 4F 的结构式

伏器件的有效策略。而当前 A - D - A 小分子受体的端基多是基于氰基茚满二酮的微调或修饰。

2017 年，侯剑辉研究员等通过在 ITIC 的双氰基茚满二酮末端基团上引入甲基，报道了 IT - M 以及 IT - DM，甲基的引入使得分子的吸收光谱基本不变，而其 LUMO 能级分别提升了 0.04 以及 0.09eV。当采用 PBDB - T 聚合物给体材料时，其开路电压由 0.90V 提升到 0.94V 再到 0.97V，而 IT - M 的短路电流密度仍保持在 17.44mA·cm^{-2}，并且获得了 12.05% 的光电转换效率。同年，李韦伟研究员等在 IDTT 中间核的基础上研究了卤素取代的末端基团对场效应晶体管及有机光伏体系光伏性能的影响。相比于非卤素取代的分子，卤素取代的分子具有更深的前线轨道能级以及更好的结晶性，这主要是由于卤素原子的电负性以及重原子效应。因此本文中报道的氟、氯、溴、碘四种卤素取代的有机半导体材料获得了超过 1.3cm^2·V^{-1}·s^{-1} 的电子迁移率，而当作为非富勒烯受体应用于有机太阳能电池领域时获得了超过 9% 的光电转换效率。

2017 年，侯剑辉研究员等提出给体与受体分子协同优化设计策略，首先设计合成了受体材料 IT - 4F 分子，由于四个氟原子的引入，使得分子的 LUMO/HOMO 能级均下降，其 LUMO 能级降低到 - 4.14eV，此时为了保证获得较高的开路电压，同时，设计了给体分子 PBDB - T - SF，在 PBDB - T 给体分子的二维噻吩侧链上引入硫烷基链，使得 PBDB - T - SF 的 LUMO 能级降低到 - 3.60eV。相比于 PBDB - T 来说，PBDB - T - SF 的吸收光谱并未发生变化但吸光能力增强。因此相比于 PBDB - T：IT - 4F 体系来说，PBDB - T - SF：IT - 4F 体系的短路电流密度由 17.03mA·cm^{-2} 提升到 20.50mA·cm^{-2}，其开路电压及填充因子分别为 0.88V 和 0.72V，并未发生较大改变，因此该体系最终获得了高达 13.0% 的光电转换效率，是当时报道的最高光电转换效率。随后引入了双氯取代的端基，合成了 IT－4Cl 分子，其中碳氯键的存在增强了给受体分子间的电荷转移效应。同时由于氯原子的拉电子作用，与上述考虑相同，强拉电子基团的引入使得分子 LUMO 能级下降，为了尽可能在保持开路电压不降低的情况下获得较高的短路电流密度，笔者采用了氟取代 BDT 二维噻吩侧链的聚合物给体材料 PBDT－TF（PM6）。经过系统的器件优化，PBDB－TF：IT－4Cl 体系获得了 0.79V 的开路电压，22.67mA·cm^{-2} 的短路电流密度以及高达 13.45% 的光电转换效率。同时他们也用单氯取代的 IT－2Cl 分子与之制备了三元器件，由于 IT－2Cl 具有较高的 LUMO 能级以及两种受体分子间存在很好的兼容性，因此获得了开路电压进一步提升的结果（0.842V），进而获得了高达 14.18% 的单结器件效率。近期，侯剑辉研究员等同样采用 IT－4F 作为受体分子，在聚合物 PBDB－TF 基础上，进一步加入 3－噻吩甲酸乙酯单元，设计合成了一系列无规共聚物，在 T1：IT－4F 体系中获得了高达 0.899V 的开路电压，21.5mA·cm^{-2} 的短路电流密度以及 15.1% 的光电转换效率。

在末端基团的研究进展中，也出现了一系列基于噻吩基团的端基，比如 2017 年，侯剑辉研究员等报道了噻吩甲基端基，设计合成了 ITCC－M 分子。由于噻吩基团的给电子能力，使得 ITCC－M 相比于 ITIC 来说，HOMO 能级提升了 0.2eV，LUMO 能级基本不变（提升了 0.03eV）。因此 ITCC－M 分子的吸收光谱蓝移 50nm，基于 PBDB－T：ITCC－M 器件的开路电压提高到 1.03V，基于此笔者设计了叠层器件，并将其应用于前电池材料获得 13.8% 的光电转换效率。随后也报道了不带甲基的噻吩端基，并设计了 ITCC，同时通过 DFT 理论计算，笔者也模拟了 ITIC 与 ITCC 两种受体分子之间的堆积情况，发现两个分子之间的结合能分别为 －24.06 以及 －26.65kcal·mol^{-1}，其中 ITCC 分子之间的结合能降低了 2.59kcal·mol^{-1}，这就说明该分子有相对较强的分子间堆积情况，这也与其 GI-WAXS 衍射峰获得的结果是一致的。同时杨楚罗教授等也报道了一系列噻吩稠合的末端基团（CPTCN），并合成了一系列受体分子 ITCPTC、MeIC、DM－MeIC 等，同时也利用了很多其他的中间核，通过合适中间核的选择，给体分子的选择及器件优化等策略获得了超过 12% 的光电转换效率。同时近期也出现了一系列基于双氰基茚满二酮端基修饰的末端基团，例如引入炔基以及炔基苯等基团设计的受体分子 ITEN、ITPN，在末端基团引入 3，5－二氟苯基端基合成的 ITIF 等分子也都获得了超过 10% 的器件效率。其相关材料的结构式如图 4.36 所示。

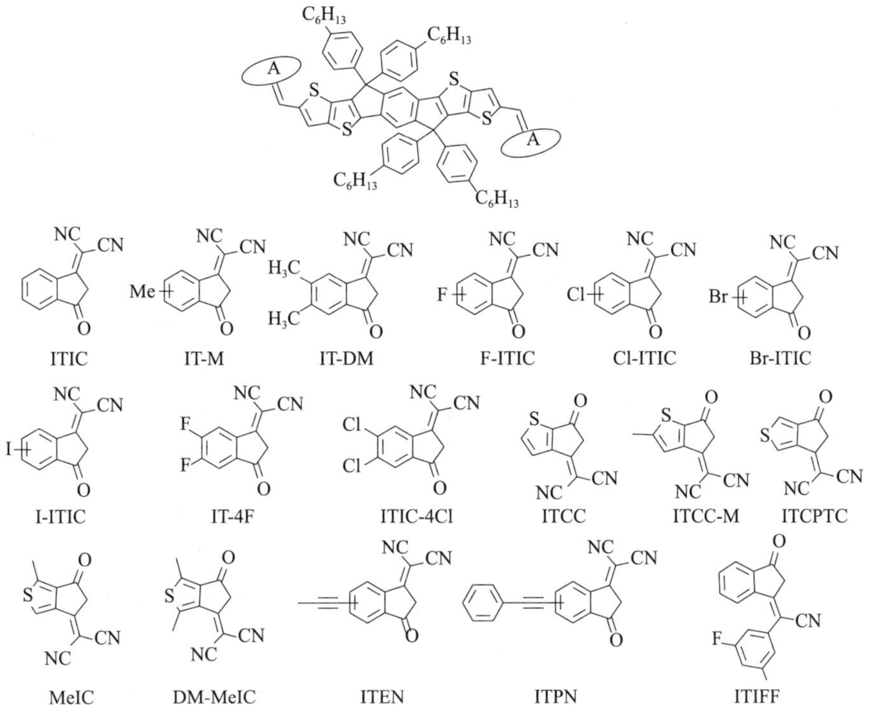

图 4.36　ITIC、IT－M、IT－DM、X－ITIC、IT－4F、IT－4Cl、ITCC、ITCC－M、ITCPTC、MeIC、DM－MeIC、ITEN、ITPN 和 ITIF 的结构式

2018 年，陈永胜教授等在之前报道的 FDICTF 稠环受体分子的基础上，设计合成了分别以氟，氯，溴取代末端基团的受体分子 F－F，F－Cl，F－Br 等受体分子(图 4.37)。通过卤素的取代探究卤素效应对器件吸收光谱，结晶性，迁移率及器件光伏性能的影响。研究发现，相比于 F－H 分子来说，氟、氯、溴三种元素的引入，使得三种分子吸收光谱分别红移了 14nm、22nm 以及 31nm。而卤素原子的引入，使其 HOMO/LUMO 能级均有所下降，因此，器件的开路电压均有不同程度的下降，相反其短路电流密度有相应的提升，尤其 F－Br 获得了高达 18.22mA · cm^{-2}的短路电流密度，0.76 的填充因子以及 12.05% 的光电转换效率。同时从其迁移率数据看出卤素原子的引入有效提升了器件的迁移率。从其 GIWAXS 数据发现，卤素原子的引入也有效增强了分子的结晶性。因此，在末端基团引入卤素原子是一种有效的调

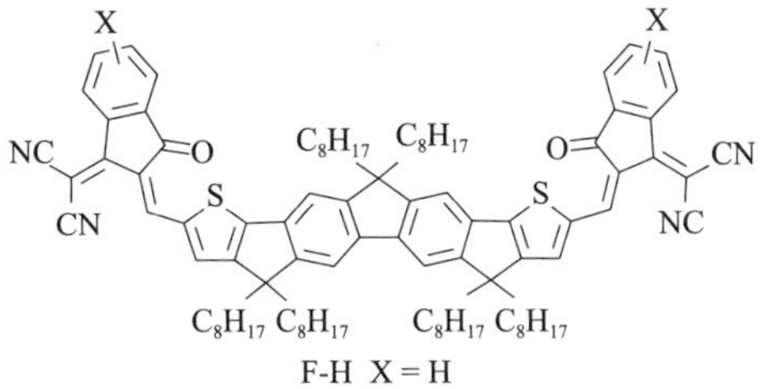

F-H　X = H
F-F　X = F
F-Cl　X = Cl
F-Br　X = Br

图 4.37　F－H、F－F、F－Cl 和 F－Br 的结构式

节分子吸收光谱以及结晶性的策略。

2018 年，郑彦如和许千树教授等首次提出了通过分子末端基团的设计，获得了同时提高开路电压以及短路电流密度的策略。基于已报道的 BDT 稠合中间核分子，设计合成了噻吩并[3，2 − b]噻吩的末端基团。采用已报道的 BDCPDT 为参比，对比新端基的引入对分子吸收光谱，能级，形貌及光伏性能的影响(结构式如图 4.38 所示)。由于噻吩基团的给电子能力，基于噻吩并[3，2 − b]噻吩的末端基团拉电子能力有所下降，因此相比于 BDCPDT − IC，其溶液吸收光谱蓝移 20nm，这主要是由于富电子的噻吩并[3，2 − b]噻吩单元减弱了分子间的电荷转移过程(ICT)。然而由于并噻吩端基的光学过渡态，BDCPDT − TTC 分子在 350 ~ 470nm 范围出现额外的吸收带，也就有利于获得更高的短路电流密度。鉴于噻吩并[3，2 − b]噻吩的末端基团相对较弱的拉电子能力，使得分子的 HOMO/LUMO 能级均提升，值得注意的是 PBDB − T 聚合物给体与 BDCPDT − TTC 的 HOMO 能级差仅有 0.02eV，这就有助于降低器件的能量损失从而获得较高的开路电压。而从纯膜的 GIWAXS 衍射峰积分曲线来看，BDCPDT − TTC 在面内方向上显示很强的层间堆积峰，BDCPTDT − FIC 显示的面内方向上的层间堆积峰。同时 BDCPDT − FIC 在面内方向上出现 1.68 A^{-1}的 $\pi - \pi$ 堆积衍射峰，这就说明纯膜状态下该分子主要存在 edge − on 的堆积，而混合薄膜在面内与面外方向分别出现 1.75 和 1.72 A^{-1}的衍射峰，说明该体系混合薄膜既存在 face − on 的堆积又存在 edge − on 的堆积形式。而 PBDB − T：BDCPTDT − TTC 只在面外(010)方向显示 1.72 A^{-1}的衍射峰，这种 face − on 的堆积形式有利于器件中垂直方向载流子的传输。因此该体系最终获得了 0.92V 的开路电压，17.72mA·cm^{-2}的短路电流密度，以及 10.29% 的光电转换效率，相比于 BDCPDT − IC 体系($V_{oc} = 0.86V$，$J_{sc} = 16.56mA·cm^{-2}$，$PCE = 9.33\%$)，该体系获得了开路电压与短路电流密度均有所提升的器件参数。

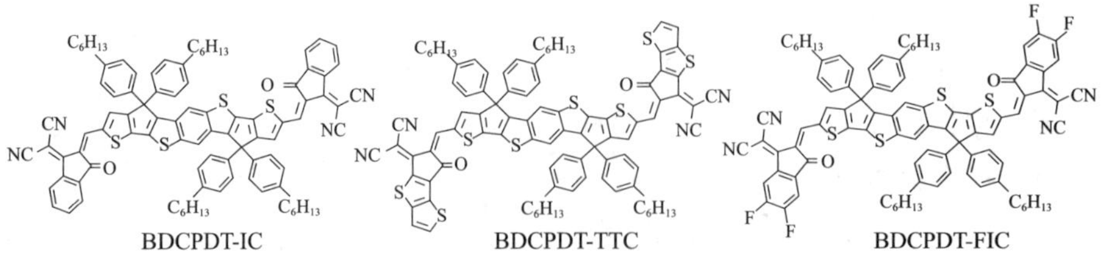

图 4.38　BDCPDT − IC、BDCPDT − TTC 和 BDCPDT − FIC 的结构式

3. 基于侧链单元的调控

侧链单元选择的不同，也会对分子光学性能有一定的影响，也是细微调控分子吸收光谱及能级的有效策略。例如通过将常规应用于稠环受体材料中的 4 − 己

基苯侧链换为噻吩侧链，改变烷基链的长度及引入杂原子等对分子的结构进行精细化调控，从而获得更高的光伏器件效率。

占肖卫教授等在 ITIC 分子基础上，将苯烷基侧链换为噻吩烷基侧链，使得 ITIC – Th 的 HOMO/LUMO 能级相比于 ITIC 均下降，其中 $HOMO = -5.66eV$，$LOMO = -3.83eV$。这也就使 ITIC – Th 可以与很多高性能的窄带隙以及宽带隙聚合物能级匹配。同时由于噻吩侧链中，S – S 相互作用增强了分子之间相互作用，在选用 PDBT – T1 作为聚合物给体材料时获得了高达 9.6% 的光电转换效率。随后在同一年，李永舫院士等采用间位取代的苯烷基侧链设计合成了 m – ITIC。相比于 ITIC 来说，两者的吸收光谱没有发生显著变化，而在薄膜状态下，m – ITIC 的摩尔吸光系数增大，GIWAXS 数据显示，其晶体相干长度也增大，同时电子迁移率也有所增加。这些内在的优点使得 J61：m – ITIC 体系获得高达 11.77% 的光电转换效率。为了进一步改善器件的光伏性能，基于高性能的 IDTT 中间核，Heeney 教授等设计合成了 C8 – ITIC 分子，将 ITIC 中苯烷基侧链换为纯烷基链。相比于 ITIC 来说，C8 – ITIC 分子摩尔吸光系数增大且吸收光谱发生红移。因此在选用中等带隙聚合物 PBDB – T 时获得了 12.41% 的光电转换效率。同时笔者也同时设计合成了 BDD 单元中，氟取代噻吩的聚合物 PFBDB – T，氟原子的引入使得分子的 HOMO/LUMO 能级均下降，且能与 C8 – ITIC 很好地能级匹配，从而可以在获得高电流的情况下获得更高的开路电压。在 PFBDB – T：C8 – ITIC 体系中，获得了 0.94V 的开路电压（PBDB – T：C8 – ITIC，$V_{oc} = 0.87V$）以及 13.2% 的光电转换效率。其相关材料的结构式如图 4.39 所示。

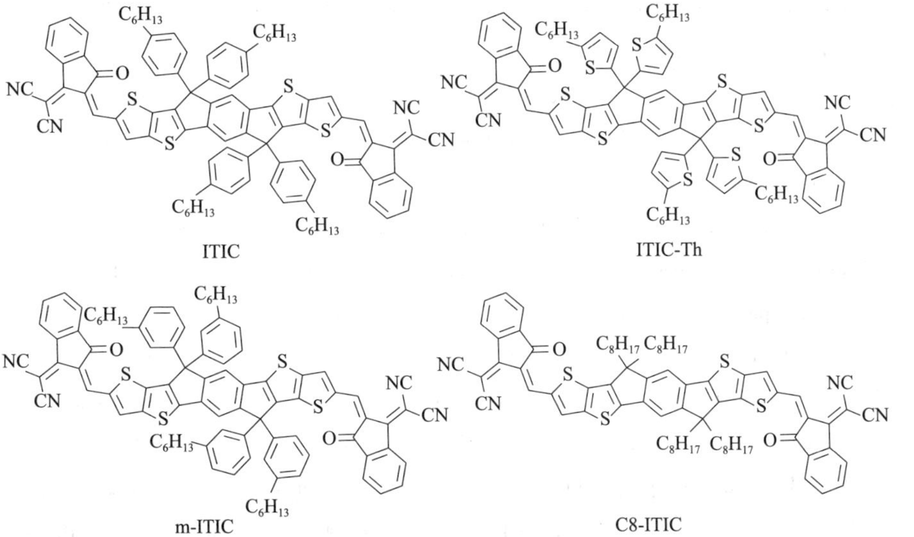

图 4.39　ITIC，ITIC – Th，m – ITIC 和 C8 – ITIC 的结构式

4.3.4 小分子受体材料的总结与展望

得益于国内外研究工作者的不断努力，有机太阳能电池在过去的几十年已经取得突破性的研究进展。尤其是近十年来，随着明星聚合物给体 PBDB－T、PB-DB－TF、PCE10、D18 等的发展将基于富勒烯体系的光伏器件推向新的研究进展。随着 2015 年 ITIC 的出现，拉开了非富勒烯受体材料的研究高潮，使得基于非富勒烯受体材料的光伏器件的光电转换效率不断攀升，已经获得超过 14% 的 *PCE*。紧接着，在 2019 年，邹应萍教授等报道的 Y6 系列具有 A－D－A－D－A 结构的非富勒烯受体，使得有机太阳能电池的研究进入新的研究篇章，其光电转换效率不断被刷新，从最初的 15.7%，提升到目前单结器件的超过 19%，叠层器件超过20%的光电转换效率。有机太阳能电池的器件效率已经几乎可以与钙钛矿以及硅基太阳能电池相提并论。在不久的将来，随着研究工作者的不断努力、材料的创新、器件工艺的进步、器件稳定性的提升等技术的进步，有机太阳能电池的研究必将获得更大的突破。光伏材料的大规模生产制备，光伏器件的大面积、柔性、半透明等独特性能的开发，笔者相信有机光伏的规模化生产制备必将到来。

参考文献

[1] Chen S. , Liu Y. , Zhang L. , Chow P. C. Y. , Wang Z. , Zhang G. , Ma W. , Yan H. A wide－bandgap donor polymer for highly efficient non－fullerene organic solar cells with a small voltage loss[J]. J. Am. Chem. Soc. , 2017, 139(18): 6298－6301.

[2] Chen Z. , Zheng Y. , Yan H. , Facchetti A. Naphthalenedicarboximide－vs perylenedicarboximide－based copolymers. synthesis and semiconducting properties in bottom－gate N－Channel organic transistors[J]. J. Am. Chem. Soc. , 2009, 131(1): 8－9.

[3] Duan Y. , Xu X. , Yan H. , Wu W. , Li Z. , Peng Q. Pronounced effects of a triazine core on photovoltaic performance－efficient organic solar cells enabled by a PDI trimer－based small molecular acceptor[J]. Adv. Mater. , 2017, 29(7): 1605115.

[4] Guo Y. , Li Y. , Awartani O. , Zhao J. , Han H. , Ade H. , Zhao D. , Yan H. A vinylene－bridged perylenediimide－based polymeric acceptor enabling efficient all－polymer solar cells processed under ambient conditions[J]. Adv. Mater. , 2016, 28(38): 8483－8489.

[5] Hu H. , Jiang K. , Yang G. , Liu J. , Li Z. , Lin H. , Liu Y. , Zhao J. , Zhang J. , Huang F. , Qu Y. , Ma W. , Yan H. Terthiophene－based D－A polymer with an asymmetric arrangement of alkyl chains that enables efficient polymer solar cells[J]. J. Am. Chem. Soc. , 2015, 137

(44): 14149 – 14157.

[6] Lin H., Chen S., Li Z., Lai J. Y. L., Yang G., McAfee T., Jiang K., Li Y., Liu Y., Hu H., Zhao J., Ma W., Ade H., Yan H. High – performance non – fullerene polymer solar cells based on a pair of donor – acceptor materials with complementary absorption properties [J]. Adv. Mater., 2015, 27(45): 7299 – 7304.

[7] Liu Y., Mu C., Jiang K., Zhao J., Li Y., Zhang L., Li Z., Lai J. Y. L., Hu H., Ma T., Hu R., Yu D., Huang X., Tang B. Z., Yan H. A tetraphenylethylene core – based 3D structure small molecular acceptor enabling efficient non – fullerene organic solar cells [J]. Adv. Mater., 2015, 27(6): 1015 – 1020.

[8] Zhao J., Li Y., Hunt A., Zhang J., Yao H., Li Z., Zhang J., Huang F., Ade H., Yan H. A difluorobenzoxadiazole building block for efficient polymer solar cells [J]. Adv. Mater., 2016, 28(9): 1868 – 1873.

[9] Zhao J., Li Y., Lin H., Liu Y., Jiang K., Mu C., Ma T., Lai J. Y. L., Hu H., Yu D., Yan H. High – efficiency non – fullerene organic solar cells enabled by a difluorobenzothiadiazole – based donor polymer combined with a properly matched small molecule acceptor [J]. Energy Environ. Sci., 2015, 8(2): 520 – 525.

[10] Chen S., Liu Y., Zhang L., Chow P. C. Y., Wang Z., Zhang G., Ma W., Yan H. A wide – bandgap donor polymer for highly efficient non – fullerene organic solar cells with a small voltage loss [J]. J. Am. Chem. Soc., 2017, 139(18): 6298 – 6301.

[11] Chen Z., Zheng Y., Yan H., Facchetti A. Naphthalenedicarboximide – vs perylenedicarboximide – based copolymers. synthesis and semiconducting properties in bottom – gate N – Channel organic transistors [J]. J. Am. Chem. Soc., 2009, 131(1): 8 – 9.

[12] Guo Y., Li Y., Awartani O., Zhao J., Han H., Ade H., Zhao D., Yan H. A vinylene – bridged perylenediimide – based polymeric acceptor enabling efficient all – polymer solar cells processed under ambient conditions [J]. Adv. Mater., 2016, 28(38): 8483 – 8489.

[13] Hu H., Jiang K., Yang G., Liu J., Li Z., Lin H., Liu Y., Zhao J., Zhang J., Huang F., Qu Y., Ma W., Yan H. Terthiophene – based D – A polymer with an asymmetric arrangement of alkyl chains that enables efficient polymer solar cells [J]. J. Am. Chem. Soc., 2015, 137(44): 14149 – 14157.

[14] Lin H., Chen S., Li Z., Lai J. Y. L., Yang G., McAfee T., Jiang K., Li Y., Liu Y., Hu H., Zhao J., Ma W., Ade H., Yan H. High – performance non – fullerene polymer solar cells vased on a pair of donor – acceptor materials with complementary absorption properties [J]. Adv. Mater., 2015, 27(45): 7299.

[15] Liu Y., Mu C., Jiang K., Zhao J., Li Y., Zhang L., Li Z., Lai J. Y. L., Hu H., Ma T., Hu R., Yu D., Huang X., Tang B. Z., Yan H. A tetraphenylethylene core – based 3D structure small molecular acceptor enabling efficient non – fullerene organic solar cells [J].

Adv. Mater. , 2015, 27(6): 1015 – 1020.

[16] Zhao J. , Li Y. , Hunt A. , Zhang J. , Yao H. , Li Z. , Zhang J. , Huang F. , Ade H. , Yan H. A difluorobenzoxadiazole building block for efficient polymer solar cells[J]. Adv. Mater. , 2016, 28(9): 1868 – 1873.

[17] Zhao J. , Li Y. , Lin H. , Liu Y. , Jiang K. , Mu C. , Ma T. , Lai J. Y. L. , Hu H. , Yu D. , Yan H. High – efficiency non – fullerene organic solar cells enabled by a difluorobenzothia-diazole – based donor polymer combined with a properly matched small molecule acceptor[J]. Energy Environ. Sci. , 2015, 8(2): 520 – 525.

[18] Chang L. , Sheng M. , Duan L. , Uddin A. Ternary organic solar cells based on non – fullerene acceptors: A review[J]. Org. Electron. , 2021, 90: 106063.

[19] Cheng P. , Li G. , Zhan X. , Yang Y. Next – generation organic photovoltaics based on non – fullerene acceptors[J]. Nat. Photon. , 2018, 12(3): 131 – 142.

[20] Cheng P. , Yang Y. Narrowing the band gap: the key to high – performance organic photovoltaics [J]. Acc. Chem. Res. 2020, 53(6): 1218 – 1228.

[21] Gurney R. S. , Lidzey D. G. , Wang T. A review of non – fullerene polymer solar cells: from de-vice physics to morphology control[J]. Rep. Prog. Phys. , 2019, 82(3): 036601.

[22] Hong D. , Li P. , Li W. , Manzhos S. , Kyaw A. K. K. , Sonar P. Organic interfacial materials for perovskite – based optoelectronic devices [J]. Energy Environ. Sci. , 2019, 12(4): 1177 – 1209.

[23] Hou J. , Inganas O. , Friend R. H. , Gao F. Organic solar cells based on non – fullerene accep-tors[J]. Nat. Mater. , 2018, 17(2): 119 – 128.

[24] Jiang W. , Li Y. , Wang Z. Tailor – made rylene arrays for high performance n – channel semi-conductors[J]. Acc. Chem. Res. , 2014, 47(10): 3135 – 3147.

[25] Li C. , Fu H. , Xia T. , Sun Y. Asymmetric nonfullerene small molecule acceptors for organic solar cells[J]. Adv. Energy Mater. , 2019, 9(25): 1900999.

[26] Liang N. , Meng D. , Wang Z. Giant rylene imide – based electron acceptors for organic photo-voltaics[J] Acc. Chem. Res. , 2021, 54(4): 961 – 975.

[27] Lin Y. , Zhan X. Non – fullerene acceptors for organic photovoltaics: an emerging horizon[J]. Mater. Horiz. , 2014, 1(5): 470 – 488.

[28] Lin Y. , Zhan X. Oligomer molecules for efficient organic photovoltaics[J]. Acc. Chem. Res. , 2016, 49(2): 175 – 183.

[29] Liu Z. , Wu Y. , Zhang Q. , Gao X. Non – fullerene small molecule acceptors based on perylene diimides[J]. J. Mater. Chem. A, 2016, 4(45): 17604 – 17622.

[30] Roncali J. , Grosu I. The dawn of single material organic solar cells[J] Adv. Sci. , 2019, 6(1): 1801026.

[31] Said A. A. , Xie J. , Zhang Q. Recent progress in organic electron transport materials in inverted

perovskite solar cells[J]. Small, 2019, 15(27): 1900854.

[32] Sonar P., Lim J. P. F., Chan K. L. Organic non – fullerene acceptors for organic photovoltaics [J]. Energy Environ. Sci., 2011, 4(5): 1558 – 1574.

[33] Sorrentino R., Kozma E., Luzzati S., Po R. Interlayers for non – fullerene based polymer solar cells: distinctive features and challenges[J]. Energy Environ. Sci., 2021, 14(1): 180 – 223.

[34] Wang G., Melkonyan F. S., Facchetti A., Marks T. J. All – polymer solar cells: recent progress, challenges, and prospects[J]. Angew. Chem. Int. Ed., 2019, 58(13): 4129 – 4142.

[35] Yan C., Barlow S., Wang Z., Yan H., Jen A. K. Y. Marder S. R., Zhan X. Non – fullerene acceptors for organic solar cells[J] Nat. Rev. Mater., 2018, 3: 18003.

[36] Yao H., Wang J., Xu Y., Zhang S., Hou J. Recent progress in chlorinated organic photovoltaic materials[J] Acc. Chem. Res., 2020, 53(4): 822 – 832.

[37] Yu R., Wu G., Tan Z. Realization of high performance for PM6: Y6 based organic photovoltaic cells[J]. J. Energy Chem., 2021, 61: 29 – 46.

[38] Yue Q., Liu W., Zhu X. n – Type molecular photovoltaic materials: design strategies and device applications[J]. J. Am. Chem. Soc., 2020, 142(27): 11613 – 11628.

[39] Zhang G., Zhao J., Chow P. C. Y., Jiang K., Zhang J., Zhu Z., Zhang J., Huang F., Yan H. Nonfullerene acceptor molecules for bulk heterojunction organic solar cells[J]. Chem Rev, 2018, 118(7): 3447 – 3507.

[40] Zhang J., Tan H. S., Guo X., Facchetti A., Yan H. Material insights and challenges for non – fullerene organic solar cells based on small molecular acceptors[J]. Nat. Energy, 2018, 3 (9): 720 – 731.

第5章 三元有机太阳能电池

三元有机太阳能电池，因其在活性层材料中同时含有两个给体或者两个受体组分，在组分设计比较合理的情况下，其光伏器件的某个或某几个参数相比于传统的二元器件会有所提升。目前高效非富勒烯受体材料的不断发展，为三元器件的第三组分选择提供了更多的选择，这也为三元有机太阳能电池器件的发展提供新的机遇。目前获得高效有机太阳能电池器件的策略主要有三种。第一，设计新型高效的非富勒烯受体材料并且选择与之匹配的聚合物给体材料从而获得高效光伏器件；第二，采用叠层器件，尽可能多地利用太阳光，来获得高效的叠层器件结构；第三，三元器件，与前两种方案相比，三元器件可以充分利用已经获得的高效光伏材料并且是简单易制备的单结器件结构，也不用考虑中间连接层的问题，制备工艺简单。因此，自 2016 年之后，基于非富勒烯受体材料的三元器件获得了较快的发展。目前由于基于 Y6 及其衍生物受体材料的出现，三元器件的光电转换效率已取得持续性改变。基于 Y6 类衍生物受体的三元器件最高已获得超过 19% 的 *PCE*，获得几乎可与钙钛矿及无机太阳能电池等相媲美的光伏性能。

下面主要围绕三元器件的发展现状，基于两个给体一个受体的（2D1A）型以及基于一个给体两个受体的（1D2A）型三元有机太阳能电池着手系统介绍基于非富勒烯受体材料的高效三元器件的研究进展。

5.1 三元有机太阳能电池的概述

三元器件由于在体系中引入第三组分的策略是一种简单高效的获得高效率光伏器件的调控手段。第三组分的加入不仅可以与主体二元体系获得良好的吸光互补，提升器件的光捕获能力，进而获得提高的短路电流密度，而且可以作为形貌调节剂有效调控共混体系的活性层型形貌，材料的结晶性及电荷传输性能。在某些案例中第三组分的加入可以与主体二元组分形成阶梯状能级排布，获得多通道的电荷传输通道；此外若选用与主体组分结构相似，具有较好相容性的材料也可以实现合金结构，均可以有效地调节原本二元器件的光伏性能，进而获得性能进一步提升的有机太阳能电池器件。

其中，三元器件的活性层材料根据引入的第三组分是给体材料或者是受体材料的不同，可以分为具有两个给体一个受体型的 2D1A 型和具有一个给体两个受体型的 1D2A 型三元有机太阳能电池。而在三元器件中，通过精心地挑选主体给受体材料有较好互补吸收的第三组分，活性层材料的吸光范围被有效地拓宽，可以利用更多的光子、调控共混体系形貌、形成合金结构等进一步提升器件的光伏性能。如侯剑辉研究员等利用具有相似化学结构的类似 Y6 小分子受体 HDO - 4Cl 和 eC9 构筑了基于 1D2A 型非富勒烯型三元有机太阳能电池，由于 HDO - 4Cl 和 eC9 具有相似的化学结构以及良好的互溶性，共混体系中表现出合金结构的受体材料获得了降低的非辐射电荷复合和延长的激子扩散长度，因此基于 PBDB - TF：HDO - 4Cl：eC9 的三元器件获得了接近 19% 的光电转换效率。此外，也利用具有噻吩并喹喔啉结构作为缺电子的 A 单元，替换原本 PBDB - TF 聚合物给体材料中的 BDD 单元，设计合成了聚合物给体 PBQx - TF，当与类 Y6 受体材料 eC9 - 2Cl 和具有弱拉电子能力双氰基罗丹宁端基的宽带隙 F - BTA3 作为第三组分加入原本二元体系中，同样构筑了具有 1D2A 型结构的三元有机太阳能电池，宽带隙第三组分的引入进一步拓宽了共混体系的吸光范围，获得了目前最高 19.0% 的单结有机太阳能电池器件。这是由于第三组分 F - BTA3 提升了太阳光利用率，形成阶梯状能级排布，同时提升了材料分子间的堆积。因此，该三元器件获得了光伏参数的协同提高，并且其 FF 可高达 0.809。

纵观有机太阳能电池的发展历程不难发现，随着材料的持续创新、器件工艺的优化及活性层形貌的调控策略等的研究，都在不同程度上促进了有机太阳能电池器件效率的不断提升。作为一种最简单的性能调控手段，三元有机太阳能电池策略已经逐渐引起了广大研究工作者的关注，并且也取得了一系列研究进展，目前最高光电转换效率的单结光伏器件便出自三元有机太阳能电池技术。

5.1.1 三元有机太阳能电池的工作原理

为了进一步深入地了解三元有机太阳能电池的工作过程及获得高效率三元器件的基本要求，研究三元有机太阳能电池的工作原理十分重要。一般来说，第三组分在三元器件中有两种运行机理(图 5.1)，分别为电荷传输机理和能量转移机理。电荷传输机理是主要提供额外的电荷传输途径使得激子也可以通过第三组分来进行分离和传输。该机理的一个典型的策略就是使三个组分形成台阶状的能级排布，受体 1 作为桥梁来传输空穴给给体分子并且运输电子给受体分子 2。另外，在三元器件中，能量转移机理是一种提升光捕获能力的有效途径。在大多数基于能量转移机理的三元体系中，在其中的三个组分或者两种组分中会发生非辐射荧光共振能量转移(Förster 能量转移，FRET)。这需要能量给体的光致发光与能量受体的吸收带有重叠，也就是说在两个非富勒烯受体之间存在能量转移过程。实际上在三元器件中，电荷传输机理和能量转移机理非常复杂，许多细节还需要进一步深入研究。

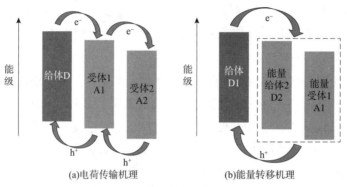

图 5.1　三元器件的两种解释机理

　　一般认为，在特定样品中加入第三组分其运行机理主要依赖于加入第三组分后形貌的改变。研究发现，第三组分的加入会与主体组分混合或者会形成自身单独的相。为了解释差别，研究人员提出了合金(alloy)结构和平行连接(Parallel-linkage)模型。他们认为，在平行连接模型中，三个组分形成了独立的给受体网络，在两个受体分子之间并没有发生电荷转移或者能量转移过程，也就是说在给体/受体 1 或者给体/受体 2 界面形成了有效电荷传输路径。这就意味着这些三元器件像两个独立的子电池一样独立工作。而合金结构的模型需要两个材料之间密切的混合，形成相同的前线轨道能级(主要由混合体系组分决定)。如图 5.2 所示，受体合金如同一个单独组分一样工作，独立提取电子传输空穴。另外，当两个材料有较好的光谱重叠且有很好的相溶性时，在合金结构模型中也会存在能量转移机理。

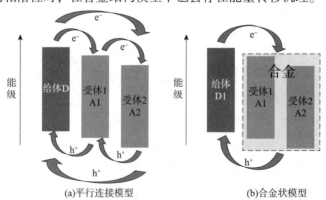

图 5.2　三元器件的形貌模型和相关的电荷传输过程

通常情况下，二元体异质结（BHJ）结构太阳能电池活性层材料主要包括一种给体和一种受体材料。根据第三组分的存在位置，基于多重给体或者多重受体的三元器件模型的形貌可以分为以下三类：（1）第三组分镶嵌入主要的给体或受体组分内；（2）第三组分位于主体给受体界面处；（3）第三组分形成独立的相。在真实的器件中通常是两种或者更多模型的结合，在不同体系中具体的形貌、形貌如何影响电荷动力学等也有详细的研究。

5.1.2　三元有机太阳能电池的发展现状

过去十年有机太阳能电池经历了快速的发展，截至目前，高效率的有机太阳能电池已经获得超过20%的光电转换效率（目前最高超过19%的单结器件即为三元器件），显示出光明的发展前景。其中，相比于二元器件，通过在活性层中引入第三组分作为第二给体或者受体，具有实现光伏性能较大提升的潜力。因此，根据活性层材料化学组成，可以将三元体系划分为四类，包含聚合物/小分子/小分子、聚合物/聚合物/小分子、全聚合物和全小分子体系。根据给受体组分的差异，又可将三元体系划分为两个给体一个受体（2D1A）的型和一个给体两个受体（1D2A）型。光伏材料的化学结构、添加比例，活性层形貌和光伏性能之间的关系还未完全明晰。因此，本书将从给受体电子特性角度出发，系统分析研究具有2D1A、1D2A型以及多元组分的案例中材料的化学结构、器件工艺、活性层形貌等各个方面着手阐述三元有机太阳能电池的发展现状。

5.2　基于两个给体一个受体的三元有机太阳能电池

在原本二元器件中引入第三组分不仅可以有效地扩宽光子捕获的范围（就如同叠层器件，拓宽材料吸光范围），而且单结器件有利于简化器件的制备工艺。除此之外，第三组分在优化共混体系活性层形貌方面扮演着重要的角色，可以有效地促进激子解离，同时提升电荷的传输。三元器件的光伏参数 J_{sc}、V_{oc} 和 FF 可以通过优化掺杂的给受体材料的比例、选择最优的吸光互补材料、改变共混体系的相分离形貌和采用合适的界面层材料进行有效的调控。其中，三元器件最早之一的案例就是在 2010 年，Koppe 等利用窄带隙聚合物 PCPDTBT 作为第三组分加入 P3HT：$PC_{71}BM$ 二元共混薄膜中，促使活性层材料在近红外区具有较强的吸收光谱，获得额外的电荷传输通道，使得器件的 J_{sc} 进一步提升。

5.2.1　早期关于2D1A型三元器件的研究

在早期的研究中，富勒烯及其衍生物受体材料获得了大规模的应用，因此，大部分的三元器件都选择富勒烯及其衍生物受体（PC$_{61}$BM、PC$_{71}$BM）材料作为电子受体。然而，这些基于富勒烯受体材料的三元有机太阳能电池的器件效率由于富勒烯及其衍生物具有较弱的可见光区吸光能力、受限制的能级可调控性和较弱的稳定性等原因受到较大的限制。基于此，非富勒烯受体材料获得快速的发展，比如基于聚合物或者小分子的受体材料相继出现。与富勒烯及其衍生物受体材料不同，非富勒烯受体材料具有较强的吸光能力、简单的合成路线和相对可调控的前线轨道能级。截至目前，已经设计合成出大量的具有较好性能的非富勒烯受体材料，例如基于苝二酰亚胺/酰亚胺、茚并二噻吩（IDT）和吡咯并吡咯二酮（DPP）等的小分子受体。值得注意的是，目前基于非富勒烯受体的三元有机太阳能电池已经获得超过17%的光电转换效率。例如，张福俊教授及其合笔者报道的高效率三元器件获得17.4%的 PCE，主要是通过向原二元器件 PM6：BTP－4F－12 中加入 MeIC 作为第三组分，第三组分的引入不仅提升了器件的光捕获能力，而且极大地降低了器件的能量损失（E_{loss}）。第三组分 MeIC 作为形貌调节剂，MeIC 在共混薄膜中可以获得有序的面对面（face－on）堆积取向，同时提供了更加有序的电荷传输通道。此外，随着第三组分的引入，三元器件的双分子复合效应可以被有效地抑制，这有利于三元器件获得更低的 E_{loss}。研究发现，三元器件的 E_{loss} 比相应的两个二元器件的 E_{loss} 都要低，这就使得三元器件获得了最高的光伏器件性能。

三元器件中的第三组分可以是一个受体或者是一个给体，也可以是一个固体添加剂。来构筑具有 2D1A（即 D1：D2：A）或者 1D2A（D：A1：A2）型的三元体系。这个额外加入的给体或者受体组分具有多重功能可以提升器件的 PCE，例如拓宽吸光范围、阻止电荷复合和提升共混体系的相分离形貌等。三元体系中具有多重受体的体系可以被进一步划分为两个部分，即利用或者没有利用富勒烯受体材料的体系。尽管富勒烯及其衍生物受体材料有自身的一些缺点，它们也具有很多优点，如高的电子迁移率、较强的缺电子性、各向同性的电荷传输。研究表明，向聚合物/富勒烯体系引入一少部分的非富勒烯受体可以促进体系的吸光能力，优化活性层形貌，获得能级相容性，最终获得更有效的电荷传输。例如丁黎明研究员等发展的在近红外光驱具有较强吸光能力的高效率非富勒烯受体 COi_8DFIC。当 PTB7－Th：COi_8DFIC 的质量比为 1：1 时，二元器件获得高达12.16%的器件效率和26.12mA·cm^{-2}。当加入质量分数为30%的非富勒烯受体（PC$_{71}$BM）时，器件的 J_{sc} 和 FF 均有所提高，其光电转换效率提高到14.08%。随着活性层材料的发展，基于 PM6：Y6 体系以及 Y6 及其衍生物的体系中，加入第二受体或者与 Y6 分子具有相似化学结构的小分子受体材料，已经大幅度地提升三元器件的光电转换效率。相比于目前应用较好，性能较优异的 1D2A 体系，具有 2D1A 体系的三元器件的性能相对较低。这是由于非富勒烯受体对于给体/受体体系的选择非常挑剔，必须具有匹配的能级和相容的三元共混型膜。比如 Doo - Hyun Ko 等分别在经典的 PBDB - T：PC$_{71}$BM 二元体系中引入 PTB7 - Th 和 ITIC - Th 作为第三组分分别构筑具有 D1：D2：A 和 D：A1：A2 体系的三元器件。经过一系列测试之后，这两个聚合物三元器件均获得更高的 PCE，而 D：A1：A2 体系具有更加明显的性能提升，这是由于该体系获得了更好的共混薄膜形貌。这些都说明三元聚合物太阳能电池中，采用两个给体的体系相对于具有两个受体的体系发展相对缓慢的原因。因此，在具有两个给体的三元器件中，在选择第二给体作为第三组分时，吸光范围和获得优异的表面薄膜形貌可以别进一步研究开发。

在早期关系三元器件的研究工作中，具有两个受体材料的基于非富勒烯受体的聚合物太阳能电池和聚合物太阳能电池研究较多，而基于两个给体一个受体的 (2D1A，即 D1：D2：A) 体系研究较少。因此，下面将围绕 2D1A 体系的三元光伏器件发展情况，详细阐述三元有机太阳能电池的发展情况。

在三元有机太阳能电池中，基于 2D1A 型的有及光伏器件，第二给体有四个主要的作用：(1) 提供互补的吸收光谱；(2) 调节能级；(3) 优化形貌；(4) 提升形貌稳定性。首先，在二元体系中引入第三组分，可以有效地拓宽材料的吸光范围；其次，引入第三组分可以调节体系的能级，通过能量的驱动、阶梯状能级排布或者分离的传输网络可以获得更有效的电荷分离；除此之外，第三组分可以有效地促进形成更优异的共混形貌，使器件获得更有效的激子分离和电荷传输过程。因此，大多数 2D1A 体系中，选择的第三组分都是需要平衡两个给体和受体之间的能级获得能级排布体系。通过改变共混体系的活性层形貌，获得更有序的相区，进而获得聚合物太阳能电池器件效率的进一步提升。

1. 互补的吸收光谱

器件的 J_{sc} 通常与活性层薄膜吸收的光子数量成正比。然而，有机半导体材料通常具有较窄的吸光窗口，导致很多无效的光子损失。在三元器件中，通过引入第二给体获得进一步拓宽的吸光范围，可以有效地提升光伏器件的 J_{sc}，使三元器件获得 PCE 的进一步提升。因此，一个最直接的策略就是在主体二元体系中引入与之具有互补吸收光谱的第三组分化合物，通过引入具有互补吸光范围的第三组分使器件获得更宽的光谱响应范围，一些三元体系甚至选择全可见光吸收的材料。例如，第一个利用两个聚合物给体材料和一个非富勒烯受体三元器件的案例就是 2016 年，S. A. Jenekhe 等报道的，他们利用 PSEHTT 和 PTB7 - Th 聚合物给体，和一个非富勒烯受体 DBFI - EDOT。新设计的三元器件获得高达 8.52%

的 PCE 高于相应的基于 PSEHTT：DBFI - EDOT(PCE 为 8.10%) 和基于 PTB7 - Th：DBFI - EDOT(PCE 为 6.70%) 的二元器件。此外，2019 年，颜河教授等以 PM7：ITC - 2Cl 为主体二元体系，并利用具有更宽吸光范围的 IXIC - 4Cl 为第二受体设计构筑了三元器件。由于 IXIC - 4Cl 具有更宽的光谱响应范围，相比于原本的主体二元体系来说，三元器件 PM7：ITC - 2Cl：IXIC - 4Cl(1：0.5：0.5) 的共混薄膜在 619，748 和 856nm 有明显提升的最大摩尔消光系数。第二受体第三组分的引入有效地扩展了共混体系的吸光范围，使其由原来的 350 ~ 820nm 红移至 350 ~ 1000nm，这也就使得器件获得了最高 23.99mA · cm^{-2} 的 J_{sc}。总的来说，通过引入第三组分，有效地拓宽三元体系的吸光范围，使器件的 PCE 由原来的 13.72% 提高到 15.37%。

2. 调节能级

在太阳能电池中，有效的激子拆分和电荷解离涉及给体材料和受体材料适合的能级差值。此外，器件的 V_{oc} 与给体材料的 HOMO 能级和受体材料的 LUMO 能级之间的差值成正比例关系。因此，通过调节给受体材料的 HOMO - LUMO 能级差可以有效地提升给受体对的电荷和能量传输性能。在设计聚合物材料时，三元共聚是一种简单的方法可以在分子内集成一个额外的组分，可以有效地调节聚合物材料的能级分布。同时，相比于烷基侧链的调控，三元器件通过引入第三组分也是调节三元光伏器件能级最有效和简单的方法。目前，在有些三元器件中有一些能级结构可以有效地促进电荷的传输。首先一点就是阶梯状的能级排布，其中第二给体的 HOMO 能级处在主体给体和受体材料的 HOMO 能级之间，其 LUMO 能级处在主体给体和受体材料的 LUMO 能级之间。在这里，第二给体扮演着桥梁的作用，提供额外的传输通道，使得体系同时具有有效的电荷和空穴传输。例如，梁子祺等将 PTB7 - Th、PffBT4T - 2OD 和 ITIC 共混构筑了三元太阳能电池，其活性层材料具有阶梯状的能级排布。一部分来自 PTB7 - Th 的电子可以首先转移到第二给体 PffBT4T - 2OD 上，然后再进一步转移到受体 ITIC 上。相似地，空穴也可以由 ITIC 或者 PffBT4T - 2OD 转移到 PTB7 - Th 上，该三元器件最高获得了 8.22% 的 PCE，高于基于 PTB7 - Th：ITIC 的二元器件效率 6.48%。

另一种模型就是第二给体的 LUMO 能级处在主体给体和受体材料的 LUMO 能级之间，然而这两个给体材料具有相似的 HOMO 能级，这类模型具有不同的传输机理。比如黄飞教授等结合宽带隙聚合物给体 PBTA - BO 和窄带隙聚合物给体 PNTB 与聚合物受体 N2200 构筑了非富勒烯全聚合物太阳能电池。该器件中电子的传递是由 PBTA - BO 到 PNTB，最后再到 N2200。值得注意的是，大多数产生于 N2200 的空穴最终会转移到第二给体 PNTB，最终被电极收集。

除此之外，还有另外一种模型，其能级结构不是阶梯状排布的模型。阳任强教授等构筑了聚合物：聚合物：非富勒烯受体的 2D1A 型三元器件，采用 PB-DTPS－FTAZ，P(p－DBND－2T)作为聚合物给体，ITIC 作为非富勒烯受体，两个聚合物给体材料的 LUMO 能级差非常小，难以实现激子的有效解离。然而 P(p－DBND－2T)的 HOMO 能级比 PBDTPS－FTAZ 低，甚至低于 ITIC 的 HOMO 能级。其结果就是导致较少的空穴从 PBDTPS－FTAZ 或者 ITIC 转移到 P(p－DBND－2T)。通过进一步的研究发现，三元体系具有更强的 FRET 能量转移可能是该三元体系获得较高光伏性能最主要的原因。

3. 对共混薄膜的活性层形貌调节

除了上述提到的除了三元体系有效的光吸收能力和调控分子能级之外，本体异质结共混薄膜形貌(包括相区尺寸、结晶性、分子堆积和堆积取向等)对三元器件的光伏性能影响起到重要的作用，特别是在提升自由载流子的再生、电荷的传输性能和 FF 值方面。通过第三组分的引入、可调节的结晶性和合适的互溶度以形成较小的相区尺寸，可以产生理想的纳米尺度互穿网络结构的活性层形貌，进而获得平衡的空穴和电子迁移率，降低的双分子复合等性质。相比于二元体系，三元器件具有两个聚合物给体材料，两条聚合物侧链诱导使之具有较大范围降低的熵变，不利于有效地混合。因此，三元体系的表面形貌可以通过利用两个聚合物给体材料的调控获得提升的相容性、结晶性或者其他性质，比如通过改变处理的溶剂种类、改变热退火的条件，甚至是优化其化学结构和聚合物的添加比例等。Li Kim 等的实验表明，较小的相区尺寸有利于获得提升的激子解离和电荷传输能力，进而获得提升的 PCE。为了进一步促进非富勒烯受体体系的相分离，利用具有较强结晶性的第二给体作为第三组分是非常有效的。与球形的富勒烯及其衍生物受体材料具有较强的相分离不同的是，非富勒烯受体和给体材料通常具有平面构型，使之具有较强的相容性。在富勒烯体系的三元器件的共混形貌已经取得了较多的研究进展，这对于获得优异的非富勒烯体系活性层形貌至关重要。梁子祺等研究了基于 PTB7－Th：PffBT4T－2OD：ITIC 三元体系的形貌性质。从其形貌研究中可知，基于 PffBT4T－2OD：ITIC 的二元体系比基于 PTB7－Th：ITIC 的二元体系具有明显的相分离。当加入质量分数为 20% 的 PffBT4T－2OD 作为第三组分时，三元共混薄膜显示出互穿网络结构。三元体系活性层型膜的转变得益于两个聚合物给体材料具有较弱的相容性，使得三元共混薄膜出现独立的富集 PffBT4T－2OD 的相区和无定型的 PTB7－Th 相区，这有利于促进激子有效解离的电荷的传输。然而，当第二聚合物给体的添加量(质量分数)增加到 40% 时，三元共混薄膜的相区尺寸明显增大。上述研究表明，三元体系活性层薄膜共混形貌主要取决于聚合物 PTB7 – Th 和 PffBT4T – 2OD 结晶性和稳定性的平衡。得益于三元共混体系的最优活性层形貌，当加入质量分数为 20% 的第三组分 PffBT4T – 2OD 之后，器件获得明显提升的 PCE 为 8.22%，其 J_{sc} 为 15.36mA·cm^{-2}，V_{oc} 为 0.84V，FF 为 62.6%。

由于共混薄膜较强的结晶性，在一些二元或者三元体系中常具有较大的相分离。因此，采用不同的第三组跟调节形貌是非常重要的。李永舫院士等利用两个聚合物给体 J51，PTB7 – Th 和一个非富勒烯受体 ITIC 研究了三元器件活性层形貌的调控。他们首先利用软 X 射线衍射研究了共混薄膜的相分离，发现 J51：ITIC 未经任何后处理的共混薄膜表现出较好的混合性能，展现出较宽的驼峰 0.004 ~ 0.02Å^{-1}（30 ~ 150nm）。当加入质量分数为 20% TB7 – Th 的三元薄膜经过加热退火处理之后在 0.006 ~ 0.02Å^{-1}（30 ~ 150nm）处表现出相对较弱的驼峰。二元薄膜表现出较大的相分离主要是由于 ITIC 分子在经过加热退火处理之后表现出较强的结晶性。当加入第三组分 PTB7 – Th 之后，其与 ITIC 表现出较好的兼容性，三元器件共混薄膜的相分离得到了良好的平衡，使三元器件获得了较好的薄膜形貌。发现第三组分 PTB7 – Th 的引入可以起到协同提升吸光能力、更平衡的电子/空穴迁移率。J51 和 PTB7 – Th 之间较好的能量转移和提升的共混薄膜形貌，使三元器件获得提升的 J_{sc} 为 17.75mA·cm^{-2} 和 9.7% 的 PCE。

在主体二元体系中加入少量的第三组分已经被证明是简单有效的方法来进一步提升共混薄膜的纳米尺度相分离形貌。在 J71：ITIC 体系中，Adil 等通过引入具有三维聚集 – 诱导效应的四苯乙烯（TPE）小分子获得了有效的相分离。AIE 是一个光物理过程，形成的聚集可以产生非辐射的光发射，这个结果是聚集产生淬灭（ACQ）效应的翻转。第三组分 TPE 的加入，在提升材料在薄膜表面的富集和优化器件三个组分之间的形貌，提升器件 FF 方面具有重要的作用。当该体系中引入第三组分 TPE 之后，相对于二元器件，三元器件的 PCE 提高了 21.23%，达到了 12.16%。最近，O. Inganas 等利用 TQ1 和 PCE10 作为两个聚合物给体，PNDI – T10 作为非富勒烯受体，构筑了高效率三元全聚合物太阳能电池。三元器件的活性层比例为 1：1：1 时，器件获得 4.08% 的 PCE，当将器件经过加热退火处理之后，器件的 PCE 提高到 12.08%。这就说明了利用活性层材料的创新，结合器件优化工艺，特别是热退火技术，有望实现三元全聚合物太阳能电池性能和稳定性的进一步突破。一般的策略就是根据不同给受体二元聚合物太阳能电池的活性层形貌，选择具有可接受结晶性和兼容性的给体材料。

除此之外，分子的堆积结构和分子取向是另外一些需要着重考虑的因素。一个合适的分子间 π – π 堆积不仅可以构筑互穿的和连续的电荷传输通道，而且可以获得最好的空穴电导性。一般情况下，活性层材料由两种分子取向情况，具有面对面的（face‐on）和边对边的（edge‐on）的堆积取向。当分子主要采取face‐on的堆积取向时，体系的 π 平面会形成垂直的电荷传输通道，有利于电荷有效地传输到电极表面。当体系主要出现 edge‐on 的堆积取向时，贯穿主链的电荷传输需要通过水平的电荷传输，这就使得电荷的收集变得相对困难。最近，很多研究表明，当体系同时具有 face‐on 和 edge‐on 混合的堆积取向时，有利于体系构筑三维的电荷传输路径，这对于极大地提高电荷的传输是有利的。为了进一步提升共混体系的薄膜形貌，研究人员发现许多有效的方法，比如利用添加剂、加热退火和溶剂蒸汽退火等后处理工艺。总的来说三元体系，尤其是对于具有 2D1A 型的三元共混体系，采用第二给体来形成合适的分子堆积和三维电荷传输通道是提升三元器件 PCE 的关键策略。

4. 提升活性层形貌的稳定性

通过广泛的研究表明，形貌的不稳定性是聚合物太阳能电池器件不稳定性最大的问题。一个明显的案例就是，当给体和受体材料趋向于进一步聚集，由于相对的分子间相互作用的差异，相比于最合适的相区尺寸 20nm，会进一步变为更大的相区尺寸。相比于基于早期的富勒烯及其衍生物受体材料的体系来说，基于非富勒烯小分子受体的器件显示更好的分子兼容性和更加稳定的形貌稳定性。然而，对于未来进一步的大规模商业化生产制备来说，还需要进一步提升其稳定性。提升共混薄膜活性层形貌的稳定性的策略就是提升薄膜的玻璃转变温度 T_g，进一步形成交叉网状的活性层。一个提升活性层薄膜形貌稳定性的有效策略就是构筑三元器件结构，通过向体系中引入第三组分可以提升器件热力学的混合熵。黄飞教授等通过向原本主体二元体系中引入具有液晶性质的小分子给体 BTR 来构筑三元器件。第三组分 BTR 的引入有利于提升器件的光捕获能力、电荷的分离和传输、激子和形貌的稳定性。李永舫院士等报道了一个通过引入质量分数为20%的 IBC‐F 作为第二给体的三元聚合物太阳能电池。研究结果表明：器件的PCE、热稳定性和器件的光诱导稳定性都要高于原本的二元器件。Ade 教授等也在 PTB7‐Th：IEICO‐4F：$PC_{71}BM$ 体系获得了相似的研究结果。通过系统地探究材料的低混溶性，发现了热力学、形貌和光伏性能之间的结构性能关系。最终提出了一个行之有效的形貌稳定层构筑策略，即加入的第三组分需要与主体给体聚合物具有互溶度，同时也需要与结晶性受体具有合适的混溶度。

除了向体系中引入小分子材料作为第三组分之外，研究人员也发现了向体系中引入聚合物材料作为第三组分提升活性层形貌稳定性的方法。比如向体系中引入聚合物受体 N2200 提升器件的稳定性，进一步向体系引入第二聚合物给体提升器件的稳定性。明显地，由于聚合物材料较高的兼容性和聚集性质，很难通过引入聚合物第三组分调节共混体系的薄膜形貌。相反地，由于聚合物材料较强的分子相互作用，通过向二元体系中引入聚合物材料作为第三组分对于提升器件的形貌稳定性非常有效。此外，对三元器件工作机理的研究有助于更深入的研究，进一步推动三元策略在提升形貌稳定性方面的应用。

具有 2D1A 型三元器件与二元器件在电荷转移和传输性能方面有着巨大的差异，不仅仅是独立相电荷转移和传递性能的简单叠加，而主要依赖于材料的能级、带隙、活性层材料中第三组分的位置和三元共混体系的微观结构。在具有 2D1A 的三元器件中主要存在四种独立的工作机理，但在很多案例中它们是交叠在一起的，比如王二刚等报道的 PTB7 – Th∶PBDTTS – FTAZ∶PNDI – T10 体系就同时具有电荷转移和能量转移机理。接下来，将从四种机理阐述在 2D1A 体系的三元器件中，器件的工作机制及其对相应器件性能的影响规律。

（1）电荷转移机理（Charge transfer model）

在电荷转移机理占主导地位的案例中，第三组分的 HOMO 和 LUMO 能级需要形成阶梯状的能级排布状态。一般来说，两个给体材料与受体材料在界面处可以直接产生自由的载流子。在主体给体上的电子可能会转移到受体材料上，也可能会转移到第二给体上，然而在第二给体上的所有空穴会在抽提之前，由于较高的 HOMO 能级，可能会转移到主体给体上。电荷转移机理器件的 V_{oc} 受到两个给体材料的 HOMO 能级限制。因此，这些体系的 V_{oc} 要比相应二元器件的 V_{oc} 高。第三组分应当位于主体给体和受体材料的界面处，用以形成互穿的路径来获得电荷的传输和转移。当第三组分位于给受体界面处，通过主要的电荷传输通道，来自第三组分的电子或者空穴仅可以有效地被相应的电极收集。

光致发光（PL）是测试不同材料之间电荷转移或者能量转移非常简便的方法。一般来说，如果两个给体材料具有相似的量子产率，在两个给体之间能量转移时，具有较低带隙的给体具有发射强度增强，而另外一个给体材料的发射强度减弱。另外，如果在两个给体材料之间存在电荷转移，其中一个给体材料的发射强度会被淬灭，另外一个的发射强度也不会得到提升。S. W. Kang 教授等报道了一类存在这种工作机理的三元器件，利用 P3HT∶PCBTDPP∶PC$_{61}$BM 作为活性层材料。发现在 P3HT 上的电子可以直接转移到 PC$_{61}$BM 上或者由 P3HT 转移到 PCBT-DPP 上。此外，陈义旺教授等利用 P3HT 作为第二给体报道了两个该类三元器件的案例，并且获得 6.92% 的 PCE。通过在 PBDB – T∶ITIC 体系中加入质量分数为 5% 的 P3HT 构筑了具有阶梯结构能级排布的三元器件，其电荷转移发生在聚合物给体 P3HT 和 PBDB – T 上。从 P3HT∶PTBD – T 共混薄膜的光致发光测试中可以看出，随着第三组分 P3HT 的加入，相比于在 PBDB-T(688nm) 的 PL 光谱和 P3HT(688nm) 纯膜处的 PL 光谱有所降低，说明在体系中，在 PBDB-T 和 P3HT 之间存在着电荷转移过程。

（2）能量转移机理（Energy transfer model）

在一些能量转移机理占主导地位的案例中，第二给体的激发态不再额外产生电子，而是产生德克斯特（Dexter）或者福斯特（Förster）能量转移路径（FRET）到主体给体或者受体。这就需要光敏剂分子，给体或者受体的发射和吸收必须充分地重叠。值得注意的是，收集和转移的能量主要发生在相同的三元器件中，这可以获得进一步提高的 J_{sc} 和更有效的电荷收集。在有些三元聚合物太阳能电池体系中，能量给体或者能量受体可能是加入的第三组分。当第三组分仅仅变为能量给体时，所有的空穴仅会在主体给体材料中形成，第三组分仅作为器件的吸光材料存在。毫无疑问，能量转移过程也会发生在两个受体分子之间。

陈义旺教授等报道的其他的三元体系就是基于 PBDB-T：PDCBT：ITIC。其能量转移过程发生在 PBDB-T 和 PDCBT 之间，PDCBT 作为能量给体吸收更多的光子同时产生更多的激子。从它们共混体系的光致发光 PL 图谱中可知，647nm 和 688nm 处的 PL 发射峰分别主要对应于 PDCBT 和 PBDB-T。随着 PDCBT 的添加比例逐渐增多，在 647nm（对应于 PDCBT）和 688nm（PBDB-T）的 PL 发射峰逐渐增强。这就说明 PBDB-T 吸收了来自 PDCBT 的 PL 发射峰，因此从 PDCBT 到 PBDB-T 逐渐存在的德克斯特能量转移。另外，在聚合物太阳能电池的共混薄膜中，电荷和能量的转移反映着相反的过程。

（3）平行连接模型（Parallel-linkage model）

在平行连接模型中，第三组分会形成自己独立的空穴传输网络。当向主体二元体系中加入第三组分之后，在两个给体或者受体之间产生了独立的电荷传输网络。每一个聚合物给体都会独立地产生激子，转移到对应的聚合物/受体界面，然后解离为自由的电子和空穴。这样的模型通常会出现在两个聚合物给体或者受体具有较弱的相容性的三元聚合物太阳能电池中。在这些案例中，器件的光电流密度等于各自独立的子二元器件光电流密度之和。三元器件的 V_{oc} 处在两个不同二元器件的 V_{oc} 之间，并且不是保持不变的，会随着三元体系组分的改变随着变化。这样具有级联结构模型的太阳能电池具有不同的带隙，可以利用两个或者更多的聚合物，而对其 HOMO 或者 LUMO 能级没有要求。这种具有级联结构模型的工作机理与叠层聚合物太阳能电池比较接近，其中两个聚合物给体的转移能力与其性能有着重要的关系。

2012 年，尤为教授等利用 TAZ：DTBT：PCBM（质量比 0.5：0.5：1）和 DTff-

BT：DTPyT：PCBM(质量比0.5：0.5：1)首次构筑了具有这种平行连接结构的三元器件。从其吸收光谱曲线上可以发现，这种具有平行连接结构的聚合物太阳能电池的共混体系吸收光谱是两个二元子器件吸收光谱的叠加。从器件的EQE曲线上可知，三元器件的EQE数值也是两个二元子器件的EQE加和，三元器件的短波范围内的EQE是所测试的二元器件EQE的平均值，在短波区三元器件的J_{sc}也是两者的平均值。因此，最终三元器件的V_{oc}处在两个子二元器件的V_{oc}之间，其J_{sc}和PCE几乎呈现加和的结果。

2015年，张福俊教授等利用PBDT-TS1：PTB7：$PC_{71}BM$作为活性层材料构筑了一系列三元器件。通过系统研究发现，在两个聚合物给体PBDT-TD1和PTB7之间存在较弱的电荷转移，两个聚合物给体与受体$PC_{71}BM$可以独立地构筑子电池，形成平行连接结构模型。当加入质量分数为80%的第三组分PBDT-TS1时，三元器件获得7.91%的PCE。相比于基于PTB7或者PBDT-TS1相应的二元器件，三元器件的PCE分别各自提升了12.8%或者28.2%。此外，詹传郎研究员等在PM6：Y6体系中引入PhI-Se作为第二聚合物给体构筑了三元器件来提高器件在300~600nm范围的太阳光吸收，同时提高了平行连接三元器件的J_{sc}和V_{oc}。由于两个聚合物给体材料间较弱的兼容性，使得三元器件形成了具有平行连接结构的光伏器件。从它们的形貌表征中可以发现，PM6，Y6和PhI-Se的聚集相同时存在于其二元和三元共混薄膜中。在PM6：Y6二元共混薄膜中，电子由PM6转移至Y6，空穴由Y6转移至PM6。在基于PM6：Y6：PhI-Se形成的平行连接结构模型中，电荷的分离分别发生在PM6和Y6以及PhI-Se和Y6之间。当加入质量分数为15%的PhI-Se时，三元器件获得高达17.2%的PCE，其V_{oc}为0.848V，其J_{sc}为24.8mA·cm^{-2}和FF为72.1%。

(4)合金模型(Alloy model)

在一些平行连接模型中，在两个给体材料间会存在电子和空穴的复合，这就会导致发射造成的能量损失。在合金模型中，两个给体或者两个受体会形成一个电子结构的合金，具有平均的HOMO和LUMO能级，可以以此来描述该类三元器件的工作机理。如果两个给体材料具有良好的相容性，两个给体通过电子耦合会进入到一个新的电荷转移态(Charge Transfer State，CT态)。合金体系的CT态能量是混合结构的一个性质，会产生V_{oc}的差异。合金结构的两个给体材料保持自身本征的特性，它的HOMO和LUMO能级取决于三元器件中第三组分的添加量。此外，由于良好的相容性，能量转移也可能发生在受体合金两种材料之间，具有良好的光谱重叠，使得光伏器件的工作机制相对复杂化。

在2015年，魏志祥研究员等首次以PTB7-Th和p-DTS($FBTTH_2$)$_2$作为聚合物给体，$PC_{71}BM$ 作为受体材料制备了具有合金结构模型的三元聚合物太阳能电池。经过形貌分析发现，当 $p-DTS(FBTTH_2)_2$ 的添加量（质量分数）超过15%时，共混薄膜具有较强的层间（100）、（200）甚至是（300）衍射峰。这就说明 $p-DTS(FBTTH_2)_2$ 可以混合进入主体的聚合物给体材料中。另外，从其示差量热扫描（DSC）结果可知，当 $p-DTS(FBTTH_2)_2$ 的添加量（质量分数）为15%时，谱图中未出现 $p-DTS(FBTTH_2)_2$ 的吸热峰；当加入20%时，共混薄膜中出现 $p-DTS(FBTTH_2)_2$ 的吸热峰。这就说明两个聚合物给体材料是以合金形式存在的。

也有研究工作者报道了基于 PBDB-T：PBDTTPD：ITIC 的具有合金机理模型的三元聚合物太阳能电池。由于 PBDB-T 和 PBDTTPD 相似的层间结构，两个给体材料形成了合金相。合金相的形成改变了三元共混薄膜的能量状态，使其器件的 V_{oc} 没有出现明显的改变。三元共混薄膜具有协同提高激子再生/解离和提升电子、空穴迁移率的作用。当向 PBDB-T：ITIC 体系中加入质量分数为10%的 PBDTTPD 时，三元聚合物太阳能电池获得高达9.36%的 PCE，$16.75mA \cdot cm^{-2}$ 的 J_{sc}，0.80V 的 V_{oc} 和66.03%的 FF。

5.2.2 其他关于2D1A型三元器件的研究

除了上述类型以外，研究者也研究了许多其他不同类型的 2D1A 型三元聚合物太阳能电池。对于 2D1A 型的三元聚合物太阳能电池除了采用两个聚合物给体作为给体材料，非富勒烯受体作为受体材料之外，也有许多全聚合物体系的三元太阳能电池和其他包含小分子给体的体系。基于这些采用两个聚合物给体或者小分子给体的三元太阳能电池，具体可分为五类，全聚合体系的 PD1：PD2：PA、聚合物给体和小分子受体的 PD1：PD2：SMA、聚合物给体搭配小分子给体和小分子受体的 PD1：SMD2：SMA、全部小分子给体搭配聚合物受体的 SMD1：SMD2：PA 和全部采用小分子体系的 SMD1：SMD2：SMA。接下来从此角度展开系统阐述不同类型的 2D1A 型三元太阳能电池的发展现状。

1. PD1：PD2：SMA 体系的三元聚合物太阳能电池

在不同的 2D1A 体系中，利用两个聚合物给体和一个小分子受体搭配构筑的三元太阳能电池方面的研究比较多，研究者们也投入了较大的研究兴趣。2016年，Hwang 教授等报道了具有高度扭转非共平面三维构象的非富勒烯受体 DBFI-EDOT，这是第一个与两类聚合物给体噻唑噻唑二噻吩并噻唑的 PSEHTT 和 PBDTT-FTTE 分别获得高达8.1%和7.6%光电转换效率的非共平面受体材料。值得注意的是，当将非富勒烯受体 DBFI-EDOT 与上述两种聚合物给体共混制备三元器件时且 SEHTT：PBDTT-FTTE：DBFIEDOT 的质量比为 2：0.9：0.1

时，三元共混体系获得高达 8.52% 的 PCE。三元器件效率的提升主要归功于三元体系获得更加拓宽的可见光区光谱响应范围使其 J_{sc} 提高至 15.67mA·cm^{-2}。

2019 年，Ade 教授等将具有中等带隙的聚合物给体 PBDB - T 作为第三组分加入 FTAZ：IT - M 体系中构筑了三元器件。当基于 FTAZ：PBDB - T：IT - M 体系的质量比为 0.8：0.2：1 时三元器件获得了最高 13.2% 的 PCE，同时具有高达 0.95V 的 V_{oc}，18.1mA·cm^{-2} 的 J_{sc} 和高达 73.6% 的 FF，这要明显高于相应的二元器件的 PCE。第三组分 PBDB - T 的加入填补了主体 FTAZ 聚合物给体在 600~660nm 范围内的吸收光。另外，由于刚性聚合物 PBDB - T 的加入也在一定程度上抑制了 IT - M 的结晶，这有利于获得更优异的三元共混薄膜形貌。研究表明，相比于主体聚合物给体，具有刚性骨架结构，有较弱延展性和相对高 HOMO 能级的聚合物给体是未来较好地设计第三组分的设计策略。

研究者们也利用聚合物 J51、PDBD - T 作为两个聚合物给体，ITIC 作为非富勒烯受体，构筑三元器件。通过对三元共混薄膜的优化，当加入 0.75% 体积比的 1，8 - 二碘辛烷（DIO），三元器件获得 8.75% 的 PCE。从许多的测试结果可知，由于三元共混薄膜的构筑，体系表现出较好的吸光互补，阶梯状的能级排布和优异的共混薄膜形貌，三元器件的效率展现出明显优异相应二元器件的性能。随后，张福俊等首次在 PM6：Br - ITIC 二元体系中引入了聚合物给体 J71 来构筑三元器件，并且获得高达 14.13% 的三元器件效率，伴随着高达 19.39mA·cm^{-2} 的 J_{sc}、0.93V 的 V_{oc} 和高达 78.4% 的 FF，主要是由于三个材料表现出吸光互补、较好的兼容性和合适的能级结构引起的。通过对纯膜和共混薄膜的光致发光 PL 和时间分辨光致发光（TRPL）数据分析可知，该三元体系是由 J71 到 PM6 的能量转移工作机理。此外，由于两个聚合物给体具有较好的相容性，它们可以形成合金给体结构，有利于提升器件的光生空穴传输效率。

除了上述介绍的宽带隙或者中等带隙聚合物给体作为第三组分之外，窄带隙聚合物 PTB7 - Th 也被成功地用作第三组分加入二元体系中构筑三元器件。比如，基于 J51：PTB7 - Th：ITIC（质量比 0.8：0.2：1）、J51：PTB7 - Th：BT - IC（质量比 0.5：0.2：1）和 PBDB - T：PTB7 - Th：IEICO - 4F（质量比 0.8：0.2：1）分别获得了 9.70%、10.32% 和 11.62% 的 PCE。研究者们也构筑了基于 ITIC 和 4TIC 的聚合物太阳能电池，利用 PTB7 - Th 和卟啉功能化的共轭聚合物 PPor - 1 作为蓝光区添加剂的第三组分给体材料。随着第三组分 PPor - 1 的加入，三元器件的 J_{sc} 进一步增加，其共混薄膜形貌也被优化，分别获得 7.21% 和 9.21% 的器件效率。与此同时，基于 PTB7 - Th：ITIC 和 PTB7 - Th：4TIC 的二元器件仅分别获得 6.70% 和 9.10% 的 PCE。

此外，基于 PTB7 - Th：IEICO - 4F 的二元聚合物太阳能电池获得 10.0% 的
PCE。2017 年，研究者也将 J52 作为第三组分聚合物给体加入该体系中(J52：
PTB7 - Th：IEICO - 4F 的质量比为 0.3：0.7：1.5)，获得了 10.9% 的三元器件
效率。随后，研究者也进一步利用环境友好型的溶剂和紫外可交联增塑剂聚合物
P2FBTT - Br 和 P2FBTT - H 加入 PTB7 - Th：IEICO - 4F 二元体系中，研究了基
于该三元器件的性能和稳定性，相应的三元器件分别获得 9.80% 和 10.50% 的
PCE 和更稳定的光伏器件。随后，也出现了一系列新型的基于 PTB7 - Th：
IEICO - 4F的三元器件，他们设计合成了一系列宽带隙聚合物，命名为 P1 - P3。
其中，当将 P1 加入 PTB7 - Th：IEICO - 4F 体系时，三元器件获得 12.11% 的
PCE 和高达 25.18mA · cm^{-2}的 J_{sc}，这主要是由于三个材料展现出互补且较宽的
可见光区至近红外光区的光谱响应。

2018 年，马伟教授等利用高效率窄带隙小分子受体 FOIC，两个聚合物给体
PTB7 - Th 和 PBDB - T 构筑三元器件，同时采用手工刮涂技术，可以有效地提升
聚合物纯组分薄膜的有序排列程度。最终，基于 PBDB - T：PTB7 - Th：FOIC(质
量比为 0.5：0.5：1)的三元器件，经过手工刮涂获得高达 12.02% 的 PCE 和
65.78% 的 FF。从其共混薄膜形貌数据可以看出，通过手工刮涂的薄膜的晶体相
干长度(CCL)进一步增加，说明其结晶性增强，相对于基于旋涂法制备的薄膜，
其衍射峰变得更强更尖锐，说明手工刮涂技术使三元器件表现出更强的结晶性和
载流子迁移率。随后，孙艳明教授等构筑了基于 PTB7 - Th：PBDTm：FOIC(质
量比为 0.8：0.2：1.5)的三元聚合物太阳能电池，并获得 13.8% 的 PCE。第三
组分的引入导致了负载复合，同时降低了负载稳定性，而对薄膜形貌没有明显的
影响。彭强教授等报道了基于共聚合 PBT - EDOTS 和共聚物 J71 与非富勒烯受体
ITIC - Th 结合的三元有机太阳能电池，连接在 BDT 单元上的 EDOT 单元在绿色
溶剂四氢呋喃(THF)的处理下有效提升了共聚物的溶解度。值得注意的是，三元
共混薄膜在 CB/CN 共混溶剂处理之后表现出平滑的表面形貌，却具有不合适的
相分离，抑制了活性层共混体系的电荷扩散。然而，当采用甲基四氢呋喃
(MeTHF)处理共混薄膜时，薄膜表现出较大的相区，这对电荷的有效传输是有
利的。当加入质量分数为 20% 的 J71，采用绿色溶剂处理共混薄膜时，三元器件
获得 12.26% 的 PCE 和较高的 J_{sc} 为 18.02mA · cm^{-2}，V_{oc} 为 0.90V 和 75.6% 的
FF。三元器件的性能提升主要得益于阶梯状能级排布、空穴停滞(hole back)现
象、第二给体 J71 的 FREA 过程和提升的共混薄膜形貌引起的有效电荷转移和能
量转移。随后研究工作者利用非富勒烯受体 IT - 2F，两个聚合物 PBT1 - C 和 J71
发展了一系列具有合金模型结构的三元聚合物太阳能电池。选择了两个具有相似

化学结构和互补吸收光谱的给体材料，获得 12.26% 的三元器件效率。其中，PBT1 – C 作为形貌调节剂可以有效地调节共混薄膜的相分离，因此其三元器件的 *PCE* 远高于相应二元器件的效率10.45%。这主要得益于 J71 和 PBT1 – C 具有较好的相容性和相似的 HOMO 能级，同时形成得到合金态的缘故。

随后，研究工作者进一步利用 PNDT – ST、PBDT – ST 和 Y6 – T 所谓活性层材料构筑了具有合金结构模型的三元聚合物太阳能电池。通过取代 Y6 分子的二氟原子取代的末端基团 IN – 2F，利用 CPTCN 作为末端基团设计了小分子受体 Y6 – T。Y6 – T 的能级要高于 Y6 分子，因此选用了新型的宽带隙聚合物 PNDT – DT 和 PBDB – T 作为两个聚合物给体，使三元器件获得高达 16.57% 的 *PCE*。这是近几年采用多重聚合物给体的最高器件效率之一。PBDB – T 作为一类应用非常广泛的高性能聚合物给体材料，已经作为主体给体材料成功地应用于多种不同的三元光伏器件中。例如采用中等带隙 PBDB – T 和窄带隙 PTB7 – Th 搭配作为两重聚合物给体材料，与非富勒烯受体 SFBRCN。三个材料表现出较好的吸收光谱互补、由 PTB7 – Th 到 PBDB – T 的空穴传输、多重电子传输通道和给受体之间的非辐射的 FRET，使得三元器件获得 12.27% 的 *PCE*。加入第二给体 PTB7 – Th 之后，三元共混薄膜获得占主导地位的 face – on 堆积行为，使器件获得较大的电荷迁移率。此外当三元体系含有质量分数为 0.7% 的 PTB7 – Th 时，展现出最高的相区纯度，相应使之获得最高的 *FF* 和 J_{sc}。

除此之外，也有向 PBDB – T：IT – M 体系中加入宽带隙聚合物 PDCBT 的案例。第二给体 PDCBT 的加入有效地扩宽了体系的吸光范围，然而第三组分明显没有提升三元薄膜的相分离。最终基于 PBDB – T：PDCBT：IT – M（质量比为 0.8：0.2：1）的三元器件获得最高 11.2% 的 *PCE*。鉴于基于 PBDB – R：ITIC 体系是最成功的二元体系之一，许多研究工作者基于该体系构筑了三元器件。例如，将 PBDTTPD 加入该二元体系的情况，三元器件获得 9.36% 的 *PCE*。陈义旺教授等在该二元体系的基础上，选择 PDCBT 和 P3HT 作为第三组分，也构筑了系列三元器件。当相应三元体系的比例分别为 0.9：0.1：1 和 0.95：0.05：1 时两个相应的三元器件分别获得了 10.97% 和 6.92% 的 *PCE*。当 PDCBT（或者 P3HT）与 PBDB – T 共混之后，PDCBT 的结晶性会提升，同时两个给体材料会形成双分子晶体，PDCBT 的加入也会进一步增强共混体系给体和受体间的相分离，获得提升的空穴和电子迁移率。此外，由于 P3HT 与 ITIC 之间较好的相容性和较强的相互作用导致了无定型的活性层形貌和较差的相分离，因此添加了 P3HT 的三元器件仅获得超过 6% 的 *PCE*。

近 3 年内，随着 Y6 及其衍生物受体的发展，基于 PM6：Y6 的二元体系被研究者进行了广泛的研究，基于该二元体系，更是构筑了数不胜数的三元太阳能电池。研究者利用 PM6：Y6 作为主体二元给受体组分，选择 PBDB - T、PDHP - Th、PDHP - Ph 作为第二聚合物给体构筑了三元具有 2D1A 型的三元器件。需要指出的是 PDHP - Th 和 PDHP - Ph 是分别采用噻吩基和苯基作为侧链的材料。PDHP - Th 和 PDHP - Ph 结构刚性和可扭转的骨架结构抑制了 Y6 分子的过度聚集行为。这些特性使得基于 PDHP - Th 和 PDHP - Ph 作为第三组分的三元器件分别获得 16.8% 和 15.4% 的 PCE。说明这类具有不对称结构的聚合物给体分子是设计高效率聚合物受体的有效设计策略。

最近，张福俊教授等报道了基于两个较好相容性聚合物给体与 Y6 搭配构筑的高效率三元器件，并获得高达 17.53% 的 PCE。设计合成的聚合物给体 S3 相比于 PM6 吸收光谱蓝移了 10nm，同时，由于两个给体材料具有相似的化学结构和较好的相容性，形成了合金状的结构。由于三元体系较好的共混薄膜形貌、互补的吸收光谱和较低的能量损失，当加入质量分数为 20% 的 S3 之后，三元器件获得了超过 17.5% 的 PCE，这也是当时报道的基于 2D1A 体系的最高器件效率。

除了上述详细阐述的基于 PD1：PD2：SMA 体系的案例之外，还有较多获得较好性能的该体系三元光伏器件，鉴于篇幅，不再赘述。通过上述的介绍可知，通过合适第三组分的设计和挑选，来构筑具有互补吸收光谱、较好相容性、匹配分子能级和小分子受体能够较好搭配的材料可以获得较高光伏性能的三元聚合物太阳能电池。具有 PD1：PD2：SMA 体系的三元器件除了可以获得较高的光伏性能之外，当选择具有较高玻璃转变温度 T_g 或者更长链的第二聚合物给体材料，有助于进一步提升其形貌稳定性。

2. 基于 PD1：PD2：PA 的全聚合物三元聚合物太阳能电池

全聚合物的太阳能电池是指器件的给体材料和受体材料均采用聚合物作为活性层材料的光伏器件。全聚合物太阳能电池在近几年也获得了快速的发展，这主要是由于全聚合物光伏器件具有以下优点：(1)聚合物材料在可见光区有较高的吸光系数；(2)可以更有效地调节材料的能级，聚合物受体较低的 LUMO 能级可以产生更有效的光诱导电荷分离；(3)由于较好的黏度，展现出优异的热稳定性和机械稳定性。由于三元器件不仅需要互补地吸收光谱，而且需要有效的自由载流子再生和有效的电荷传输，基于全聚合物的三元太阳能并未得到大范围的研究与应用。此外，还有一些因素进一步限制着全聚合物太阳电池的器件效率，比如不理想的共混形貌、相比富勒烯受体来说，聚合物受体较低的电子迁移率等。获得理想的相分离、纳米尺度的 D/A 互穿网络有利于促进激子解离和载流子的传输。

基于萘二酰亚胺(NDI)的聚合物受体 N2200 是最成功，也是应用最广泛的聚合物受体材料。2016 年，Benten 教授等首次报道了全聚合物三元太阳能电池，利用宽带隙聚合物 PCDTBT 作为宽带隙聚合物第三组分，加入 PBDTTT - EF - T：N220 二元体系中。其中 PCDTBT 在可见光区与主体给受体材料有较好的吸收光谱互补，当将其加入二元体系中后，三元薄膜在 400nm 和 450~650nm 的吸收光有所增加。PDCTBT 的激子可以通过远程的 Forster 能量转移，直接转移到 PB-DTTT - EF - T 和 N2200 上。在进行一系列器件优化之后，基于 PBDTTT - EF - T：PCDTBT：N2200 的三元全聚合物太阳能电池获得 6.65% 的 *PCE*。2017 年，黄飞教授等设计合成了共聚物 PBTA - Si，并将其作为第三组分加入 PTzBI - Si：N2200 二元体系中。由于 PTzBI - Si 较低的 HOMO 能级，加入 PTzBI - Si 之后的三元器件获得了较高的 V_{oc}。同时从其光致发光数据中分析可知，体系中存在着有 PBTA - Si 到 PTzBI - Si 的 Forster 能量转移。两个给体聚合物之间较高的兼容性使体系获得较强的结晶性，这有利于提升三元共混薄膜的共混形貌和电子迁移率以及三元器件较弱的电荷复合。因此，基于 PTzBI - Si：PBTA - Si：N2200（质量比为 1：1：1）的三元器件，在膜厚为 150nm 时获得高达 9.56% 的 *PCE*，其 J_{sc} 为 14.65mA·cm^{-2}，V_{oc} 为 0.85V 和 *FF* 为 75.65%。与此同时，基于 PBTA - Si：N2200（质量比为 2：1）和 PTzBI - Si：N2200 的二元器件仅分别获得 6.97% 和 7.24% 的 *PCE*。

2019 年，陈义旺教授等在 PDBD - T：PNDI - 2T - TR(5) 主体给体/受体二元共混体系中引入聚合物 J71。由于 J71 与主体给受体材料具有良好的吸光互补，同时在 PBDB - T 和 J71 之间存在具有阶梯状的能级排布和 Forster 共振能量转移。此外，因为具有不同的互溶度，第二给体 J71 不仅可以优化水平方向的形貌，而且会促使给体和受体产生垂直方向的分离形貌。由于三元共混体系优异的共混形貌，最终获得 9.12% 的 *PCE*、14.63mA·cm^{-2} 的 J_{sc}、0.88V 的 V_{oc} 和 71.02% 的 *FF*。

目前，将高效率小分子受体材料聚合物化的高性能聚合物受体材料层出不穷，尤其是基于 Y6 及其衍生物受体材料的聚合物化，使得全聚合物太阳能电池的器件效率已获得超过 15% 的 *PCE*。刘焘等利用含有 B - N 配位键的共轭聚合物 BN - T 作为第三组分加入 PMY：PY - IT 二元聚合物体系中，构筑了三元全聚合物太阳能电池。研究发现，BN - T 的加入使三元共混薄膜表现出更强的结晶性和相对降低的相分离，使得激子收集和电荷传输都有所提升。从热力学角度分析可知，第三组分 BN - T 倾向于处在 PM6 和 PY - IT 之间，可以微小地调控其共混形貌。此外，三元器件的非辐射复合能量损失明显降低，同时在两个聚合物受体材料间存在着能量转移和电荷转移。这些性能的提升促使基于PM6：PY－IT：BN－T（质量比为1：1：0.1）的三元全聚合物太阳能电池获得高达16.09%的PCE，同时伴随着J_{sc}、V_{oc}和FF的提升。这也是当时报道的基于全聚合物太阳能电池的最高器件效率之一。郭旭岗教授等利用具有超窄带隙的聚合物受体DCNBT－TPC和中等带隙聚合物给体PTB7－Th搭配宽带隙聚合物给体PBDB－T构筑了三元器件。三元器件最优获得12.1%的PCE，获得了显著提升的J_{sc}为21.9mA·cm^{-2}。实际上这个效率也是当时报道的基于全聚合物太阳能电池的最高器件效率，远高于相应的二元器件的PCE。同时也做了器件稳定性测试，在光照下400h之后，最优的器件仍表现出相比于初始器件效率约68%的效率值。该工作说明，采用超窄带隙聚合物受体搭配兼容性聚合物给体是获得全聚合物太阳能电池性能提升行之有效的策略。

2021年，随着高效率聚合物受体材料的开发，闵杰教授等发展了一个新型的聚合物受体PY2F－T，当与聚合物给体PM6搭配时相应的二元器件获得15.0%的PCE。随后，将聚合物受体PYT作为第三组分引入到主体二元组分中。由于第三组分PYT的引入，三元共混薄膜表现互补的吸收光谱和精细可调的三元微观形貌，使得三元器件的PCE提高至17.2%，并且使其在可见光和近红外光区的EQE超过80%。令人惊喜的是，相比于相应的二元器件，三元器件具有较低的能量损失，较好的光洗脱和光热稳定性。这也是目前报道的全聚合物太阳能电池的最高器件效率。这些研究工作说明，发展高效率全聚合物太阳能电池对于推动有机太阳能电池的大规模商业化生产应用具有光明的研究前景。

全聚合物太阳能电池面临的最大挑战就是调控共混体系的活性层形貌，活性层形貌调控常用的策略为有效调控共混形貌提供了有效的方法。比如，有效地调控分子的堆积、相分离和相区尺寸。因此，尚有非常多可以尝试的方法来进行基于PD1：PD2：PA体系的三元聚合物太阳能电池，来提高器件的效率，同时保持相应光伏器件较高的形貌稳定性。

3. 包含小分子给体的其他类型的2D1A型三元有机太阳能电池

在经典的聚合物给体/小分子受体的二元体系中，加入聚合物给体作为第二给体，通常会打破主要给体组分的结晶。而利用小分子给体作为第三组分的基于PD1：SMD2：SMA的三元非富勒烯太阳能电池中，由于小分子第三组分的加入会促进纯相的相分离，诱导使得主要的给体材料获得较强的结晶性。小分子材料通常具有特征的化学结构，除了较高的纯度和优异的可重复性，它们在很多方面具有优于聚合物给体的优点。占肖卫教授等报道了基于PTB7－Th：FOIC作为主体二元器件，小分子给体TR作为第三组分的三元器件，当第三组分TR的加入量质量分数达到 25% 时，器件最优获得 13.1% 的 PCE，高于其相应的主体二元器件（PCE 为 12.1%）。这是由于主体二元器件在 450nm 附近显示较弱的光谱响应，而三元器件在 300 ~ 550nm 范围内的 EQE 相应有所提升。因此，第三组分 TR 的加入有助于获得更加互补的吸收光谱，进而得到 J_{sc} 的提升。就第三组分 TR 对活性层形貌的影响来说，第三组分小分子给体 TR 与主体聚合物给体 PTB7 – Th 具有较好的互溶度，同时小分子 TR 具有较强的结晶性，促使 PTB7 – Th 的堆积情况进一步增强，以获得三元器件提升的空穴迁移率和较高的 FF。

2019 年，D. Baran 教授等选择以 ITD 与噻吩结合和二氟取代苯并噻二唑的小分子给体 BIT – 4F – T 作为第三组分加入 PTB7 – Th：IEICO – 4F 二元体系中。当第三组分加入量质量分数为 10% 时，三元共混薄膜不仅可以有效地促进激子分离和解离，而且可以降低单分子和双分子复合。第三组分的加入可有效促进激子的解离，进而提升单元器件的 FF 和 J_{sc}，因此三元器件最终获得高达 14.0% 的 PCE。最近，研究者也利用 BDT 单元为中间核心，3 – 以及罗丹宁为末端基团构筑了一系列小分子给体 SM – X（水平结构）、SM – Y（垂直结构）和 SM – XY（交叉结构）。通过系统分析可知，基于 SM – X 和 SM – Y 的三元器件获得了合金结构模型，同时具有由 SM – X 到 SM – Y 的能量转移和电荷转移。然而，基于 SM – XY 的三元器件，由于其较强的结晶性，仅具有能量转移。最终，基于 SM – X 的三元器件获得最高 11.96% 的 PCE，基于 SM – Y 和 SM – XY 的三元器件分别获得 11.48% 和 10.21% 的 PCE。

除了上述介绍的利用聚合物给体的光伏器件之外，也具有全部采用小分子给体的 SMD1：SMD2：PA 和全部采用小分子材料 SMD1：SMD2：SMA 的三元器件，这类全部采用小分子给体的三元器件的光电转换效率要远低于上述介绍的其他类型的 2D1A 型三元器件。2018 年，刘俊研究员等利用两个小分子给体材料 DR3TBDTT 和 BTR 与聚合物受体 P – BNBP 构筑了三元器件。从其共混体系的形貌分析数据可知，在三元共混薄膜中给体材料主要呈现出 face – on 的堆积取向。相比于基于 DR3TBDTT：P – BNBP – fBT 的二元器件，三元共混薄膜的相区尺寸降低到 65nm。相区尺寸的降低，有效地增加了给体/受体的界面面积，因此有利于三元器件获得提升的 J_{sc}。最终，该三元器件仅获得 4.82% 的 PCE 和低的 J_{sc} 仅为 7.39mA · cm^{-2} 和高的 V_{oc} 为 1.18V。

2019 年，魏志祥研究员等设计合成了中等带隙的小分子给体 DR3TBDTT – S – E，并将其作为第三组分构筑了三元全小分子太阳能电池 DR3TBDTT：DR3TBDTT – S – E：PC$_{71}$BM 和 DCAO3TBDTT：DR3TBDTT – S – E：PC$_{71}$BM。第三组分的加入有效扩宽了器件的吸光范围，当加入质量分数为 5% 的 DR3TBDTT – S – E

时，三元薄膜在 300 ~ 600nm 范围内的光捕获能力提升。当向 DR3TBDTT - S - E：IDIC 体系中加入 DCAO3TBDTT 时，三元器件在 450 ~ 750nm 范围内的光捕获能力提升。相比于二元器件，无论向富勒烯或者非富勒烯体系中加入第三组分，都使得三元共混薄膜表现出更高的表面形貌和更合适的相分离。最终以富勒烯或者非富勒烯受体为第三组分构筑的三元全小分子器件分别 10.38% 和 10.04% 的 PCE。

另外一个全小分子的案例是 2019 年，葛子义研究员等选择两个具有相似化学结构的小分子给体 SM 和 SM - Cl 构筑的基于 SM：SM - Cl：IDIC 的三元器件。光致发光 PL 数据显示，在给体和受体之间存在较好的电荷传输过程，同时经过电荷复合测试可知，三元器件表现出最弱的双分子复合，有利于获得进一步提高的三元器件 FF 和 J_{sc}。第三组分的加入降低了共混体系的结晶性，进而提升了其相分离形貌。因此，三元器件获得 10.29% 的 PCE、16.05mA · cm^{-2} 的 J_{sc}、0.921V 的 V_{oc} 和 69.58% 的 FF。

总的来说，基于非富勒烯受体的三元器件是克服二元器件性能限制的有效策略。相比于三元器件具有两个非富勒烯受体，具有两个给体，特别是两个聚合物受体的 2D1A 型三元器件表现出获得更稳定活性层形貌和高器件稳定性的优势。然而，基于 2D1A 型的三元非富勒烯聚合物太阳能电池发展相对缓慢，主要是由于聚合物材料具有受制约的熵变，使得两个聚合物给体材料间具有较强的相分离。此外，非富勒烯受体材料对聚合物给体材料非常挑剔，特别是对于材料的能级和形貌方面。通过上述的分析可知，获得高效率的 2D1A 型三元聚合物太阳能电池还需要进行以下探索：(1)选择合适的第二给体材料，具有系统研究材料分子结构关系、能级、混溶性和聚集性；(2)2D1A 型三元器件最大的优势即形貌稳定性，可以进一步研究不同条件、不同类型该类三元器件的形貌稳定性及器件稳定性；(3)二元器件的能量损失已经获得广泛的研究与应用，进一步研究三元器件的能量损失，通过器件优化工艺、活性层材料微调、不同后处理工艺等的应用，进一步降低三元器件的能量损失，获得器件 V_{oc} 的进一步提升；(4)针对不对 2D1A 型三元器件的应用需求，进一步研究与大规模商业化生产制备接轨的材料体系，如大面积、厚膜、半透明、柔性等三元器件等方面的研究工作。总之，大力发展 2D1A 型非富勒烯聚合物太阳能电池获得器件形貌稳定性和器件稳定性，进一步提升的高效率三元器件满足未来大规模商业化生产的技术需求，具有重要的研究意义。

5.3 基于一个给体两个受体的三元有机太阳能电池

随着非富勒烯受体材料的发展，三元器件中利用一个给体两个受体材料的器件也获得快速发展，包括协同利用非富勒烯受体和富勒烯受体的优势构筑高效率三元器件、利用两个高性能，具有较好兼容性的非富勒受体构筑高效率三元器件以及三个材料均采用小分子材料的全小分子三元器件都取得了不断的突破，其能量转换效率远高于相应的采用 2D1A 型的三元器件。比如，基于 1D2A 型的三元聚合物太阳能电池是目前领域中器件效率最高的研究体系（PCE 大于 19%），而基于 1D2A 型的三元全小分子光伏器件也已取得效率超过 16% 的高性能。系统分析基于 2D1A 型三元器件的研究进展，揭示材料结构与相应器件性能之间的结构 - 性能关系至关重要，也对未来的进一步研究提供重要的指导作用。

下面，将从聚合物给体/小分子受体 1/小分子受体 2（PD：SMA1：SMA2）、聚合物给体/小分子受体/富勒烯受体（PD：SMA1：PCBM）以及给受体材料全部采用小分子材料的 SMD：SMA1：SMA2 出发，系统分析基于 1D2A 型三元太阳能电池的研究进展。

5.3.1 基于 PD：SMA1：SMA2 的三元有机太阳能电池

非富勒烯受体材料的发展推动着有机太阳能电池转换效率的不断攀升。2015 年占肖卫等报道了基于 IDTT 单元的稠环电子受体材料，当时与窄带隙聚合物给体搭配获得与富勒烯及其衍生物受体器件效率相当的 6.8% 的 PCE。此后拉开了具有 A－D－A 型非富勒烯受体材料的发展，基于该类具有 A－D－A 结构的稠环受体材料，目前已获得超过 16% 的器件效率。2019 年随着邹应萍等具有 A－D－A－D－A 结构的 Y6 分子，将具有弱拉电子能力的苯并噻二唑（BTz）单元引入都稠环给电子 D 核心基团中，获得了当时最高 15.7% 的 PCE。在最近三元基于稠环受体材料的有机太阳能电池器件效率获得不断的突破。近三年基于 Y6 及其衍生物受体材料构筑的具有 1D2A 型三元器件的光电转换效率节节攀升，也是目前获得的单结器件效率的最高性能（超过 19%）。

近期，唐卫华教授等设计合成了具有低结构有序性的小分子受体 DCB－4F，并将其加入主体 PM6：DTPSe－4Cl 体系中构筑了三元太阳能电池，同时制备了半透明器件。第三组分 DCB－4F 的加入，提升了分子在合适尺度范围内的分子排列，提升了活性层共混体系的电荷传输能力。从其光伏性能研究中可知，基于 DCB－4F：DTPSe－4Cl 的二元器件与 PM6：DTPSe－4Cl 表现出良好的互补吸收光谱特性。当将第三组分 DCB－4F 加入基于 PM6：DTPSe－4Cl 的二元器件中。随着第三组分加入量的增加，三元器件的 V_{oc} 逐渐增大，这与 DCB－4F 具有较高的 LUMO 能级是相对应的。通过优化给受体与第三组分的比例，发现当三者质量比例为 1：0.9：0.1 时，三元器件获得最高 15.93% 的 PCE 和高达

$24.62\mathrm{mA\cdot cm^{-2}}$ 的 J_{sc}，远高于相应的二元器件的光伏性能。同时，基于该三元器件，也制备了半透明器件，并获得高达 12.58% 的器件效率。

张勇教授等利用 Y6 的衍生物受体分子 Y－T，采用 1，3－二乙基－2－硫代巴比妥酸为末端基团的受体分子为第三组分加入 PM6：Y6 二元体系中。使三元器件的效率由原本二元器件的 15.64% 提升到 17.37%，获得了三元器件 V_{oc}、J_{sc} 和 FF 同时提升的光伏参数。第三组分 Y－T 对三元器件性能提升有这么大的促进作用主要是由于提升的吸收光谱互补和由于额外提供的能量转移路径获得了提升的激子利用率。除此之外，Y－T 客体受体分子对有效调控二元体系活性层形貌、促进三维相分离、获得平衡的电荷传输和提升的 FF 有重要促进作用。该工作从分子设计角度为提升非富勒烯受体太阳能电池器件效率提供了行之有效的策略。

何凤教授等设计合成了两个具有中等带隙的小分子受体 BTIC－EH－2ThBr 和 BTIC－BO－2ThBr，利用弱缺电子单元作为末端基团。通过弱缺电子末端的引入可以有效地调控材料的吸光和能级，使之作为有效的第三组分材料提升三元器件的光伏性能。研究发现，BTIC－EH－2ThBr 和 BTIC－BO－2ThBr 的发射光谱与 Y6 分子的吸收光谱表现出良好的重叠，说明在 BTIC－EH－2ThBr 或者 BTIC－BO－2ThBr 与 Y6 分子之间存在着有效的能量转移。此外，三个材料也具有较好的阶梯状能级排布状态。随着第三组分 BTIC－BO－2ThBr 的加入，基于 PM6：Y6：BTIC－EH－2ThBr 的三元共混薄膜获得良好的形貌。而中等带隙第三组分 BTIC－EH－2ThBr 的加入，可以有效地缓解活性层的过度聚集行为和主体二元共混薄膜的结晶性。因此，三元器件获得良好的相分离、电荷的传输与收集和降低的激子复合。最终基于 PM6：Y6：BTIC－EH－2ThBr 的三元器件获得高达 17.54% 的 PCE。

侯剑辉研究员等利用宽带隙聚合物 PBQx－TF 作为主体给体材料，以明星窄带隙非富勒烯受体 eC9－2Cl 为主体聚合物受体材料作为二元器件，采用以 IDT 为中间核心连接苯丙三氮唑为桥连单元的小分子受体 F－BTA3 作为第三组分。F－BTA3 的加入使得三元体系表现出提升的光谱利用率、阶梯状的能级排布和增强的分子间堆积，使得器件的光伏参数均出现提升，最终三元器件的 PCE 达到 19.0%（其验证效率为 18.7%）。这些工作说明通过对材料合适电子结构、活性层形貌的有效调控可以实现有机太阳能电池器件效率的进一步提升。随后利用具有相似化学结构的两个非富勒烯受体材料 HDO－4Cl 和 eC9，采用 PBDB－TF 作为聚合物受体构筑了三元器件。第三组分 HDO－4Cl 的加入可以有效地优化激子的行为，起到抑制主体 PBDB－TF：eC9 的非辐射复合能量损失的作用，最终获得超过 18.86% 的器件效率。

总之，该类采用聚合物给体/小分子受体/小分子受体搭配的 PD：SM1：SMA2 型三元器件获得了器件效率的不断突破，这主要是由于高效率非富勒烯受体材料的发展，这也为有机太阳能电池未来的商业化生产制备提供了重要保障。

5.3.2 基于 PD：SMA1：PCBM 的三元有机太阳能电池

富勒烯及其衍生物受体材料在过去很长一段时间一直占据着受体材料的主导地位。富勒烯受体材料具有较快的迁移率、较好的活性层相分离和各向同性等性质，但缺点就是其吸收光谱范围有限，吸光系数小。非富勒烯受体材料刚好可以弥补富勒烯及其衍生物受体的这些缺陷。因此，将富勒烯受体与非富勒烯受体联合使用，用以构筑三元器件，也是获得有机太阳能电池器件效率进一步提升的高效策略。

2018 年，陈永胜教授等在前期四并噻吩（TTIC）分子的基础上，进一步延长中间共轭骨架的长度，设计合成了具有三个噻吩并[3, 2 - b]噻吩单元稠合的小分子受体 3TT - FIC，该材料在 550～1000nm 范围内表现出优异的可见光 - 近红外吸收光谱。当采用窄带隙聚合物给体 PTB7 - Th 与之搭配时，当给体/受体质量比例为 1：1.5 时，二元器件获得 12.21% 的 PCE，其 J_{sc} 高达 25.89mA·cm^{-2}。为了进一步调节活性层的形貌，同时充分利用 PC$_{71}$BM 受体材料在可见光区的吸收光谱，采用 PC$_{71}$BM 作为第三组分，加入主体 PTB7 - Th：3TT - FIC 主体二元体系中。随着第三组分 PC$_{71}$BM 的加入，三元共混薄膜的 EQE 曲线在 300～700nm 范围内的响应被大幅度提高，进而使得三元器件获得 J_{sc} 的进一步提升，达到 27.73mA·cm^{-2}。最终三元器件获得最高 13.54% 的 PCE，这也是当时报道的单结器件的最高器件效率之一。这些结果就说明了通过合适第三组分的引入可以有效地提升光伏器件的 EQE 光谱响应，这也为进一步提升光伏器件的转换效率提供了切实可行的设计策略。随后，在 2019 年，鉴于上述具有近红外吸收光的窄带隙小分子受体 3TT - FIC 材料表现出优异的光伏性能，然而由于该类窄带隙受体材料具有相对低的 LUMO 能级，进而使得该类窄带隙受体材料通常具有相对较低的 V_{oc}。鉴于此，在前期工作基础上，提出了对中间共轭骨架结构的微小调控策略，实现对材料吸收光谱以及能级结构的微小调控，进而获得器件光伏性能的进一步提升。因此，在 3TT - FIC 分子中间共轭骨架上引入了柔性长烷基侧链，除了可以增强材料的溶解度之外，也可以进一步抑制末端基团的扭转，使得分子具有更强的分子共平面性。研究表明：新设计的小分子受体 3TT - OCIC 相比于中间共轭骨架未经过烷基链修饰的 3TT - CIC 分子，其在薄膜状态下的吸收光谱蓝移了 25nm，其 LUMO 能级上升了 0.04eV，这就使得基于 3TT – OCIC 的二元器件会获得相对提升的开路电压 V_{oc}。然而随着窄带隙聚合物给体 PTB7 – Th 的加入，基于 3TT – OCIC 的混合薄膜表现出更加红移和增强的吸收光谱，这可能是由于聚合物给体材料的加入进一步促进了受体分子的堆积，使之变得更有序，这也与其相应的二维掠入射 X 射线（GIWAXS）数据是一致的。最终，同样地，当采用 $PC_{71}BM$ 作为第三组分加入基于 PTB7 – Th：3TT – OCIC 二元体系中时，三元器件获得器件 J_{sc} 和 V_{oc} 协同提升的光伏器件，最终基于 3TT – OCIC 的三元器件效率为 13.13%，高于基于未经烷基链修饰的 3TT – CIC 的器件效率 12.43%。

李建丰教授等设计了三元无规共聚物给体分子 TBFCl50 – BDD 与明星小分子受体材料 BTP – 4F 搭配作为主体给体材料，首先构筑了二元器件。其中，该二元器件仅获得 10.58% 的 PCE，进一步利用 $PC_{71}BM$ 作为第三组分添加剂，一方面提升共混薄膜在 300 ~ 600nm 范围内的吸收光，另一方面作为形貌调节剂进一步调节主体二元体系的薄膜形貌。研究发现，当第三组分 $PC_{71}BM$ 加入主体二元体系之后，相应的三元器件获得 13.15% 的 PCE。这主要是由于第三组分加入活性层体系之后不仅有效地提升了共混体系的活性层形貌，促进了激子的有效传输，而且会影响共混薄膜中分子的排列情况，进而改善其结晶性。

5.3.3 基于 SMD：SMA1：SMA2 的三元全小分子太阳能电池

目前，全小分子光伏器件的器件效率普遍要低于其相应的聚合物体系的太阳能电池，主要是由于小分子材料通常具有相似的化学结构（比如具有 A – D – A 构型的分子），因此使得小分子材料之间具有较强的相溶性，使得材料在共混之后难以有效地调控共混体系的活性层形貌，获得合适的相分离。因此，研究者提出可以在主体二元全小分子体系中加入具有强结晶性的第三组分，进一步调控原本二元体系的活性层形貌，可以获得有效的形貌调控，进而获得全小分子体系光伏性能的进一步提升。除了通过不同后处理工艺、挑选合的给体/受体材料、有针对性地对材料的结构进行调控获得合适的活性层相分离形貌之外，向主体二元体系中加入第三组分小分子材料，可以有效提升激子扩散、促进电荷传输、合理调控共混体系的活性层相分离形貌等，进而获得三元全小分子光伏器件性能的进一步提升。2018 年，朱晓张研究员等利用具有互补吸收光谱的活性层材料获得了当时报道的最高 13.63% 的三元全小分子太阳能电池。他们采用具有较强结晶性的明星小分子 BTR 作为给体材料，利用前期报道的具有茚并茚结构的 NITI 分子作为受体材料作为主体给体和受体分子，通过向体系中加入 $PC_{71}BM$ 第三组分，有效地实现了对原本主体二元共混薄膜的活性层调控，获得了具有垂直分级排布的活性层形貌，进而获得了三元器件 J_{sc} 和 FF 同时提升且能量损失最低的三元器件。这主要是由于三元器件获得了共混薄膜相分离和结晶性的平衡，同时第三组分 $PC_{71}BM$ 促使了 NITI 和 BTR 分子形成了合适的网络形貌结构。

2020 年，Alex K. Y. Jen 教授等采用强结晶性小分子受体 4TIC 作为第三组分加入主体 ZnP - TBO：6TIC 的二元全小分子体系中构筑了效率为 14.73% 的三元全小分子光伏器件。其中 4TIC 分子具有较强的结晶性，同时与 6TIC 分子又具有相似的化学结构。在上述主体二元体系中加入强结晶性 4TIC 分子之后，不仅可以提升原本二元体系共混薄膜的结晶性，而且保持原本共混薄膜多尺度共混形貌中占主导地位的 face - on 堆积取向，可以有效地促进相应三元器件电荷的解离、降低器件的电荷复合效应。最终使三元器件的效率由最初二元器件的 12.11% 提升到 14.73%。当将小分子给体材料换为具有更强结晶性的 ZnP - TSEH 时，可以将相应三元器件的光电转换效率进一步提升到 15.88%，这也是当时报道的三元全小分子太阳能电池的最高器件效率。

安桥石等利用小分子受体 Y7 作为形貌调节剂加入主体 B1：BP - 4Cl 体系中，实现了对共混体系合适相分离和分子堆积取向的调控，获得了有效的电荷再生和较长激子寿命。研究发现，第三组分 Y7 分子与主体 BO - 4Cl 受体分子具有较好的相容性，在三元共混薄膜中形成了良好的合金状结构模型，可以有效地调节体系的能级排布，促进电荷的解离。由于 Y7 和 B1 分子间较好的分子间相互作用，使得两个分子间具有优异的兼容性，这为给受体分子获得合适的驱动力，实现理想的相分离和有序的纳米纤维状双连续互穿网络提供了保障。因此三元器件获得有效的电荷分离、传输和收集等性能。当加入质量分数为 10% 的 Y7 之后，三元器件获得高达 16.28% 的 PCE，这也是目前报道的全小分子光伏器件效率的最高 PCE 之一。

5.4　多元体系的有机太阳能电池

相比于传统的基于给体 - 受体材料的二元或者三元体系的有机太阳能电池来说，通过向体系中加入更多组分的活性层材料，构筑更多元的光伏器件的策略在提升器件性能，同时保持简单的器件制备工艺等方面具有重要的应用价值。多元体系的构筑，在协同或者单独提升器件光伏参数方面具有积极的促进作用。

2018 年，颜河教授等报道了具有四元活性层材料的聚合物太阳能电池，向 PBDB - T：IT - M：Bis - PC$_{71}$BM 体系中加入与之具有互补吸收光谱的富勒烯受体 PC$_{71}$BM，来进一步提升原本三元体系的光谱响应范围。研究发现，由于第三组分的加入四元共混薄膜表现出更强的相分离和结晶性，四元器件获得最高13%的 PCE ，高于其相应的三元（12%）和二元器件（11%）效率。随后，2019年，研究工作者也在 PBDB-T：PTB7-Th：FOIC 体系中进一步加入 ITIC 作为第二受体分子，构筑了具有合金结构模型的四元聚合物太阳能电池。由于两个聚合物 PBDB-T 和 PTB7-Th 有较好的兼容性和级联结构的能级排布。两个非富勒烯受体 ITIC 与 FOIC 有较好的互溶度，可以形成良好的合金结构模型。因此，四元共混薄膜可以形成更有序的相分离和电荷解离速率，使得相应的四元器件获得12.25%的 PCE ，高于相应的二元和三元器件。

随着 PM6：Y6 体系的快速发展，研究者也在该体系中协同加入了小分子受体 IDIC 和富勒烯受体 $PC_{71}BM$ 。由于 IDIC 和 $PC_{71}BM$ 较高的 LUMO 能级以及四个材料在可见光区较好地互补吸收，使得四元器件几乎获得了全光谱的相应范围。当 PM6：Y6：IDIC：$PC_{71}BM$ 的质量比为 1：1：0.2：0.1 时，四元器件的能量转换效率达到了17.1%，高于其相应的二元或者三元器件。彭强教授等也报道了一个高效率的四元器件，利用 PM6、PTQ10 作为聚合物给体，$PC_{71}BM$ 和 N3 作为受体材料。通过形貌研究发现，PTQ10 和 $PC_{71}BM$ 有较小的相分离，共混薄膜形成了新型功能化的分级形式的类似于河流或者小溪的活性层形貌，可以有效地抑制电荷复合、延长激子寿命，提升相应器件的电荷解离和收集效率获得更平衡的电荷传输效率。因此当 PM6：PTQ10：$PC_{71}BM$：N3 的质量比为 0.6：0.4：0.2：1.2 时，四元器件获得最优的光伏性能，其光电转换效率可高达17.73%，V_{oc} 为 0.852V，J_{sc} 为 26.78mA·cm^{-2} ，FF 为77.74%。

四元或者更多元活性层材料的有机太阳能电池器件的研究相对较少，这主要是由于很多通过简单第三组分的加入构筑三元器件即可达到相当的效果。但总的来说对于高效率多元器件的构筑来说，需要打开思路，不止将眼光局限于三元器件这方面的研究中。通过合适的材料选择，通过多组分的添加达到更优的光伏性能是有较大研究潜力的。

5.5 三元有机太阳电池的总结与展望

通过上述系统的讨论分析可知，具有多重给体-受体对的体系，是克服传统二元单独给体-受体对的限制，实现有机太阳能电池器件性能突破的有效策略。在此，将活性层材料利用多重给体或者受体主要具有以下三点优势：（1）获得互补的吸收光谱，进一步拓宽主体体系的光谱响应范围，可以最大程度地利用光子辐射，进而有利于获得 J_{sc} 提升的效果；（2）调节分子的能级，可能会影响其电荷和能量的动力学，实现同时或者单独提升光伏器件的 V_{oc} 和 J_{sc}；(3)优化活性层形貌，提升器件的激子解离和电荷传输效率，提升其 J_{sc} 和 FF。因此，结合上述这些优势，在有些三元光伏器件的案例中可以实现三个参数 FF、V_{oc} 和 J_{sc} 的协同提升。

三元有机太阳能电池未来的发展方向必须将重点同时放在器件效率与稳定性方面。尽管基于效率 Y6 及其衍生物受体材料的三元太阳能电池已经获得器件效率超过19%的器件效率，相比于目前发展较好的钙钛矿太阳能电池(超过25%)和已经大规模商业化生产应用的硅基太阳能电池(超过20%)，其器件效率仍然相对较低。然而考虑到光伏器件未来的大规模商业化生产应用，系统深入地研究器件的稳定性也是至关重要的，决定着有机太阳能电池未来是否能够顺利地商业化生产应用。这就需要调节材料的能级结构排布的同时，获得高的器件 V_{oc}、宽的光谱覆盖范围和有效的电荷再生。此外，设计合成独特的第三组分，保证与主体二元组分发生有效的相互作用，进而有效地优化材料的性质，特别是降低后沉积扩散和进一步提升三元器件的稳定性。三元器件最大的优势就是可以提升主体二元太阳能电池的一个或多个光伏参数。因此，深入理解限制二元器件效率的因素对于设计高效率三元器件意义重大。通过合理设计第三组分提升器件的光伏参数，这对于进一步获得三元器件性能的提升。

截至目前，大量的研究文献表明，通过合理地设计第三组分可以获得大量出乎意料的研究结果，包含优化薄膜形貌和结晶性、提升和平衡器件的电子和空穴迁移率、促进激子在界面处有效的电荷解离、降低光伏器件的能量损失等。尽管不同的研究团队针对三元器件的设计构筑已经获得了许多成功提升三元器件性能的案例，三元器件的发展与应用仍然存在一些限制和挑战，在一定程度上阻碍其进一步的发展。比如：(1)缺乏明确的挑选第三组分的规则，来获得与主体二元组分的较好匹配度，这还需要进一步的深入研究探索，同时研究三元器件的工作机理；(2)器件的 V_{oc} 是太阳能电池中一个关键的光伏参数，深入地理解不同三元器件的 V_{oc} 差异的内在机制是不可或缺的。因为三元器件的 V_{oc} 通常与相应两个二元器件中 V_{oc} 较小的比较接近或者受到三个活性层材料添加比例的控制，然而这些规律仍然不能解释有些三元器件中 V_{oc} 差异的主要原因；(3)三元器件的膜厚敏感性和大面积光伏器件的相对较低的器件效率也是限制三元器件进一步大规模生产制备的主要因素，因为三元器件仍然受到主体二元器件膜厚、迁移率、吸收光谱、能级结构等的限制，因此设计厚度不敏感，具有较宽的光谱响应范围和与太阳光谱匹配的活性层材料等仍然是实现商业化生产应用所必需的；(4)高的机械强度、柔韧性和优异的稳定性也是提升有机太阳能电池竞争力的必然选择。

综上所述，在当前的研究阶段，三元有机太阳能电池机遇与挑战并存，相信通过研究工作者前赴后继的努力，基于非富勒烯受体的有机太阳能电池可以获得令人瞩目的研究进展和光明的研究前景。

参考文献

［1］Ameri T., Khoram P., Min J., Brabec C. J. Organic ternary solar cells: a review［J］. Adv. Mater., 2013, 25(31): 4245 – 4266.

［2］Chen L. – K., Liu S. – H. Insulating polymer additives for improving the efficiency and stability of organic solar cells［J］. Acta Poly. Sin., 2021, 52(11): 1459 – 1472.

［3］Chen Y. – C., Hsu C. – Y., Lin R. Y. – Y., Ho K. – C., Lin J. T. Materials for the Active Layer of Organic Photovoltaics: Ternary Solar Cell Approach［J］. Chemsuschem, 2013, 6(1): 20 – 35.

［4］Cheng P., Yang Y. Narrowing the band Gap: the key to high – performance organic photovoltaics ［J］. Acc. Chem. Res., 2020, 53(6): 1218 – 1228.

［5］Freitas J. N., Goncalves A. S., Nogueira A. F. A comprehensive review of the application of chalcogenide nanoparticles in polymer solar cells［J］. Nanoscale, 2014, 6(12): 6371 – 6397.

［6］Fu H., Wang Z., Sun Y. Advances in non – fullerene acceptor based ternary organic solar cells ［J］. Solar RRL, 2018, 2(1): 1700158.

［7］Gasparini N., Salleo A., McCulloch I., Baran D. The role of the third component in ternary organic solar cells［J］. Nat. Rev. Mater., 2019, 4(4): 229 – 242.

［8］He D., Zhao F., Wang C., Lin Y. Non – radiative recombination energy losses in non – fullerene organic solar cells［J］. Adv. Funct. Mater., 2022, 32(19): 2111855.

［9］Jung, S., Cho, Y., Kang, S. – H., Yoon, S. – J., Yang, C. Effect of third component on efficiency and stability in ternary organic solar cells: more than a simple superposition［J］. Solar RRL, 2022, 6(2): 2100819.

［10］Kipp D., Verduzco R., Ganesan V. Block copolymer compatibilizers for ternary blend polymer bulk heterojunction solar cells – an opportunity for computation aided molecular design［J］. Mol. Syst. Des. Eng., 2016, 1(4): 353 – 369.

［11］Lee J., Lee S. M., Chen S., Kumari T., Kang S. – H., Cho Y., Yang C. Organic photovoltaics with multiple donor – acceptor pairs［J］. Adv. Mater., 2019, 31(20): 1804762.

［12］Li H., Lu K., Wei Z. Polymer/small molecule/fullerene based ternary solar cells ［J］. Adv. Energy Mater., 2017, 7(17): 1602540.

［13］Liao H. – C., Chen P. – H., Chang R. P. H., Su W. – F. Morphological control agent in ternary blend bulk heterojunction solar cells［J］. Polymers, 2014, 6(11): 2784 – 2802.

［14］Liu X., Yan Y., Yao Y., Liang Z. Ternary blend strategy for achieving high – efficiency organic solar cells with nonfullerene acceptors involved ［J］. Adv. Funct. Mater., 2018, 28(29): 1802004.

[15] Lu H. , Xu X. , Bo Z. Perspective of a new trend in organic photovoltaic: ternary blend polymer solar cells[J]. Sci. China Mater. , 2016, 59(6): 444 – 458.

[16] Lu L. , Kelly M. A. , You W. , Yu L. Status and prospects for ternary organic photovoltaics[J]. Nat. Photon. , 2015, 9(8): 491 – 500.

[17] Ma Y. , Kang Z. , Zheng Q. Recent advances in wide bandgap semiconducting polymers for polymer solar cells[J]. J. Mater. Chem. A, 2017, 5(5): 1860 – 1872.

[18] McDowell C. , Abdelsamie M. , Toney M. F. , Bazan G. C. Solvent additives: key morphology – directing agents for solution – processed organic solar cells [J]. Adv. Mater. , 2018, 30 (33): 1707114.

[19] Mishra A. Material perceptions and advances in molecular heteroacenes for organic solar cells[J]. Energy Environ. Sci. , 2020, 13(12): 4738 – 4793.

[20] Mohapatra A. A. , Tiwari V. , Patil S. Energy transfer in ternary blend organic solar cells: recent insights and future directions[J]. Energy Environ. Sci. , 2021, 14(1): 302 – 319.

[21] Naveed H. B. , Ma W. Miscibility – driven optimization of nanostructures in ternary organic solar cells using non – fullerene acceptors[J]. Joule, 2018, 2(4): 621 – 641.

[22] Song J. , Zhang M. , Yuan M. , Qian Y. , Sun Y. , Liu F. Morphology characterization of bulk heterojunction solar cells[J]. Small Methods, 2018, 2(3): 1700229.

[23] Wang Q. , Qin Y. , Li M. , Ye L. , Geng Y. Molecular engineering and morphology control of polythiophene: nonfullerene acceptor blends for high – performance solar cells[J]. Adv. Energy Mater. , 2020, 10(45): 2002572.

[24] Wang T. , Liu J. – Q. , Hao X. – T. Recent progress of organic solar cells with insulating polymers[J]. Solar RRL, 2020, 4(12): 2000539.

[25] Wright M. , Lin R. , Tayebjee M. J. Y. , Conibeer G. Effect of blend composition on bulk heterojunction organic solar cells: a review[J]. Solar RRL, 2017, 1(3): 1700035.

[26] Xu W. , Gao F. The progress and prospects of non – fullerene acceptors in ternary blend organic solar cells[J]. Mater. Horiz. , 2018, 5(2): 206 – 221.

[27] Yoon S. , Shin E. – Y. , Cho N. – K. , Park S. , Woo H. Y. , Son H. J. A molten – salt electrochemical biorefinery for carbon – neutral utilization of biomass[J]. J. Mater. Chem. A, 2021, 9(44): 24729 – 24758.

[28] Zhang G. , Zhao J. , Chow P. C. Y. Jiang, K. Zhang, J. Zhu, Z. Zhang J. , Huang F. , Yan H. Nonfullerene acceptor molecules for bulk heterojunction organic solar cells[J]. Chem. Rev. , 2018, 118(7): 3447 – 3507.

[29] Zhang S. , Ye L. , Hou J. Breaking the 10% efficiency barrier in organic photovoltaics: morphology and device optimization of well – known PBDTTT polymers[J]. Adv. Energy Mater. , 2016, 6(11): 1502529.

[30] Zhou D. , You W. , Xu H. , Tong Y. , Hu B. , Xie Y. , Chen L. Recent progress in ternary organic solar cells based on solution – processed non – fullerene acceptors[J]. J. Mater. Chem. A, 2020, 8(44): 23096 – 23122.

第6章　叠层有机太阳能电池

　　有机太阳能电池在过去的几年里发展迅猛，通过新材料的设计以及器件的优化，其中单结器件效率已经超过19%，但是由于有机光伏材料较低的载流子迁移率，致使其活性层厚度受限（一般约为100nm），相对薄的活性层厚度限制了其吸收光子的数量。其次，当光子激发活性层材料电子跃迁时，太阳能电池有两个主要的能量损失途径，一是光子能量大于活性层材料的光学带隙导致的热能损失；二是小于活性层材料的光学带隙造成的透过损失。有机光伏材料较窄的吸收窗口限制了其对太阳光的有效吸收利用，使其穿透损失增大。而叠层器件是一个有效地解决单层器件厚度受限导致的光吸收损失，同时平衡这两种损失的策略。叠层器件能最大限度地利用有机材料的设计多样性，设计不同带隙的材料，然后将其通过串联或者并联的方式连接在一起，由多重带隙的不同材料来吸收更宽范围内的太阳光谱辐射能量，从而进一步提升器件光电转换效率。叠层太阳能电池通过将两个或者多个吸收光谱互补的子电池，以串联或者并联的方式连接在一起，根据 Shockley – Queisser 限制（S – Q limit），单结太阳能电池的理论最大光电转换效率约为42%，这要比单结器件的效率高33.8%。热力学预测的最优带隙约为 1.4eV。除了优化带隙以外，一个较好的太阳能电池材料应该具有较强的光致发光作用。如基于砷化镓的单节太阳能电池获得 28.8% 的光电转换效率。Heeger 等首次报道了可溶液处理的有机串联叠层太阳能电池器件，之后越来越多的研究工作者致力于设计新型的光伏材料及界面层材料来获得高效的有机叠层太阳能电池。目前叠层器件效率已经超过 20%。

6.1　叠层有机太阳能电池的概述

　　叠层有机太阳能电池（Tandem Organic Solar Cells，TOSCs）是通过将两个或者多个具有互补吸收光谱的单结器件通过串联或者并联的方式连接在一起构筑的叠层器件。叠层器件的构筑可以利用宽带隙前电池材料（具有高 V_{oc}、低 J_{sc}）和窄带隙后电池材料（具有低 V_{oc}、高 J_{sc}）解决单结有机太阳能电池由于高能量光子和低能量光子吸收损失和热损失造成的太阳光能量损失。因此，通过叠层器件的方式可以有效地解决单结器件有限的光子利用效率和低的光电转换效率的问题。截至目前，在所有类型的太阳能电池中，基于有机太阳能电池的叠层器件已经获得超过20%的 PCE，叠层有机太阳能电池也获得了突飞猛进的发展，吸引了学术界和商业界的广泛关注。

在有机光伏领域，发展叠层有机太阳能电池可以从两个大的方向去构思：(1)设计开发串联叠层有机太阳能电池；(2)设计构筑并联叠层有机太阳能电池(图6.1)。在构筑串联叠层有机太阳能电池方面主要需要设计和挑选具有高效率、高匹配性、吸光互补等优势的单结活性层材料；连接层作为连接上下电池起到传导电荷完成中间电荷复合中心的关键作用。而并联叠层器件由于物理连接层的选择及有效制备仍然存在较大的合成难度，因此基于并联叠层器件结构的叠层器件研究工作相对有限，后续笔者将简要介绍并联叠层器件的发展现状。

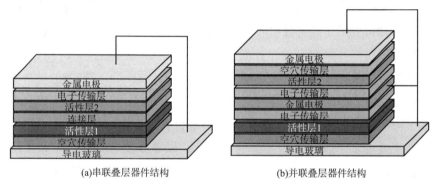

(a)串联叠层器件结构   (b)并联叠层器件结构

图6.1 叠层有机太阳能电池结构

TOSCs 一般包含以下几个部分：底电极、前电池、中间连接层、后电池、顶电极以及界面层等。为了获得高效率的叠层电池，每个部分都需要兼顾到，其中，最为重要的有以下几点：(1)两个子电池应该具有互补且较宽的吸收，以防止前电池材料会阻挡后电池材料有效地吸收太阳光，使得叠层电池获得高且前后子电池较为平衡的 J_{sc}；(2)两个子电池的 V_{loss} 应尽可能得小，以便获取较高的 V_{oc}，如果在连接层足够理想，与两个子电池不存在接触势垒等情况下，叠层的 V_{oc} 为两个子电池的 V_{oc} 之和，因此，只有子电池的 V_{oc} 足够高，才能提高叠层电池的 V_{oc}；(3)所涉及使用的中间连接层需要能够与两边的子电池形成良好的欧姆接触，以确保电荷有效地提取，同时在中间层形成良好的电荷复合中心。此外，连接层还需要有足够好的透光率以避免造成光子的损失，以及足够强的抗侵蚀能力以保证上层活性层在旋涂过程中溶液不会渗透入下层从而造成侵蚀。

根据 Kirchhoff 理论，串联叠层器件的 V_{oc} 理论上等于前后电池的 V_{oc} 之和，而并联叠层器件的J_{sc}等于前后电池的J_{sc}之和。因此对于串联叠层器件来说,其面对的最大挑战就是受限的J_{sc}和相对复杂的处理工艺(需要较多层薄膜材料的制备)。在此主要以串联叠层器件为例,系统分析叠层器件的活性层材料设计挑选策略、中间连接层的设计工艺及发展现状、器件结构的设计及后处理工艺等。

6.2 串联叠层有机太阳能电池

由于单结有机太阳能电池受到电池中单一活性层给受体材料的限制,活性层材料的光谱响应范围有限,通常难以实现与太阳光辐射光谱的良好匹配,会出现较大的热损失和透过损失。另外,对于单结器件来说,当活性层材料为宽带隙材料时,器件通常会获得相对较高的V_{oc},有限的太阳光谱响应范围,使得该类宽带隙太阳能电池通常具有相对较低的PCE;对于具有长波长光谱响应范围的窄带隙活性层材料来说,带隙高于该材料波段的光子不能被吸收。有机半导体材料通常具有相对较低的激子扩散距离和较低的载流子迁移率,所以有机光伏器件相对较难实现厚膜器件的制备。需要对器件结构进行适当的优化调整以实现对太阳光谱的分波段、因地制宜的协同利用。

在此研究背景下,叠层器件应运而生,是实现太阳光充分利用的有效策略。叠层器件的前电池通常采用具有宽带隙吸光范围的活性层材料,其中材料通常具有相对高的V_{oc};后电池材料通常采用吸光范围相对较宽的窄带隙活性层材料,该类器件通常具有较大的J_{sc}和有限的V_{oc}。使得前电池材料与后电池材料具有较好的吸收光谱互补作用,保证前电池材料充分利用短波长范围内的太阳光,而后电池充分利用长波长至近红外光区的太阳光,同时避免前电池材料的吸收光阻挡后电池材料有效地利用太阳光。

无论是单结器件还是叠层器件,活性层材料是有机太阳能电池中吸收太阳光完成光电转换的重要组成部分。在有机太阳能电池中,活性层材料通常由给体材料和受体材料共混组成的本体异质结薄膜构成。活性层材料(包括给体材料和受体材料)的化学结构和分子能级(即能带结构)决定着相应光伏器件的性能。在传统的有机光伏体系中,为了保证激子在给受体界面处发生有效的解离,给体与受体 LUMO 间能级差至少需要大于 0.3 eV 以保证足够的驱动力克服激子束缚能。为了获得更高的V_{oc},给受体材料需要有合适的 HOMO 和 LUMO 能级。除此之外活性层材料还需要有合适的能级结构,保证前后电池具有较好的吸光互补,实现器件对太阳光的分波段有效吸收。活性层材料的发展非常迅速,尤其是近几年来高性能非富勒烯受体材料的发展,在推动单结器件快速发展的同时,叠层器件也取得了不断的突破。目前，叠层器件已获得超过 20% 的器件效率，展现出较大的发展前景。

2006 年，Blom 教授等报道了第一个叠层有机太阳能电池，采用 PTBEHT：PC$_{61}$BM 作为前电池活性层材料，以 PFDTBT：PC$_{61}$BM 作为后电池活性层材料构筑了叠层器件获得了 0.57% 的器件效率，该实验说明了叠层有机太阳能电池制备的可行性。随后，2007 年，Heeger 教授等利用铟掺杂导电玻璃（ITO）为基底，以 TiO$_2$/PEDOT：PSS 为中间连接层，分别采用 PCPDTBT：PC$_{61}$BM 为后池活性层材料，P3HT：PC$_{71}$BM 为前电池活性层材料构筑了叠层太阳能电池，获得了器件效率为 6.5% 的里程碑式研究进展。在随后的时间里随着活性层材料的快速发展、中间连接层材料的创新等新技术的开发，不断推动着叠层有机太阳能电池的向前发展。

在叠层有机太阳能电池研究的初期，大部分的叠层器件活性层材料都是采用聚合物给体或者小分子给体与富勒烯及其衍生物受体材料匹配，而基于该类活性层材料的叠层器件效率分别仅获得 12.7% 和 11.6%。在早期，非富勒烯受体材料未获得广泛研究与应用时，基于富勒烯及其衍生物受体材料的光伏器件中，活性层材料光谱响应范围、器件 J_{sc} 的大小主要取决于选择不同带隙的给体材料，这主要是由于富勒烯及其衍生物受体材料在可见光区吸光范围非常有限，吸光能力相对较弱。有机半导体本身较窄的吸收窗口不能覆盖太阳光谱较宽的范围，较容易导致低且不平衡的光电流。基于富勒烯受体的体系，其开路电压损失通常较大，不利于叠层器件获得较高的 V_{oc}。近几年来，随着非富勒烯受体材料的快速发展，早在 2016 年就获得了可以与富勒烯及其衍生物受体材料相媲美的非富勒烯受体材料 ITIC。随后，非富勒烯受体材料的创新促使着有机太阳能电池器件效率的不断创新。将非富勒烯受体材料应用于叠层器件活性层材料的研究工作也不断涌现，持续刷新着有机太阳能电池领域的器件效率。

从活性层材料的结构单元来看，目前使用的较为广泛且器件效率较高的给体材料主要采用具有 BDT 单元的（PBDB-T、PBDB-TF、PTB7-Th 等）、含有 DPP 单元的（PDPP4T-2F）和采用具有联噻吩构筑单元的（PDCBT、P3HT 等）构筑单元作为电子给体材料。其中由于具有 D-A 交替共聚的将聚合物，由于具有较强的分子内电荷转移 ICT（效应），使材料具有较大的电荷离域范围和结构可修饰性位点，这类给体材料也逐渐成为近几年来叠层器件活性层材料中给体材料的首选。

2013 年，杨阳教授等采用 P3HT：IC$_{60}$BA 作为前电池材料，具有相对较窄带隙的聚合物给体 PDTP-DFBT：PC$_{61}$BM 作为后电池材料，构筑了具有前后电池吸光互补的叠层器件，并获得 10.6% 的器件效率。P3HT 聚合物给体在可见光区吸光范围较窄、吸光系数小、具有较高的结合能等特点，使得该类材料不适合应用于叠层器件中。随后基于小分子给体的材料也被应用于叠层器件中，杨阳教授等利用 SMPV1 作为小分子给体与 $PC_{71}BM$ 搭配构筑叠层器件获得高达 1.72V 的 V_{oc} 和 72% 的 FF。2016 年，陈永胜教授等采用小分子给体材料 DR3TSBDT：$PC_{71}BM$ 作为前电池了，DPPEZnP - TBO：$PC_{61}BM$ 作前、后电池材料制备了全部采用小分子给体作为给体材料叠层器件，并且获得了当时最高的叠层器件的器件效率 12.5%。该工作说明了小分子给体材料在叠层器件中的应用前景。

最近几年随着非富勒烯受体材料的发展，采用高性能的非富勒烯受体材料作为叠层器件的受体材料通常可获得较高的 J_{sc} 和 V_{oc}。相比于富勒烯体系，非富勒烯受体体系通常容易获得较高的 V_{oc}，这是因为富勒烯受体通常具有相对较窄的吸光范围，当与给体材料共混时，通常共混体系中的给体材料起到光吸收的主要作用，同时在富勒烯及其衍生物受体材料体系中，激子在给体与富勒烯受体界面处的解离需要相对较高的驱动力（LUMO 能级差值大于 0.3eV），这就导致该体系常具有较高的能量损失和电压损失。

2016 年，陈红征教授等报道了第一个基于非富勒烯受体材料的叠层器件，分别选用 P3HT：$SF(DPPB)_4$ 和 PTB7 - Th：IEIC 作为前、后电池材料，且其 V_{oc} 分别高达 1.1V 和 0.95V，因而所制备的叠层器件 V_{oc} 达到了 1.97V，获得了 8.48% 的效率。颜河教授等报道了基于 P3TEA：SF - PDI2 的叠层器件，前后电池采用相同活性层材料的技术制备了该叠层器件，其 V_{oc} 高达 2.13V，并获得 10.8% 的 PCE。彭强教授等利用 PBDTS - TDZ 作为宽带隙聚合物给体，利用明星非富勒烯受体 ITIC 作为受体材料，同样地构筑了给受体材料相同的叠层器件，其中相比于相应的单结器件获得 12.80% 的 PCE 和 1.1V 的 V_{oc} 来说，叠层器件获得 13.35% 的 PCE 和高达 2.13V 的 V_{oc}。上述研究结果进一步激励了更多的研究工作者对叠层器件的研究构筑。

2017 年，侯剑辉研究员等将具有给电子能力的噻吩基团引入到末端缺电子单元中，设计合成了小分子受体 ITCC - M，采用中等带隙的 PBDB - T 作为聚合物给体材料与之搭配作为叠层器件的前电池材料。值得注意的是该材料具有接近 1V 的高 V_{oc}，是优异的叠层器件前电池材料选择。随后选用具有更宽吸光范围的窄带隙非富勒烯受体 IEICO 作为后电池材料，获得了高达 13.8% 的叠层器件 PCE。该工作以在近红外光区有较高透光性的中性自掺杂的导电聚合物 PCP - Na 和 ZnO 纳米粒子作为中间连接层。前后电池有较好的吸收光谱互补，获得了由 300～900nm 范围内较高的 EQE 响应范围。2017 年 Alex K Y Jen 教授等报道了以四个噻吩单元耦合的窄带隙小分子受体，其吸收的截止波长可达到 900nm，当采用窄带隙聚合物给体 PTB7 - Th 作为聚合物给体时，单结器件可获得 10.43% 的

PCE。当采用 PBDB – T：ITIC 为前电池材料构筑叠层器件时获得了 12.62% 的 *PCE* 远高于其相应的单结器件。随后设计合成了具有六个噻吩稠合的小分子受体 6TBA，采用硫代巴比妥酸作为末端基团，基于 PBT7 – Th：6TBA 的二元器件获得 0.98V 的 V_{oc} 和较低的 V_{oc} 能量损失，仅为 0.54V。当以 PBDB – R：6TBA 为前电池时相比于前期制备的叠层器件，该器件获得 13.2% 的 *PCE*。随后，杨阳教授等报道了以六个噻吩稠合（6T）的非富勒烯受体 FOIC 和 F8IC。采用 PTB7 – Th 作为窄带隙聚合物给体材料与之搭配，构筑三元器件作为叠层器件的后电池材料。同时通过调控两个非富勒烯受体的比例调节后电池器件的 V_{oc}，进而获得 J_{sc} 的平衡。当采用 PBDB – T：IT – M 作为叠层器件前电池时，获得了 13.3% 的叠层器件 *PCE*。

侯剑辉研究员等，也通过进一步调节受体分子的化学结构，调控材料的光学及相应光伏性能。将双氟取代的 INIC（IN – 2F）作为末端基团取代原本 IEICO 分子的末端基团 INIC，合成了小分子受体 IEICO – 4F，使材料的吸收光谱红移至近 1000nm。因此，基于该窄带隙、宽吸光范围的非富勒烯受体材料作为叠层器件后电池受体材料，进一步构筑了叠层器件。采用宽带隙聚合物给体 J52 与非富勒烯受体 IT – M 搭配作为前电池材料获得了吸光范围覆盖 300 ~ 1000nm 范围的叠层器件。最终叠层器件获得 14.9% 的 *PCE*，其 J_{sc} 提高到 13.3mA · cm^{-2}，高于当时获得的单结器件效率。

2018 年，Forrest 教授等报道了基于 DTBA：C70 为前电池材料，PCE10：BT – CIC 为后电池材料的串联叠层器件，在一个标准太阳光照射下，获得了 15% 的叠层器件效率。该体系中前电池材料是通过真空蒸镀的方法制备前电池，然后沉积后电池材料。然而沉积过程中有可能会破坏下层器件，因此他们在两个子电池之间设计出一个近乎光学和电学没有损失的连接层（电荷复合区域）。连接层采用亲水性的 PEDOT：PSS，用来阻止溶剂侵蚀下层疏水性的电子复合层（真空热蒸镀的电子复合层），同时采用氧化锌纳米粒子连接形成三明治电荷复合区域。该技术制备的叠层器件有大于 95% 的器件成功率（*PCE* = 14.3% ±0.3%），同时也适合于制备大面积（1cm^2）的器件，并且能够获得超过 11.5% 的光电转换效率。当在其玻璃基底沉积一层减反层，可以获得超过 15% 的光电转换效率。

陈永胜教授研究组报道了基于 PBDB – T：F – M 为前电池，PTB7 – Th：NOBDT 为后电池材料的正向叠层器件。其中前电池体系可以获得高达 0.98V 的开路电压，后电池体系由于其吸光范围可以达到 900nm 获得了 19.16mA · cm^{-2} 的短路电流密度。前后电池可以很好地光谱互补，最终叠层器件开路电压为 1.71V，短路电流密度为 11.72mA · cm^{-2}，并且其光电转换效率达到 14.11%。随后经过光学模拟及理论计算，笔者提出一个理论计算模型，当后电池材料吸收光谱范围到达 1000nm，前电池材料截至吸收在约为 720nm 范围，FF 等于 0.75，EQE 平均值为 75%，能量损失为 0.6eV 时，叠层器件效率可超过 20%。因此在目前比较好的近红外光区材料中，他们采用 PTB7 - Th：COi_8DFIC：PC_{71}BM 作为后电池材料（截止吸收为 1050nm），选用 PBDB - T：F - M 为前电池材料，制备了反向器件，获得了当时最高的叠层器件效率 17.3%。该工作提出的理论模型，为后续进一步深入地理解并且选择合适且匹配的前后电池材料获得高效率的太阳能电池器件提供理论指导。

2019 年，黄飞教授等设计合成了宽带隙小分子受体 Tfif-4FIC 分子，当采用宽带隙聚合物给体 PM6 作为聚合物给体时，其单结器件获得高达 0.98V 的 V_{oc}，76% 的 FF 和 13.1% 的 PCE。该材料具有高的 V_{oc} 和 FF 时优异的叠层器件前电池材料体系。利用窄带隙受体 IEICO - 4F 作为叠层器件后电池材料，以三元体系 PCE10：Tfif4FIC：IEICO - 4F 作为后电池，获得高达 15.0% 的叠层器件效率。在此之后，Anthopoulos 教授等设计构筑了宽带隙小分子受体 IDTTA，当采用 PBDB - T 作为聚合物给体时，也获得 0.98V 的 V_{oc}，当以该体系作为叠层器件前电池，以 PTB7 - Th：IEICO - 4F 作为后电池材料，构筑的叠层器件也获得接近 15.0% 的 PCE 和 1.66V 的 V_{oc}。

基于非富勒烯受体材料的 TOSCs 在近几年已经取得了很大的进步，但总体效率整体还是偏低，最主要的限制因素在于是否能够挑选出合适的前后电池材料，在前后电池匹配的过程中是否能够获得较低的电压损失和互补的吸收光谱。最近，李永舫院士等采用之前设计非富勒烯受体材料的策略，以 Y6 分子中间核为核心，在两端各引入一个双键来连接中间给电子核心与末端基团，以期进一步拓宽材料的吸收范围，设计合成了小分子受体 BTPV - 4F，其带隙仅为 1.21eV。当采用宽带隙聚合物 PTB7 - Th 与之搭配构筑基于 PTB7 - Th：BTPV - 4F：PC_{71}BM 的三元器件时获得 13.4% 的 PCE。当以此三元器件作为叠层器件后电池时获得 16.4% 的 PCE，其 J_{sc} 达到 14.5mA · cm^{-2}。

众所周知，叠层器件中，增加活性层薄膜的厚度是提升光电流的有效措施，然而，随着活性层薄膜厚度的提升，不可避免会引起电荷复合效应的加重。2021 年，黄飞教授等设计构筑了一种有效的中间连接层利用氧化锌纳米粒子 ZnO NPs：PEI/PEI/PEDOT：PSS，使得叠层器件具有较高的电导率和抑制的电荷复合效应。研究表明，叠层器件中前电池最优的活性层厚度可以通过提升活性层体系中非富勒烯受体的比例降低。该体系所采用的前电池活性层材料中，非富勒烯受体具有高于相应给体材料的摩尔吸光系数，给体材料与受体材料具有较好的吸收光谱互补，使得共混体系在更薄的厚度下获得了较好的吸光能力提升，通过这种策略，前电池活性层材料的薄膜厚度获得降低，器件的电荷复合效应也相应降低。因此，采用 PM7，具有更低 HOMO 能的聚合物材料与 TfiF－4Cl 搭配作为前电池材料，采用高效率宽吸光范围的窄带隙受体 COi_8DFIC 构筑的基于 PTB7－Th：COi_8DFIC：PC$_{71}$BM 的三元器件作为后电池材料获得了叠层器件光电转换效率的显著提升，其器件效率高达 18.71%（其验证效率为 18.08%），填充因子高达78%。这也是当时报道的基于有机太阳能器件效率的最高值。

最近，侯剑辉研究员与张茂杰教授等合作发展了一种高效率叠层有机太阳能电池，通过优化活性层材料使之获得较低的电压损失和发展有效的方法调节活性层材料的光学窗口分布情况，实现了构筑高效率叠层器件的目的。同样采用具有高 V_{oc} 的材料 PBDB－T：ITCC 作为前电池，以明星非富勒烯受体 BTP－eC9 作为后电池受体材料，制备了基于 PBDB－TF：BTP－eC9 为后电池活性层材料的叠层器件。通过合理地调节后电池活性层材料的组成和薄膜厚度，当给受体比例为1∶2 时，可以获得最优的光伏器件，其叠层器件效率可高达 19.64%（其第三方验证效率为 19.50%）。这也是当前报道的有机光伏领域最高的光伏器件效率。

随后，侯剑辉研究员等设计合成了具有完全非稠环结构的非富勒烯受体 GS－ISO，并将其作为前电池材料与 PBDT－TF 搭配，以 PBDB－TF：BDT－eC9 作为后电池材料构筑了串联叠层器件。研究了前后电池的连接层对叠层器件的影响。在此选用了电子束蒸发 TiO$_x$/PEDOT：PSS 作为连接层，通过电子束蒸发技术获得的界面表现出锋利、平滑和致密的表面。在蒸发过程中，通过精确地控制氧的流量，在基于 PBDB－TF：GS－ISO/TiO$_{1.76}$ 和 TiO$_{1.76}$/PEDOT：PSS 的体系可以获得有效的电荷提取和较低的肖特基限制，可以形成有效的前后子电池的电荷复合中心。最后，再采用 TiO$_{1.76}$/PEDOT：PSS 为连接层的叠层器件获得 20.27%的 PCE，这也是目前基于有机太阳能电池的最高器件效率。

6.3 并联叠层有机太阳能电池

串联叠层器件在过去几年随着活性层材料、界面层材料及器件制备工艺等的进步获得了巨大的研究突破，目前叠层器件的最高 PCE 已经超过 20%。然而，叠层器件的最大优势是器件的 V_{oc} 理论上是两个子电池的 V_{oc} 之和，然而其 J_{sc} 却取决于两个子电池中 J_{sc} 较小的电池。要求需要严格地控制前后电池的活性层材料，使子电池的电流获得良好的分配，这样就极大地限制了不同子电池活性层材料的选择匹配。在有些需要获得较高 J_{sc} 的案例中，需要设计构筑并联叠层器件，因为在并联叠层器件中，器件的 J_{sc} 为前后子电池的 J_{sc} 之和，就不需要考虑前后子电池的电流是否匹配。对于并联叠层器件来说，其 V_{oc} 与前后子电池的 V_{oc} 均相关，但也并不完全取决于子电池中 V_{oc} 较小的器件，因而在叠层器件中电压的搭配可以采用相同的活性层材料，通过调控相应共混体系薄膜的厚度来实现叠层器件 V_{oc} 的匹配。尽管并联叠层器件有很大的发展潜力和应用优势，由于缺乏简单的制备工艺和切实可行的透明电极，想要获得高效率的并联叠层器件仍然相对困难，相关方面的研究工作也相对较少。接下来将根据现有的调研结果简要介绍现阶段关于并联叠层器件的研究进展。

2007 年，Hadipour 教授等采用 Sm：Au/PTrFE/Au：PEDOT 作为中间连接层，分别采用 P3HT：$PC_{61}BM$ 和 PTBEHT：$PC_{61}BM$ 分别制备了串联和并联叠层器件。在并联器件中获得 9.20mA·cm^{-2} 的 J_{sc} 远高于想用的串联叠层器件的 J_{sc} 为 1.63mA·cm^{-2}，同时并联器件的 V_{oc} 为 0.59V，与相应单结器件最高的 V_{oc}（0.6V）接近。Inganäs 教授等设计构筑了将多个半透明光伏器件并联的并联叠层器件。研究结果表明，并联叠层器件的 J_{sc} 远高于相应串联器件的 J_{sc}，且其开路电压大约为多个子电池的电压平均值，最终该并联叠层器件获得 5.29% 的 PCE。

2014 年 Alex K Y Jen 教授等利用超薄银作为阳极电极构筑了高效率并联叠层器件，两侧分别采用 ITO 和银作为阴极，当时并联器件的 J_{sc} 可达到 16.10mA·cm^{-2}，此外，其 V_{oc} 也较高（为 0.88V），因此，该并联叠层器件的 PCE 高达 9.20%，这也是当时报道的并联叠层器件的最高器件效率。随着高效率非富勒烯受体材料的出现，特别是基于 ITIC 等明星稠环受体材料的报道，使有机太阳能电池的研究向 A – D – A 型小分子受体材料的研究方向迈进。2017 年，他们继续利用他们报道的高效率窄带隙小分子受体 4TIC 作为受体材料制备了并联器件，分别采用 PTB7 – Th：ITIC 和 PTB7 – Th：4TIC 作为相应的子电池。两个子电池均显示较高的 FF 和较低的电荷复合损失，由于 4TIC 红移的吸收光谱，叠层器件最终获得 20.81mA·cm^{-2} 的 J_{sc} 和超过 11% 的 PCE，高于相应的单结器件效率，同时也是目前基于并联叠层器件的最高器件效率。

尽管目前基于并联叠层器件的研究相对较少，并联叠层器件的效率（超过 11%）也远低于相应的基于串联叠层器件的效率（超过 19.6%），串联叠层器件对活性层子电池材料的匹配与选择要求较高，并联叠层器件对子电池 J_{sc} 的限制较少。因此，发展新的高性能界面连接材料，结合目前发展优异的非富勒烯受体材料，并联叠层器件在未来的发展中有很大的潜力实现器件效率的持续刷新。

6.4 叠层有机太阳能电池的连接层

中间层在叠层器件中扮演着重要的角色，是前后电池的电荷复合中心，也是连接前后电池的重要部件，起到降低电荷传输势垒的作用、保护前电池材料，防止后电池在旋涂制备的过程中穿过界面层侵蚀前电池材料。鉴于此，在设计制备界面层材料时需要考虑以下因素：(1)界面层首先要具有较高的透光率保证后电池材料可以有效地吸收和利用太阳光；(2)能够为前后电池提供良好的电荷复合中心，减少空间电荷产生的概率；(3)中间层需要连接前后电池，需要有合适的能级结构，保证能够同时与前后电池形成良好的欧姆接触；(4)具有良好成膜性，同时最好不能溶于常规的溶剂如氯仿、氯苯、THF 等溶剂中，保证在制备后电池材料时不会出现溶剂洗脱的情况，以至于后电池溶液处理制备时侵蚀前电池活性层薄膜。

中间连接层材料通常由电子传输层和空穴传输层材料组成，主要包含一些有机聚合物和小分子类材料(如 PEDOT：PSS 等)和金属氧化物(氧化锌等)两大类。在 2004 年，黄飞教授等报道了聚合物电解质材料 PFN 和 PFN－Br 等，这些聚合物电解质材料在目前翻转单结器件或者叠层器件中均具有良好的应用。Bazan 教授等在 2013 年也报道了基于 CPE－K 和 CPEPh－Na 为中间层连接层材料的聚合物电解质。随后 Heeger 等利用 CPEPh－Na 为中间连接层，并将其功函数调节到 5.2eV 构筑了叠层器件。采用 CPEPh－Na 修饰带有阴离子或者阳离子基团的聚合物可以在基地上产生偶极作用，对调节材料的功函有重要作用。此外，采用一些金属氧化物如 ZnO、MoO_3、V_2O_5 等也可以作为叠层器件的连接层材料。

除了合成新型的中间连接层以外，也可以通过对中间连接层进行极性基团的修饰实现，增强材料与基地之间的偶极作用，实现对基底功函数的调控的作用。如 PFS、PCP－Na 等都可以增大 ITO 基底的功函数，而 TFO、PDINO 等可以对铝金属表面的功函数实现降低的作用，金属银与 PFS 可以发生偶极作用，改善银的功函数达到所需的效果。除了界面修饰，也可以采用组装的方式，在中间层引入一些低功函金属。如 Parisi 等在中间层引入超薄金属金，有效促进了界面处电荷的复合作用；Martorell 等在中间层引入超薄金属银作为电荷复合中心，获得了较好的器件性能；Brabec 等在中间层引入了金属氢氧化物 Ba(OH)$_2$，实现了减少表面缺陷，降低激子淬灭和复合的作用，大幅度提升了叠层器件的稳定性；杨阳教授等也在中间连接层引入乙酰丙酮锆替代原本的氧化锌作为中间连接层获得了更优的光伏器件性能。

通过上述的简要分析可知，通过新型中间连接层材料的设计，界面层的修饰以及引入其他低功函金属或者氧化物等对中间层材料的修饰可以实现叠层器件效率的进一步提升。

6.5　叠层有机太阳电池的机遇与挑战

总的来说，在过去二十几年随着有机太阳能电池领域的快速发展，活性层材料、界面层材料以及器件制备工艺的不断提升，有机太阳能电池的器件效率已经从最初的不到1%，提升至目前超过20%的 *PCE*。随着高效率非富勒烯受体的发展，叠层器件活性层材料的选择范围也越来越多，叠层器件的效率也获得突飞猛进的提高。尽管叠层器件已取得很多令人瞩目的研究成果，然而相比于目前研究较多、研究相对透彻的活性层材料来说，中间连接层的数量和种类相对有限。随着研究工作的不断深入，活性层材料、界面层材料、器件制备工艺等技术的不断进步，笔者相信叠层器件必将获得更快速的研究进展。在未来的研究工作中还需要深入研究探讨以下几个方面的工作。

（1）中间连接层方面，还需要开发新型高效的中间连接层材料，同时使之具有更优异的成膜性、致密性和耐受性，以获得更优异的光电性质和可加工特性，同时为叠层器件的大规模生产制备提供保障。

（2）新型活性层材料的开发与应用方面，纵观有机太阳能电池的发展历史可知，有机光伏领域每一次的重大技术突破都离不开优异活性层材料的开发与应用，在设计制备新型材料的同时，需要兼顾光电性质、材料成本、合成路线等几个成本方面的问题，随着研究工作的不断深入，必将会出现新型的低成本、高效率有机光电材料。

（3）器件制备工艺方面，目前叠层器件的制备工艺相对于单结器件来说，工艺相对烦琐，想要实现未来有机叠层光伏的大规模生产制备，开发出更加简单的、兼具高效率的叠层器件制备工艺至关重要。

参考文献

［1］Adebanjo O., Maharjan P. P., Adhikary P., Wang M., Yang S., Qiao Q. Triple junction polymer solar cells［J］. Energy Environ. Sci., 2013, 6(11): 3150 – 3170.

［2］Ameri T., Dennler G., Lungenschmied C., Brabec C. J. Organic tandem solar cells: A review［J］. Energy Environ. Sci., 2009, 2(4): 347 – 363.

［3］Ameri T., Li N., Brabec C. J. Highly efficient organic tandem solar cells: a follow up review［J］. Energy Environ. Sci., 2013, 6(8): 2390 – 2413.

［4］Choudhury B. D., Ibarra B., Cesano F., Mao Y., Huda M. N., Chowdhury A. R., Olivares C., Uddin M. J. The photon absorber and interconnecting layers in multijunction organic solar cell [J]. Solar Energy, 2020, 201: 28 – 44.

[5]Fei H. Improving current and mitigating energy loss in ternary organic photovoltaics enabled by two well – compatible small molecule acceptors [J]. Acta Polym. Sin. , 2018, 9: 1141 – 1143.

[6]Li G. , Chang W. – H. , Yang Y. Low – bandgap conjugated polymers enabling solution – processable tandem solar cells [J]. Nat. Rev. Mater. , 2017, 2(8): 17043.

[7]Lu S. , Ouyang D. , Choy W. C. H. Recent progress of interconnecting layer for tandem organic solar cells [J]. Sci. China Chem. , 2017, 60(4): 460 – 471.

[8]Rao A. , Friend R. H. Harnessing singlet exciton fission to break the Shockley – Queisser limit [J]. Nat. Rev. Mater. , 2017, 2(11): 17063.

[9]Rasi D. D. C. , Janssen R. A. J. Advances in solution – processed multijunction organic solar cells [J]. Adv. Mater. , 2019, 31(10): 1806499.

[10]Shi Z. , Bai Y. , Chen X. , Zeng R. , Tan Z. Tandem structure: a breakthrough in power conversion efficiency for highly efficient polymer solar cells [J]. Sustaina. Energy Fuels, 2019, 3(4): 910 – 934.

[11]Sista S. , Hong Z. , Chen L. – M. , Yang Y. Tandem polymer photovoltaic cells—current status, challenges and future outlook [J]. Energy Environ. Sci. , 2011, 4(5): 1606 – 1620.

[12]Tavakoli M. M. , Si H. , Kong J. Suppression of Photovoltaic Losses in Efficient Tandem Organic Solar Cells (15.2%) with Efficient Transporting Layers and Light Management Approach [J]. Energy Technol. , 2021, 9(1): 2000751.

[13]Wang W. , Wang J. , Zheng Z. , Hou J. Research progress of tandem organic solar cells [J]. Acta Chim. Sin. , 2020, 78(5): 382 – 396.

[14]Xu X. , Li Y. , Peng Q. Recent Advances Toward Highly Efficient Tandem Organic Solar Cells [J]. Small Struct. , 2020, 1(1): 2000016.

[15]Yin Z. , Wei J. , Zheng Q. Interfacial Materials for Organic Solar Cells: Recent Advances and Perspectives [J]. Adv. Sci. , 2016, 3(8): 1500362.

第7章　有机太阳能电池的形貌调控

有机太阳能电池的活性层形貌主要是指共混体系薄膜中分子的堆积和相分离情况,共混体系的活性层形貌是影响有机太阳能电池器件光伏性能最重要的因素之一。随着近几年来高效率非富勒烯受体材料的不断涌现,推动着有机太阳能电池器件性能的快速提升。影响共混体系活性层形貌的因素众多,其中包括材料结构、后处理工艺、三元器件等三个方面。鉴于活性层形貌对光伏器件相应光伏性能巨大的影响,特别是对器件 FF 的影响,下面将主要介绍在有机光伏领域中,活性层形貌对器件光伏性能的影响;系统分析活性层形貌的调控策略,包括通过材料的化学结构的调控、不同后处理工艺(加热退火、溶剂蒸汽退火等)、三元策略等三个方面着手阐述形貌的调控策略;最后将简要总结活性层形貌调控策略的总结及未来的展望。

7.1　活性层形貌与器件光伏性能关系概述

活性层薄膜的纳米尺度本体异质结(BHJ)薄膜对器件的光伏性能有重要的影响。对于给定的光伏体系,获得最优共混体系薄膜形貌是获得有效的载流子再生与电荷传输的重要前提。然而,对于有机光伏体系的共混体系,包含给体材料(常为聚合物给体材料)、受体材料(常为小分子非富勒烯受体材料)、溶剂分子和添加剂等多重组分。通过单一机理来解释该类多组分、复杂体系共混薄膜的形貌相对困难,需要从动力学和热力学两个角度出发,探讨共混体系的活性层形貌。从热力学角度来说,给受体材料之间的相互作用、溶解度参数、结晶性(或者聚集行为)等都会影响材料在形膜过程中的相分离行为和纳米尺度的堆积结构。对于聚合物材料来说,分子的扩散系数、分子量以及在溶液中的黏度都会影响材料在形成 BHJ 薄膜时的质量传输。在 BHJ 薄膜的形成过程中,伴随着溶剂的挥发,需要考虑相关的动力学因素,包含旋涂条件和处理溶剂本身的挥发特性。因此,从动力学和热力学角度深入理解 BHJ 薄膜的形成机理,系统分析有机光伏材料,特别是材料结构、后处理条件、三元等策略理解有机光伏领域的研究现状至关重要。

为了进一步深入理解有机太阳能电池领域活性层共混形貌对器件光伏性能的影响，首先需要明确有机太阳能电池的工作机理。有机太阳能电池的工作机理主要包含以下五个部分：(1)光吸收；(2)激子的产生；(3)激子的扩散(扩散到给体/受体界面)；(4)激子分离为自由的载流子；(5)载流子的传输和收集。其中，最后三个过程与共混体系的活性层形貌息息相关。一般情况下，要求共混薄膜的纳米尺度互穿网络结构在 $10 \sim 20$ nm 是理想的，使之与激子的扩散长度可以有效地匹配。有机光伏的器件性能主要依赖于光伏器件的三个参数：J_{sc}、V_{oc} 和 FF。其中，V_{oc} 主要与活性层材料中给体材料的 HOMO 能级和受体材料的 LUMO 能级之间的差值成正比，同时也与器件由于辐射和非辐射复合能量损失造成的能量损失成反比，其中合适的薄膜表面形貌有助于减少这些损失。器件的 J_{sc} 主要取决于光子到电子的转换过程，包含共混体系活性层形貌的相分离尺度和混合薄膜相的特征。共混体系具有合适的相分离，获得优异的电子/空穴传输通道，进而获得较低的陷阱辅助复合损失。器件的 FF 与相应器件的制备工艺和材料性质有重要的关系，同时与有机太阳能电池工作机理的最后三个过程息息相关。一个高且平衡的电子/空穴迁移率有利于降低光伏器件的电荷复合概率。而光伏器件的迁移率与陷阱辅助复合，即与本体异质结的纵向形貌骨架有关系。其中共混薄膜中具有合适的相区尺寸是首先需要考虑的因素，此时大多数的载流子可以找到合适的传输通道将相应的电子或者空穴传输到相应的电极。传输的相区特性，特别是结构有序和连续的相区，有利于降低地尺度和深层尺度的陷阱态。在载流子从共混体系提取到传输通道的过程中，需要特别注意抵消郎之万(Langevin)复合。结晶性能较好的共轭聚合物对于诱导空穴扩散，离开 n - 型半导体扩散离去，可以提供额外的机理。考虑上述因素，器件的 FF 和 J_{sc} 均与共混体系的活性层形貌相关，通过活性层形貌的优化可以有效地提升器件相应的光伏参数，进而提升光伏电池的器件效率。

一般情况下，材料本身的结晶性、共混体系的结晶性、结晶取向、分子堆积情况、水平和垂直方向的相分离等均影响共混薄膜的活性层形貌，可以使器件获得较高的载流子传输和收集效率，进而获得优异的器件光电性质。

通过对光伏器件活性层相关特性的调控，同时搭配具有匹配的活性层材料分子能级和吸收光谱等性质可以获得高效率的有机太阳能电池。总之，活性层形貌对器件的 J_{sc} 和 FF 有重要的影响，通过合适的形貌调控可以获得性能不断提升的光伏器件。

7.2　活性层形貌调控的策略

活性层形貌具有纳米尺度的本体异质结(BHJ)形貌会影响光伏器件的光伏性能。因此,通过合理地调控共混体系的活性层形貌,可以获得性能进一步提升的太阳能电池。系统研究影响活性层形貌的关键因素,如给受体之间的互溶度、共混薄膜活性层的相分离等因素对深入理解影响共混体系活性层形貌,进而获得性能进一步提升的光伏器件至关重要。最后将总结相应的有机太阳能电池本体异质结活性层薄膜形貌调控的策略。

7.2.1　BHJ 薄膜的互溶度

活性层材料中给体/受体材料之间的互溶度是决定最终本体异质结薄膜相分离程度的重要指标。当共混材料之间具有较差的互溶度时,会导致共混体系出现较大的相分离,将会导致无效的激子解离和电荷再生。相反地,当共混体系出现较好的共混结构,也会展现出较差的电荷传输性能和一定程度的电荷复合。因此,系统优化 BHJ 薄膜的形貌,选择具有合适互溶度的给体和受体材料,获得最高的 PCE 是非常重要的。对于具有一定组成比例的两个材料 1 和 2 的吉布斯自由能(ΔG_{mix}),可以通过 Flory – Huggins 相互作用参数(χ)表述:

$$\Delta G_{\text{mix}} = RT\left[n_1 \ln \Phi_1 + n_2 \ln \Phi_2 + n_1 n_2 \chi_{12} \right]$$

式中,R 是气体常数;T 是绝对温度;n_1 和 n_2 分别是材料 1 和材料 2 的摩尔数;Φ_1 和 Φ_2 分别是它们各自的体积分数;χ 是互溶度,受到给体和受体材料的化学结构和分子质量的影响。

在早期对 BHJ 薄膜的研究中,主要通过研究聚合物给体材料,Gomez 教授等通过二维掠入射 X 射线衍射(GIWAXS)和场发射透射电子显微镜(TEM)研究了基于 P3HT:PC$_{61}$BM 体系中富集 PC$_{61}$BM 区域的形貌演变过程,探究具有无定型结构的 P3HT 聚合物材料与 PC$_{61}$BM 之间的互溶度。研究了 P3HT – PC$_{61}$BM 的 χ 参数和 Flory – Huggins 相图,预测了 P3HT 的互溶度体积分数超过 0.42。同时还发现,通过增加聚合物和富勒烯相超过极限值,同时利用加热退火作用可以实现诱导聚合物材料的结晶。随后,Ade 教授等首次报道了在一个确定的处理温度下确定 $\chi(T)$ 的方法,其中 $\chi(T)$ 值是通过绘制无定型聚合物/富勒烯共混体系模型相图获得的。利用尽可能多的光伏器件包括富勒烯受体和非富勒烯受体的高性能和低性能共混体系,绘制了 $\chi(T)$ 和 FF 之间的关系,获得了它们之间定量的"constant – kink – saturation"关系。研究结果表明,一个器件具有较高的 FF(即高的光伏性能），可以通过获得足够大的$\chi(T)$值，保证有效的相分离，同时具有较高的共混相纯度时获得。

随着新型非富勒烯受体材料的发展，关于器件活性层共混形貌的热力学，在近几年获得了广泛的关注。很多有代表性的研究工作表明了χ是如何影响基于非富勒烯受体的有机光伏器件的光伏性能。如 Ade 教授等发现，与受体 IT - DM 相比，聚合物 PBDB - T 和 IT - M 有较差的相溶性，同时发现基于 IT - M 的共混体系，相比于 IT - DM 具有更大的χ值。相比于基于 PBDB - T：IT - DM 共混体系，基于 PBDB - T：IT - M 的共混薄膜获得提升的平均相纯度。相纯度的提升有利于有效地抑制双分子复合，进而提升器件的J_{sc}和FF。最近，侯剑辉研究员等发展了新型的受体 ZY - 4Cl，基于 P3H4：ZY - 4Cl 的共混薄膜，由于给受体材料之间过度的相溶性被有效地抑制，获得了合适的相分离，相应的光伏器件获得更高的器件效率。此外，叶龙教授与李森森教授等也总结了基于聚噻吩体系活性层形貌的调控机制。以聚合物给体 PDCBT - Cl 为例，基于 PDCBT - Cl 和 Y6 的体系具有较高的互溶度(其χ值为 0.19)，因此共混体系保持单相状态，就使得共混体系获得较差的相区纯度和较差的分子堆积。其结果是基于 PDCBT - Cl：Y6 的 OPV 器件获得较低的J_{sc}和FF。正相反，具有单氟原子取代末端基团的受体 ITIC - Th1 和聚合物受体 PDCBT - Cl 保持合适的互溶度和相分离。因此，基于 PDCBT - Cl：ITIC - Th1 的光伏器件在合适的器件后处理之后，获得合适的相纯度和超过 12% 的器件效率。

7.2.2　BHJ 薄膜的相分离机理

在光伏器件的制备过程中，很多后处理策略被用来调控共混体系的活性层形貌，如 SVA、TA、SVA 与 TA 结合使用等。而在最初利用溶液处理的方式，旋涂法制备共混薄膜阶段，两个主要的过程会控制由最初无定型溶液相向基底涂覆过程的相分离：(1)通过分节分解的液态 - 液态(L - L)相分离；(2)由于给体或者受体组分达到它们溶解度极限进而凝固导致的固态 - 液态(S - L)相分离。由于 S - L 引起的相分离通常会同时伴随着成核和结晶的长大。考虑到不同的材料和后处理过程，两种机理中的其中一种完全超越另外一种或者两种机理同时出现的情况都有可能存在。在很多案例中，其中某一种相分离机理不会主要出现，BHJ 共混薄膜可能会展现出同时存在的共混形貌。下面将简要从部分案例中介绍两种不同的相分离机理。

1. L - L 相分离机理

L - L 的分层通常出现在一个最初无定型的单相情况下，然后紧接着分离为两相。这个相分离过程会强烈地受到给体和受体之间作用参数的影响。因此，一个具有较低相互兼容性的给体和受体会出现较大尺度的相分离。相反地，具有较高相容性的给体 – 受体对在溶剂挥发的过程中会表现出混合的状态；当溶剂的比例较低时，形貌演变在相分离完全之前停止是由给体材料与受体材料之间相互作用变得更强，同时分子表现出低的迁移率的原因引起的。此外，给体或者受体材料会变得过饱和，随时准备凝固的情况，这也就有利于促进形成 S – L 型的相分离，而不会出现分节分解的现象。

在传统的基于富勒烯及其衍生物受体的体系中，富勒烯相的过大尺寸通常会发生在基于聚合物/富勒烯体系的薄膜中，该类体系会出现 L – L 的相分离。富勒烯受体，特别是像 $PC_{61}BM$ 和 $PC_{71}BM$，相比于聚合物材料来说，通常具有较大的表面能。大多数包含烷基链的聚合物给体材料可以有效地提升相应聚合物材料的溶解度，提升其可溶液加工特性，这些促进溶解的基团有时会导致聚合物表面能的降低。引入到聚合物骨架结构中的功能化基团也会引起聚合物给体材料 HOMO 能级的降低，进而提升相应光伏器件的 V_{oc}，有时也会改变聚合物给体材料的表面能。比如，聚合物给体材料中引入氟原子取代，可以有效地控制分子的能量水平，但同时会降低其表面能，会导致聚合物给体氟富勒烯衍生物受体相溶性的降低。俞陆平教授等构筑了一系列基于噻吩并噻吩与苯并二噻吩共聚的，利用氟原子在骨架不同位置的聚合物给体。在噻吩并噻吩单元上单氟原子的取代会降低材料的 HOMO 能级，在激发态时诱导产生较强的偶极矩跃迁，会提升相应器件的 V_{oc} 和光电流。因此，器件的 PCE 从基于 PTBF0 的 5.1% 提升到基于 PTBF1 的 6.2%。当有更多的氟原子取代时，聚合物给体材料与富勒烯受体 $PC_{71}BM$ 展现出显著降低的相溶性，产生较大尺度的相分离大约 50～200nm 和降低的 PCE（仅为 2.7%）。也有研究发现，当在烷基侧链的终端引入更多的氟原子时会降低聚合物的表面能，进而提升相应聚合物与富勒烯衍生物受体体系 BHJ 薄膜的相分离。其结果是基于 C6F13 全氟取代链的聚合物的 PCE 降低到 1.98%。

在合成具有高分子量的聚合物，同时兼顾可溶液处理需求时，在体系中引入合适的烷基侧链对提供有效的聚合物溶解度有重要作用。然而，在聚合物材料中引入大位阻侧链会导致 BHJ 薄膜产生较大尺度的相分离形貌。在形成 BHJ 薄膜的过程中，不同于聚合物共轭骨架具有的刚性共轭骨架结构，受体分子可以通过具有大尺度三维动态体积的灵活庞大的脂肪链移动，这使得受体分子更容易聚集并在薄膜中形成大的相区。为了同时提升体系的互溶度和溶解度，Son 等发展了包含二氯苯侧链单元的聚合物给体，该功能化的侧链单元可以和富勒烯受体产生较好的相互作用，有效地提升给体和受体材料之间的兼容性。最终，基于该材料的光伏器件，当采用非卤溶剂时获得 6.07% 的 *PCE*，同时参比器件仅获得 4.11% 的 *PCE*。在有些实验案例中，合成的富勒烯受体衍生物 PyF5，引入吡咯烷功能化基团修饰受体分子来提升给体和受体的互溶度，相比于参比受体分子 $PC_{61}BM$ 来说，该材料显示出降低的溶解度参数，因此与聚合物给体 PTB7 - Th 表现出较好的兼容性。最终基于 PyF5 的光伏器件相比于基于 $PC_{61}BM$ 的器件，在 140℃ 加热下表现出良好的形貌稳定性。

对于基于非富勒烯受体材料的光伏材料中，非富勒烯受体材料与聚合物给体材料之间的兼容性差异主要依赖于材料本身的化学结构，对于富勒烯受体材料来说，基于富勒烯及其衍生物受体的材料，它们的溶解度参数几乎都分布在一个相似的范围内。充分理解聚合物给体与非富勒烯受体材料间的相分离现象和形成 BHJ 薄膜的机理是非常困难的。需要通过对一些经典案例的研究情况和理论方法，分析非富勒受体材料的相应功能化官能团对其混溶性的影响，系统研究非富勒烯受体材料 BHJ 薄膜的形貌演变过程。从文献调研结果可知，给体聚合物材料中的长烷基侧链溶解基团通常会降低聚合物材料的表面能。通过增加骨架结构中氟原子的比例，同时引入更短的烷基侧链，材料的表面能会出现降低。如 PTAZ - TPD10 聚合物具有高于 $PC_{71}BM$ 表面能的性质，同时表面能会随着降低烷基侧链的长度而降低，这是由于此时骨架中氟原子的比例提升引起的。因此，当材料中烷基链长度增长时，相应材料与 $PC_{71}BM$ 的混溶度会降低。一些非富勒烯受体材料如 N2200 和 ITIC 也会表现出不同的性质，相比于 $PC_{71}BM$，它们的表面能要更大。因此，具有长烷基链的聚合物由于其具有相对高的表面能，会与非富勒烯受体表现出提升的混溶性。随着烷基链长度由 C6 提升到 C10，基于 $PC_{71}BM$ 器件的 *PCE* 会相应由 6.3% 降低到 2.9%，而基于 ITIC 的器件 *PCE* 会随着烷基侧链的有 C6 增加到 C10，由 5.5% 提升到 8.8%。

聚合物给体材料中的功能化基团会强烈地影响给体与非富勒烯受体材料分子间的相互作用。侯剑辉研究员等利用四类不同的非富勒烯受体材料，通过不同的氟取代，对比了材料间的相互作用参数。发现，随着在受体分子末端基团 IN 上引入更多的氟原子，体系的 χ 值逐渐降低。AFM 和 TEM 图像显示受体材料分子中氟原子数量的增加，当与聚合物 PBDB - TF 共混时，BHJ 薄膜形貌混溶性增加。提高的分子间相互作用会导致提升的活性层薄膜电荷转移态(Charge Transfer State，CT 态)，有利于获得更有效的电荷分离，最终光伏器件获得高达 16.7% 的 *PCE*，而没有氟原子取代的非富勒烯受体材料在同等条件下的光伏器件效率仅为 8.2%。

除了材料的末端基团以外，非富勒烯受体材料的中心核结构也会影响表面能。唐卫华教授等在 IT－4F 分子的芳环共轭骨架中引入甲基或者甲氧基来降低材料的表面能，获得了非富勒烯受体材料与聚合物给体 PM6 提升的混溶性，相比于原本基于 IT－4F 的非富勒烯受体获得 12.80% 的 PCE，基于 IM－4F 的光伏器件获得高达 14.17% 的 PCE，相比于 IT－4F 的光伏器件来说，该体系获得更小的 V_{oc} 能量损失。陈永胜教授等发现在共轭骨架中引入烷氧基团，对控制受体材料与聚合物给体 J52 之间的混溶性十分重要。受体分子 UF－EH－2F 的相互作用参数主要是基于 2－乙基己基侧链基团，要比它的类似物，基于线性辛基烷基链或者 1－乙基己基更高。较大的相互作用参数导致材料具有抑制的混溶性和相应更高的相区纯度。基于 UF－EH－2F 的光伏器件获得高达 13.56% 的 PCE，高于基于 1－乙基己基的器件效率为 10.05%。基于 2－乙基己基取代侧链的 UF－EH－2F 的光伏器件展现出更优异的热稳定性，这是由于基于该材料的光伏器件可以形成热力学稳定的 BHJ 薄膜形貌，而采用其他烷基侧链取代的材料表现出动力学的不稳定状态。同时，黄飞教授等通过在 ITIC 受体材料中间核心的侧链单元上引入寡聚乙烯氧基团设计合成了小分子受体 ITIC－OE。当采用 PBDB－T 作为聚合物给体材料时，基于 ITIC 与 PBDB－T 材料分子间的自聚集被有效地抑制。

2. S－L 相分离机理

当给体或者受体材料在达到它们本身的溶解度极限或者在沉积溶剂中过饱和之后，开始出现聚集，会发生 S－L 型的相分离。S－L 相分离主要受到聚集相的形核和长大过程的热力学和动力学影响。无论是给体材料还是受体材料，材料具有较强的结晶趋势时，相对来说更易于形核，很容易诱导产生 S－L 分层，其结果是在溶液中就会出现聚集现象。相反地，当材料由于具有较高的激活能势垒，而具有较低趋势的结晶性时，会显示较弱的 S－L 相分离。溶剂挥发动力学和晶体的成核与长大过程在确定体系形成 S－L 相分离程度方面有重要的作用。对于低沸点的溶剂、一个快速的旋涂速度或者使用较高温度的处理条件等，都会出现快速的溶剂挥发现象，这样的挥发过程会打破有效的聚集或者结晶性，会降低体系 S－L 相分离的程度。在 BHJ 溶液涂覆在基底表面时通常会同时存在 L－L 和 S－L 型的相分离情况，两者会相互竞争。在 BHJ 溶液中，L－L 型相分离会不断地受到 S－L 型相分离的影响，这是由于固化作用的存在会改变溶液中给体和受体材料的组成和浓度引起的。

颜河教授等以苯并噻二唑单元和寡聚噻吩单元组成具有 D－A 交替共聚的聚合物给体 PffBT4T－2OD，当采用不同的溶液处理温度时会出现不同程度聚集行为。基于 PffBT4T－2OD 的聚合物给体，当与不同种类的富勒烯及其衍生物受体共混时均获得超过 10% 的器件效率，主要得益于该材料较高的结晶性和高的电荷迁移率。其共混薄膜会受到溶液处理温度和旋涂速度的强烈影响，当旋涂速度低于700r/min或者溶液或基底温度较低时，共混体系的结晶相尺度显著增大，这是由于在溶剂挥发完之前聚合物材料有足够的时间形成堆积结构。正相反，当旋涂速度或者处理温度比较高时，薄膜形貌会出现动力学的淬灭。因此，BHJ薄膜的形貌受到前驱体溶液中聚合物材料聚集结构和不同处理温度导致的成膜热力学控制，而不受材料表面能的控制。与此同时，Brabec教授等利用PffBT4T-2OD：$PC_{61}BM$体系获得的光电流显示出反常的强烈老化损失。在黑暗和外界环境下器件保存5天之后出现30%~40%的光电流密度损失，主要是由于给体和受体材料之间具有较差的相溶性，在存储过程中会经历进一步的相分离。

Cho教授等通过控制聚合物给体材料的结晶性和表面能，研究了基于$PC_{61}BM$共混体系的垂直相分离。相比于基于$PC_{61}BM$共混体系的相互作用参数，无定型的聚合物P3HT-RA具有相对较小的相互作用参数0.39，而相应地具有91%局部有序的聚合物P3HT-RR91，尽管两个聚合物具有完全相同的化学组成，该体系具有较高的相互作用参数0.63。基于P3HT-RR91的共混体系有较大的相互作用参数，经历着在垂直方向上的相分离，同时聚合物通过L-L相分离现象，在薄膜状态表现出较低的表面能。当局部有序的聚合物进一步增加到98%（即聚合物P3HT-RR98）时，材料展现出提升的结晶性和进一步增加的相互作用参数，为0.66。然而，由于聚合物表现出较高的结晶性和低的溶解度，S-L型相分离变为主要的相分离过程，会一直相互作用驱动力的相分离参数，导致相分离现象被很大程度的抑制。

Ade等研究了利用不同添加比例聚合物PDPP3T与$PC_{71}BM$体系研究了BHJ体系的相分离。聚合物材料的表面能会随着聚合物分子量的增加不断增加，与$PC_{71}BM$之间的相互作用参数也会随着分子量的增加进一步增加。因此，具有高分子量为102 KDa的聚合物给体PDPP3T，当与$PC_{71}BM$共混时主要采用L-L型的相分离。然而，当加入3%体积比的1，8-二碘辛烷（DIO）之后，由于聚合物材料受限制的溶解度会主要进行S-L型的相分离模式，这会导致聚合物在固态状态下降低的有序性和降低的相纯度，对器件的光伏性能是不利的。

叶龙教授等研究了基于聚噻吩聚合物给体材料等于不同种类非富勒烯受体材料共混形貌的形成过程。在不同的非富勒烯受体材料中，Y6由于与聚合物给体PDCBT-Cl具有较低的相互作用参数和低的结晶性，使得Y6与聚合物PDCBT-Cl的显示单一的相分离共混薄膜形貌，具有高结晶性的非富勒烯受体ITIC-Th1和IDIC与给体材料的相互作用参数较大，在给受体材料两相中会形成互相渗透的形貌结构。在溶剂蒸汽退火1h之后，强结晶性的非富勒烯受体ITIC-Th1和

IDIC 在共混薄膜中展现出增长的相区尺寸，而基于 Y6 的 BHJ 共混薄膜没有表现出明显的变化。这些共混形貌的差异主要来源于基于强结晶性的非富勒烯受体 ITIC – Th1 和 IDIC 由于产生 S – L 型的相分离，形成了动力学淬灭的共混形貌，会使得在长时间 SVA 退火处理之后热力学稳定态形貌的改变。魏志祥研究员等通过中间核心单元的调控来改变材料的化学结构研究了，基于聚合物给体 PTQ10 与不同种类非富勒烯受体的 BHJ 薄膜。发现弱结晶性的 IT – 4Cl 和 m – ITIC – OR –4Cl 显示较好的互溶度，主要得益于它们与聚合物给体具有较低的相互作用参数引起的。相反地，对于具有强结晶性的非富勒烯受体，ID – 4Cl 和 Y7 分子会在共混薄膜中更好地保持自身的结晶性。特别是 Y7，尽管 Y7 体系相比于其他的非富勒烯受体体系具有更低的相互作用参数，其共混体系会形成较大尺寸的片状结晶区域为 125nm 和 9nm 厚度的区域。主要是由于基于 Y7 分子的共混 BHJ 薄膜形貌涉及了由于 Y7 分子的结晶性诱导的 S – L 型相分离引起的。

通常情况下，当聚合物共混薄膜经历 S – L 型共混的淬灭过程和由于较低溶解度采取的较高处理温度时，强结晶性的聚合物给体会具有高的光伏性能。研究者也发展了无规共聚的方式来解决这些限制，因为无规共聚的方法会降低聚合物材料的结晶性、提升其溶解度，这会诱导产生低的处理温度。So 等研究了基于 O – IDTBR 和利用 5，6 – 二氟 –2，1，3 – 苯并噻二唑与四噻吩或者三噻吩任意聚合的聚合物搭配，研究了共混薄膜的活性层形貌。非富勒烯受体 O – IDTBR 与无规共聚物之间的相互作用参数随着在聚合物共轭骨架中引入更多的 3T 重复单元而增大。因此，PffBT4T – OD 和 PffBT4T90 – co – 3T10 与 O – IDTBR 具有较好的互溶度。PffBT4T – OD 和 PffBT4T90 – co – 3T10 由于其较强的结晶性和聚集的倾向，使该体系通过 S – L 型相分离形成较大尺度相区的 BHJ 薄膜。

相反地，PffBT4T50 – co – 3T50 和 PffBT3T – 2OD 主要表现为 L – L 型的相分离，会产生高的相区纯度。其结果是，基于 PffBT3T – 2OD 的光伏器件由于过度的相分离，仅获得 1.8% 的 *PCE*，而基于 PffBT4T90 – co – 3T10 的光伏器件获得高达 8.7% 的 *PCE*。随后，Son 等通过在基于 PffBT4T – 2OD 的共聚物中引入 BDT – Th 单元也开发了无规共聚物。当 BDT – Th 的加入比例增加时，聚合物与 $PC_{71}BM$ 之间的相互作用参数逐渐增大。最终聚合物 BDT – Th30，即包含 30% 的 BDT – Th 单元的聚合物显示较强的 L – L 相分离和高的相区纯度。相比于 BDT – Th30 含有 10% 的 BDT – Th 单元的共聚物 BDT – Th10 同时显示与富勒烯受体较高的互溶度和强的结晶性，使得尽管在室温条件下进行后处理，共混体系表现出合适的 BHJ 形貌、抑制的自聚集。最终，基于 BDT – Th10 的大面积模组器件显示提升的光伏性能，其 *PCE* 为 7.74%。

在多元体系中，当活性层材料中包含超过两种材料时，共混体系形貌的形成机理主要受到 L-L 或者 S-L 型相分离的控制。尽管不同的案例中，不同的相分离现象会有不同的贡献，在很多案例中，两种相分离的现象会同时出现。因此，在设计活性层给受体材料时需要综合考虑其物理性质，包括在相同或者相异分子间的相互作用、材料的结晶性和溶解度、热稳定性等。如果给受体材料间的相互作用参数过大，会出现过大的相分离，会产生有效的相分离，却会导致受限制的电荷再生。聚合物材料在具有过度的结晶性能时通常会产生由于 S-L 型相分离引起的淬灭共混形貌，有利于在结晶聚合物相的电荷传输，也会导致较差的活性层形貌长期的稳定性。

因此通过不同的策略有效调控共混体系的活性层形膜获得有效的激子解离、电荷传输和电荷再生性能是获得高效率有机太阳能电池的关键，下面将简要通过材料化学结构设计及后处理技术等方面介绍活性层形貌的调控技术。

7.2.3　基于 IDT 结构的非富勒烯受体光伏器件形貌提升的关键

ITIC 分子是基于 IDT 单元稠环小分子受体材料的关键发现，从 ITIC 分子的发明开始 OSCs 器件的效率获得了持续的发展。其中具有 A-D-A 结构的小分子材料具有较强的分子内推拉电子结构，有助于材料获得较强且宽的吸收光谱，光电流密度进一步提升。这类具有 A-D-A 结构的小分子受体通常具有一个稠环中心核，可以连接两端的末端基团和侧链单元，这样的化学结构设计可以使得分子的电子结构和薄膜形貌具有高度的可调节性质。

对于 BHJ 薄膜来说，材料之间的混溶度会强烈地影响共混薄膜的形貌，这主要涉及上述介绍的 Flory-Huggins 相互作用参数 χ。对于窄带隙聚合物/富勒烯衍生物受体系中，通常会出现过度的相分离，其 χ 值较大，这对于激子的解离是不利的。在给体与非富勒受体材料之间的 χ 值可以很小，使得材料之间具有较好的互溶度，产生相对较弱的相分离，进而导致严重的载流子复合现象。唐本忠院士等设计合成了一系列非富勒烯受体 TPIC-X，利用不同卤素原子取代的末端基团作为末端基团。采用接触角的方式计算了 TPIC-X 与聚合物 PM7 之间的相互作用参数。研究表明，当非富勒烯受体材料具有更多的卤素原子时，与聚合物 PM7 具有较差的互溶度，会诱导产生增长的相区尺寸和更优异的光伏器件性能。在光伏器件中，合适的相分离会提高电荷传输，降低双分子复合，进而获得提高的 J_{sc} 和 FF。因此 So 等通过改变聚合物共轭骨架中噻吩单元的含量有效地调节聚合物给体与非富勒烯受体材料间聚集与相溶性，最终获得的最优的相区尺寸和相纯度有效提升了共混薄膜的电荷再生和传输性能。首先要明确的一点是 χ 值主要在形膜的热力学过程起作用，对于非平衡态的 OSCs 共混薄膜，尤其是在相结构和组分不确定时，在逻辑上进行直接联系是不合理的。一种可能的形成机制是合适的互溶度会降低大尺度的相分离，L－L 相分离在合适的尺度时可以纯化给体和受体相区，进而发生材料结晶以固定形貌和浓缩薄膜。文献报道了大量通过控制材料互溶度调节薄膜形貌的案例，在一些极端的案例中显示，结晶性可以打破在微观相分离聚合物中的旋涂沉积相分离。在很多光伏器件体系中，平衡材料的互溶度与结晶性之间的平衡仍是获得更好渗透相区的关键挑战。

目前针对 IDT 单元的非富勒受体材料化学结构的调控，已经获得大量高效率的有机太阳能电池。随着有效地调节材料的化学结构和采用合适的薄膜后处理技术可以有效控制分子的堆积性质和受体材料的结晶性，以获得更优异的相分离。李永舫院士等发展了侧链间位烷基链取代的 m－ITIC 分子，这种化学结构的微小调控可以有效地提升材料的结晶性。当与聚合物给体 J61 共混，m－ITIC 在面外（OOP）方向上展现出较强的 π－π 堆积，同时体系获得了合适的相区尺寸。占肖卫教授等通过利用烷基噻吩侧链为侧链单元替代 ITIC 分子中烷基苯侧链，设计合成了小分子受体 ITIC－Th。研究表明，ITIC－Th 分子表现出紧密的 π－π 堆积和更好的结晶性。与此同时，当将 ITIC 与 ITIC－Th 共混时，体系的结晶行为发生改变，ITIC/ITIC－Th 共混体系的骨架有序性进一步提升，进一步拓宽了体系的电荷传输路径，提升了电子迁移率，获得了高效的 OSCs 器件。

三元器件也被认为是简单有效的提升器件性能的策略。三元器件不仅可以有效拓宽材料的吸光范围，而且可以提升共混体系的活性层形貌，可以获得更有效的电荷传输和激子解离。在三元器件中，三个组分可以形成它们各自的纯相，也可能会形成结晶相。依据不同材料的相互作用行为，每个组分的无定型部分可能会形成复杂的混合相。然而，这种影响可能是很细微的，因为这种情况下的结晶能力可能比 L－L 相分离更大。因此，可以简单地简化，将其简化为简单的混合相，这会将其他组分约束在一起。对于三元器件来说，从器件方面看可以将其机理分为级联结构和合金模型。需要指出的是，在极少情况下，两种成分尤其是受体材料，由于一种组分及其结晶结构可以容纳另一种组分，使之具有共晶特性并表现出较好的材料混溶性。这种方法就好比采用物理方法合成了一种新材料，同时不能通过上述提到的机械模型简单地分析。对于三元共混薄膜的相貌有一些详细的分类，主要依靠第三组分的作用，比如第三组分嵌入或者溶解在给体或者受体相中，处在给体和受体相之间，或者与给体或者受体产生共晶。事实上三元共混薄膜的形貌更加复杂，需要建立多个形貌模型来进行全面了解。如彭小彬教授等在经典的 PBDB－T：ITIC 二元体系中加入宽带隙受体 IDT－T，发现第三组分

IDT - T 作为一个能量传递中间体。两个非富勒烯受体具有相似的化学结构使之具有较好的互溶度，在原本二元体系中加入 IDT - T 可以诱导 ITIC 的结晶，获得有效的激子再生，降低的双分子电荷复合和提升的电荷传输性能。第三组分 IDT - T 的多重功能协同作用可以显著提升三元器件的光伏性能。朱晓张研究员等的设计合成了以茚并茚结构为中心核的非富勒烯受体 NITI，并将其作为第三组分加入 BTR：$PC_{71}BM$ 二元体系中，使共混体系具有更加互补的吸收光谱，并且形成了垂直结构的活性层形貌。其中 MTR 与 NITI 具有较高的互溶度，形成了较小的相分离结构，这对于电荷分离是有效的。而 $PC_{71}BM$ 在两者共混相周围形成了较大尺度的相分离，这对于进一步促进有效的电荷传输是有利的。最终，三元器件获得最优的载流子再生和传输性能及高的器件光电转换效率。

一般情况下，引入第三组分的主要作用是为了调控共混体系的活性层形貌，获得提升的载流子迁移率、降低的电荷复合和促进的电荷分离。在很多案例中，活性层的共混形貌并不只是简单的互穿网络结构，而是一种更复杂的多尺度形貌。有一个大规模的相分离总结了单个或者多个纯相传输通道以确保载流子的有效传输，同时可以具有互补的小尺寸相分离来提升电荷分离和载流子扩散，可以有效地利用 BHJ 的骨架来平衡载流子的再生和传输。在这样的情况下，需要综合考虑材料电子结构的差异以及结晶性质，以提供一种积极的形貌框架，以获得最佳的光捕获能力和载流子提取能力。

7.2.4 基于 Y6 及其衍生物材料的活性层形貌

自 2019 年邹应萍教授等报道的 Y6 分子以来，有机光伏领域器件效率的不断突破，大多来自基于该类材料的设计与开发。这类具有 A - DA′D - A 结构的非富勒烯受体材料在可见光范围具有较好的光吸收能力和合适的前线轨道能级结构，可以与中等带隙的聚合物给体材料实现良好的能级匹配。基于 Y6 分子，通过烷基链的优化、卤素或者硒原子的取代和受体稠环核心结构的调控等策略设计合成了一系列具有优异光伏性能的非富勒烯受体材料，并使得单结器件的效率已获得超过 19% 的 *PCE*。这些功能可以强烈地影响共混体系的活性层薄膜形貌。然而与基于 IDT 系列的非富勒烯受体材料不同的是，基于 Y6 结构的非富勒烯受体体系通常不会产生较大尺度的相分离，材料优异的结晶结构可以构筑多尺度的共混形貌，以调节激子和载流子的本征性质，进而获得有效的器件效率。

这类具有香蕉状弯曲结构的 Y6 分子的堆积模式是首次报道的情况，同时这类材料的堆积性能也是十分重要的。从其单晶结构数据中可以发现，一个 Y6 分子可以通过双氰基茚满二酮(IC)端基形成扭曲的以为传输通道，沿立方体面对角线的方向延伸。另外一个 Y6 分子形成另一个一维通道，会占据相立方面对角线的晶格，形成具有横切面的传输通道，这与早期的基于 ITIC 体系的受体材料的晶格堆叠方式是完全不同的。在非富勒烯受体体系的光伏器件中，$\pi - \pi$ 堆积被认为形成独特晶体结构的最大驱动力。当采用氯仿溶液处理 BHJ 薄膜时，Y6 分子在基底表面上倾斜，使两个立方面对角聚合物在装骨架（100）半垂直于基底表面。这样的空间排布结构有利于促进载流子的传输获得更有效的激子解离和较高的电子迁移率。

从最近的研究中可以看出，采用层层处理的方式（Layer – By – Layer，LbL）成为非常有价值的方式来调节光伏材料在垂直方向上的相分离，并用来构筑具有 p – i – n 结构的器件结构。采用层层处理的方式理论上是很容易控制其活性层形貌的，其中给体和受体组分可以被分开进行优化，协同的处理方式对结构的改善提供了另外一种方法。LbL 方式可以有效促进基于 Y6 体系的光伏性能，获得优异的光伏性能，甚至超过相应的具有 BHJ 结构的光伏器件。其中器件底部的聚合物给体层不包含受体分子，也不会受到其他组分晶界的影响，因此可以获得优异的相互交错的聚合物纤维结晶结构。第二层 Y6 材料的制备可能会打破底部聚合物给体材料的表面形貌。通过选择合适的溶剂体系可以很好地或者部分地溶解无定型的聚合物，会将 Y6 引入到聚合物纤维网络中，并且形成存在于两层之间的电子传输通道，其中 Y6 的晶体被聚合物纤维限制在特定的环境区域内，主要出现 face – on 的堆积取向，可以形成独特的 n – 型垂直传输通道。这种第二次的结晶过程也会促进混合区域形成较好排列的贯穿给体和受体的传输区域，降低的相区尺寸可以保证有效的载流子扩散，并减少复合作用。除此之外，利用溶剂添加剂处理 Y6 第二层，会控制聚合物层的玻璃化，其表面诱导成核和成长的精细链排列可以进一步改善结晶纤维的形貌，这也是 LbL 策略的另一优势。总的来说，这种构筑 BHJ 薄膜过程中将材料优化的方式转变为形貌优化的方法，减少了以往难以超越的严重问题。对于采用 LbL 结构的器件中，聚合物材料的批次差异性变得并不那么敏感，这是由于纤维的形成过程没有复杂的异质相互作用。预先形成的纤维网络层和后续沉积的非富勒烯受体层可以形成稳定的形貌结构，并且产生优异的器件性能。陈红征教授等利用 LbL 方法获得了器件效率超过 18% 的单结器件。加入的第三组分 BTP – S2 与聚合物给体 PM6 具有较低的混溶度可以避免在 LbL 制备过程中产生的给体和受体分子的过度混溶，因此，可以形成较好的垂直相分布，使得给体主要分布在阳极而受体主要分布在阴极，中间的内部扩散层主要确保有效的电子过程。通过形貌分析可知，相比于 BHJ 方式处理的薄膜材料，采用 LbL 的方法可以有效地利用材料高的结晶性、紧密的分子堆积和合适的相分离，进而获得高的 J_{sc} 和 FF。黄飞教授等基于宽带隙给体 P2F – EHp 和高结晶性非富勒烯受体 M4 – 4F 的光伏器件，利用正交溶剂采用 LbL 的方法构筑了效率高于相应 BHJ 的光伏器件。

通过合理地调控材料的中间核心、侧链单元和末端基团是非常有效的优化材料获得高效率器件的策略。材料的设计最大的考虑就是平衡光吸收和 V_{oc} 之间的制约关系，合理调节材料的结晶性质来更好地匹配相应的给体材料。得益于结构调控的材料化学结构的相似性，就能级与混溶性来说，可以与 Y6 分子获得较好的匹配。对于多元组分来说，三元或者四元体系，也可以充分地利用每个组分的优势，保持材料本身的形貌框架。刘烽教授和张永明教授等充分利用了三元器件与 LbL 的优势报道了一种基于 Y6 分子的合金混合物，可以获得器件 J_{sc} 的进一步提升。利用了具有相似的化学结构，但是不同的电子结构的非富勒烯受体。在薄膜中溶剂挥发，薄膜固化干燥的过程中，具有相似结构的非富勒烯受体材料会形成类似于溶剂中存在形势的紧密混合物，进而结晶分离为纯相。体系最初的结晶驱动力来自 $\pi - \pi$ 堆积，可以促进体系形成微小的结晶。在相似材料的混合物中，材料的进一步消耗会阻碍晶体的三维膨胀，早期形成的晶体会根据表面能和晶体生长前沿的相似性，找到它们可容忍的相似物进行堆积和凝聚，从而产生共晶层状的纤维，同时在基于 PM6：Y6：Y6 – BO 三元共混体系中可以看到更加明显的纤维网络状形貌结构。因此三元共混体系获得优异的确定结晶，具有提升的结晶性和晶体质量，这样的共混形貌可以获得低密度的缺陷和降低的双分子复合损失。张福俊教授等也利用同样的策略利用两个兼容性的具有较小界面能的 Y6 衍生物受体分子构筑三元器件，并且获得高达 17.59% 的 PCE。

除了利用两个具有相似化学结构的非富勒受体材料构筑三元器件以外，富勒烯衍生物，如 $PC_{61}BM$、$PC_{71}BM$ 等也是第一代的主流使用的受体材料。富勒烯衍生物受体材料具有明显的 n 型和无定型的性质，可以有效地用作形貌调节剂，控制共混体系多尺度的相分离形貌，在富勒烯与非富勒烯搭配的体系中，非富勒烯受体的结晶性可以确保有效的激子解离和载流子传输，而富勒烯衍生物受体分子可以促进形成更好的电子结构，促进电子传输。在基于 Y6 体系的 BHJ 系统中，不平衡的电子和空穴传输通常会阻碍进一步提升相应器件的转换效率。为了解决这一难题，向体系中引入富勒烯受体获得平衡的电荷传输是非常高效的设计策略。相比于 Y6 分子单线态能量态，富勒烯受体高的 CT 态可以抑制双分子复合，并且充分利用 CT 态。张福俊教授等利用拉曼扫描来绘制 BHJ 薄膜的形貌，以便于深入理解 PCBM 第三组分的工作机理。研究发现，第三组分 $PC_{71}BM$ 的加入，甚至在 $PC_{71}BM$ 的比例增加时，第三组分也会倾向于与 Y6 分子混合，并且不会聚集。刘烽教授等也利用相似的策略向二元体系中加入 $PC_{71}BM$ 作为第三组分优化体系的能级排布和薄膜形貌。除了三元策略优化活性层形貌之外，四元策略应用 PM6/PM7 作为双给体与 Y7 和 $PC_{71}BM$ 作为双受体制备光伏器件。随着 $PC_{71}BM$ 加入量的增加，四元共混薄膜的散射特征逐渐从驼峰演变为没有位置偏移的明确散射峰，说明 $PC_{71}BM$ 在混合相中呈现散射分布。这样的混合方式使其与其他无定型的组分产生紧密的相互作用，并在此产生一种独特的电子结构，获得了提升的电子传输通道，使给体中激发态的电子可以有效传输到混合相区的 LUMO 能级并被快速地提取。尽管 $PC_{71}BM$ 的 HOMO 能级比 Y6 的更深，同质的混合相可以提供与给体材料较好的联系，由 $PC_{71}BM$ 和 Y6 获得激子捕获。这种通过多元组分的调控，协同利用 PM6/PM7 – Y6 诱导产生确定的多尺度形貌共同产生了 V_{oc}、J_{sc} 和 FF 的提高，使器件效率提高到 18.07%。总的来说，获得高效率光伏器件的主要设计策略就是通过一种合理有效的方法优化活性层形貌和电子结构。

7.2.5 通过添加剂控制活性层形貌

在旋涂制备薄膜，溶剂挥发的过程中，添加剂可以影响 BHJ 薄膜的形貌。在活性层薄膜的前驱体溶液中加入少量的添加剂，在基底表面涂覆和润湿的过程中会改变溶剂干燥的动力学和干燥时间。采用溶剂添加剂具有比其他方式更多的优势，比如，通过选择具有不同物理和化学性质的各种溶剂添加剂，可以轻松实现对活性层形貌的调控，从而有效控制给体/受体纯相的分子堆积和取向以及相应的相分离程度。最近的研究表明，溶剂添加剂不仅可以优化基于富勒烯体系的 BHJ 薄膜形貌，而且可以有效地提升基于非富勒烯受体体系 BHJ 薄膜的纳米尺度形貌。纵观目前获得的高效率光伏器件，大部分都是采用了溶剂添加剂。当然侯剑辉研究员等也开发了一系列利用挥发性固体添加剂加入活性层前驱体溶液中来有效调控共混体系活性层形貌的策略。下面，将简要讨论添加剂对共混体系活性层形貌的影响和不同的工作机理。同时也会简要介绍采用添加剂的方式获得高效率光伏器件的最新研究进展。

1. 溶剂添加剂调节形貌

一般情况下，添加剂是加入主体溶剂体系中具有高沸点并且可以选择性溶解给体或者受体材料的溶剂。因此，溶剂添加剂一般会在 BHJ 薄膜形貌形成的过程中保留在薄膜中，因为它与 BHJ 薄膜中的有机活性层材料保持某种特定的相互作用。这种相互作用会强烈地影响 BHJ 薄膜形成和薄膜中材料相区的纳米结构。在 BHJ 薄膜中溶剂添加剂的影响和工作机理已经在基于聚合物∶富勒烯受体体系获得了广泛的研究，由于富勒烯受体具有特有的分子结构，当与窄带隙聚合物共混时，富勒烯通常会保持相似的行为。溶剂添加剂的一个重要作用就是改变给体/受体共混薄膜相分离的路径。在共混薄膜中，加入添加剂可以有效地抑制形成过大的富勒烯相，过大的富勒烯相区在 L-L 型相分离中经常会出现。比如在基于 PDPP5T：PC$_{71}$BM 体系中，当使用氯仿溶剂旋涂薄膜时，在富勒烯富集的相区通常会具有 100nm 附近的相区尺寸。

有许多溶剂添加剂被用来提升聚合物给体材料的堆积结构，用来提升相应相区的晶体尺寸和相区纯度，被提升的堆积结构在 BHJ 相分离过程会驱动 S-L 型混合机理，溶剂添加剂可以降低聚合物晶体成核和生长的势垒。因此，在给体和受体紧密混溶的情况下，溶剂添加剂实际上可以用于诱导共混薄膜的相分离。Hexemer 教授等利用原位 GIWAXS 检测了 P3HT：PC$_{61}$BM 的异质结薄膜形成过程。研究发现，当仅采用氯苯（CB）为溶剂时，共混薄膜显示较弱的聚合物堆积。当向氯苯溶剂中加入 3% 体积比的 1，8-辛二硫醇（ODT）时，P3HT 显示现象的聚合物增长和聚合物堆积结构，并且出现了明显的聚合物层状堆积峰，这是由于第三组分 ODT 的加入，降低了成核和生长的势垒引起的。Woo 等报道了基于 PP-DT2FBT：PC$_{71}$BM 的 OPV 器件，在活性层厚度为 290nm 时，获得了较强的光吸收能力，因此获得高的 J_{sc}，同时其 V_{oc} 和 FF 没有随之降低。这主要得益于聚合物链高度有序的堆积形成纳米纤维结构。二苯醚（DPE）添加剂可以使活性层材料保持部分溶解，使 PC$_{71}$BM 扩散为更宽广的区域，可以促进聚合物链的自组装为高度有序的结构。最终，采用 DPE 为添加剂的光伏器件获得提升的载流子迁移率和 J_{sc} 为 15.73mA·cm^{-2}。

与基于富勒烯受体的光伏器件类似，非富勒烯受体本身的刚性骨架和共平面性结构，也会出现过度聚集的情况，很容易使活性层出现渗透混合的情况。在非富勒烯受体体系，溶剂添加剂在优化共混薄膜形貌方面有重要的作用，它们可以通过控制活性层材料的结晶控制其相分离，同时抑制活性层材料的自聚集。非富勒烯受体材料结构的多样性，就需要采用不同的溶剂添加剂获得高效率的 OSCs 器件。其中，DIO 可以促进给体或者受体材料的成核和生长，进而诱导结晶。比如基于 PDI 的受体与 p-DTS(FBTTh)$_2$ 搭配时，在没有任何添加剂时，共混体系显示紊乱的结构和较弱的相分离。相反地，当共混体系中加入 DIO 时，p-DTS(FBTTh)$_2$ 和 PDI 展现出提升的结构有序性和相分离，器件效率（3.1%）远高于未加入添加剂的情况（0.13%）。同样的现象也出现在基于 PTB7-Th：ATT-1 体系中，当向体系中加入 DIO，会导致薄膜中的 ATT-1 受体材料的相分离和结晶性提升，进而获得性能进一步提升的光伏器件。

目前的研究表明，高沸点溶剂添加剂有利于实现有机光伏器件效率的进一步提升，但在未来 OPV 大规模商业化生产制备的过程中，溶剂添加剂仍会带来很大的弊端，比如溶剂添加剂会导致器件的不稳定性以及不可重复性等问题。因此，在未来的材料设计合成中应不仅关注光伏器件活性层材料的光学性质和电子结构，而且需要设计合成出合适混溶性的活性层材料对，在无添加剂后处理的光伏器件中也可以获得合适的分子堆积性质。

2. 固体添加剂调节形貌

最近，不同的固体添加剂，包括挥发性和非挥发性的固体添加剂被成功地应用于调节活性层的形貌。具有高沸点的溶剂添加剂在器件制备之后会保留在 BHJ 薄膜中，这是 OPV 光伏器件形貌不稳定和性能不稳定的重要影响因素。在基于非富勒烯受体材料的 BHJ 薄膜中加入可挥发性固体添加剂调节共混形貌，可以提升分子间的 $\pi-\pi$ 堆积和受体分子的堆积结构，有利于提升器件的电荷传输。侯剑辉研究员等设计开发了一系列挥发性的固体添加剂（如 SA - 1），与非富勒烯受体分子的末端基团具有相似的化学结构。采用此类添加剂，在 140℃ 加热退火处理之后，共混薄膜表现出提升的分子间 $\pi-\pi$ 堆积和提升的电子迁移率。固体添加剂 SA - 1 的加入可以有效促进基于 IT - 4F 体系自组装，获得有序的分子排列，同时添加剂 SA - 1 又可以通过对活性层薄膜的加热退火处理除掉。当加入 17.3% 质量比的固体添加剂 SA - 1 之后，基于 IT - 4F 的共混薄膜展现出提升的电子迁移率和高达 76% 的 FF。

除了挥发性固体添加剂以外，非挥发性固体添加剂也被用来调控共混薄膜的活性层形貌，杨楚罗教授等利用具有高介电常数的非挥发性固体聚合物添加剂调节 BHJ 薄膜的形貌。利用氟取代的聚苯乙烯（PPFS）作为添加剂，降低原本共混体系的晶体相干长度获得给受体材料间提升的分子间混溶性，获得了降低的薄膜粗糙度。固体添加剂的加入，使器件获得了有效的激子分离和电荷传输。最终，加入 PPFS 的器件获得提升的激子解离和平衡的载流子迁移率，进而获得 J_{sc} 和 PCE 的进一步提高。

3. 后处理调节共混形貌

对于有机光伏器件来说，目前使用最广泛的就是利用旋涂的方式在基底表面涂覆活性层材料，而采用这种方式制备的薄膜，速度非常快，因此制备的薄膜材料通常会显示出动力学的陷阱态，不能形成有序的分子堆积结构和有效的相分离。很多研究结果不能完全反映给体和受体材料的物理性质，包括它们的结晶性和分子间的互溶度等。因此，未经任何后处理的薄膜通常不能获得最优的活性层形貌。比如基于 P3HT 的 OSC 器件在未经任何后处理时，由于在给受体的共混态中无定型的聚合物相区具有低的电子迁移率，而表现出较差的 OPV 性能。在 OPV 光伏器件中，合适的后处理可以进一步优化 BHJ 薄膜内在的形貌缺陷(包括结晶性、相区尺寸、相纯度和垂直相分离等)进而获得进一步提升的 OPV 性质。其中 TA、SVA、溶剂后处理等常被用来优化基于 NFA 体系的光伏器件形貌。下面，简要介绍几种不同的后处理技术在优化 BHJ 薄膜共混形貌及相应器件光伏性能方面的作用。

　　TA 被认为是一种简单有效的优化基于聚合物体系活性层形貌的措施，其中根据 TA 处理顺序的不同可以分为前退火和后退火的方法。前退火主要是指加热退火的处理主要发生在 BHJ 薄膜涂覆于基地表面之后，后退火主要是指在所有器件制备完成之后再进行的加热退火，称之为后退火。其中，前退火可以增加给受体材料的相分离，改变其纳米尺度形貌和结晶性。在基于 P3HT：$PC_{61}BM$ 的 BHJ 薄膜中，TA 可以增加 P3HT 的结晶性，促进 $PC_{61}BM$ 扩散到无定型的 P3HT 区域中。在 TA 后处理之后，共混薄膜出现了纳米尺度的互穿 BHJ 网络，器件获得了有效的电荷分离和传输，最终获得了器件性能的提升。除了上述提到的传统的 TA 退火方式以外，张福俊教授等利用颠倒热退火(DTA)的方式对 BHJ 薄膜形貌进行处理之后(图 7.1)，其面外(OOP)以及面内(IP)方向的衍射峰均向更高的衍射峰方向移动，说明经过 DTA 处理之后，活性层材料的堆积距离(d – sapcing)均减小，其 π – π 堆积变得更加紧密，这对于提升器件的 J_{sc} 和 FF 是有利的。除此之外，还利用了高沸点溶剂添加剂，使 BHJ 薄膜的活性层材料得以重新分配，最终活性层薄膜获得最优的垂直相分离，基于 PffBT4T – 2OD：$PC_{71}BM$ 的光伏器件获得更高的 J_{sc} 为 19.23mA·cm^{-2}，除了上述提到的传统的 TA 以及颠倒的 DTA 热退火处理之外，后退火的技术也广泛应用于光伏器件的构筑中，以提升金属电极和活性层之间的界面粗糙度，进而提升界面面积。而这类提升的界面面积有利于提升相应器件的电荷收集效率和内部光子反射和电荷收集，进而获得提升的器件效率。

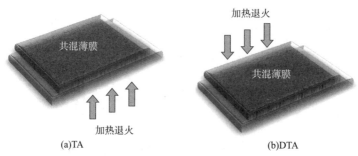

(a)TA　　　　　　　　　　　　　　(b)DTA

图 7.1　TA 和 DTA 的加热方式示意图

与基于富勒烯受体材料体系不同的是，大部分的聚合物/非富勒烯受体体系的 TA 后处理策略的机理中，非富勒烯受体利用共混薄膜中给体/受体界面处聚合物给体作为成核位点进行重排，进而形成半结晶结构。然而在传统的基于富勒烯受体体系中，富勒烯受体通常在 TA 处理后通过无定型的聚合物相区扩散到 BHJ 薄膜。因此，TA 后处理有助于提升 BHJ 薄膜的结晶性，可以通过诱导临近 NFA 晶体的成核，使 BHJ 薄膜形成高度结晶和更精细的受体相区。经过 TA 后处理后，这些 NFA 重新分配有助于促进激子解离和电荷传输。在很多研究中，TA 与溶剂添加剂通常是协同使用的，可以有效抑制 BHJ 薄膜的过度结晶和活性层材料的自聚集。

TA 后处理策略也经常用来诱导聚合物给体与非富勒烯受体的相分离。唐卫华教授等发现基于 PTB7 - Th：ITIC 体系，利用热溶液旋涂加上 TA 的策略可以有效地优化 OPV 器件的效率。从热溶液中获得的聚集的 NFAs 有利于形成双连续的纳米尺度互穿网络结构，通过合适的 TA 后处理可以获得合适的相分离。由于获得合适的相分离和提升的 $\pi - \pi$ 堆积，该器件获得高达 15.13mA·cm^{-2} 的 J_{sc} 和 0.72 的 FF。TA 后处理可以有效控制活性层形貌，提升材料的结晶性，选择合适的热退火温度至关重要。Upama 等在较高的热退火温度下使基于 PBDB - T：ITIC 的共混体系产生了较强的聚集和相分离，使得 BHJ 薄膜的部分形态具有不同的带隙，因此相关 OPV 器件获得较低的内建电场。从 BHJ 薄膜的阻抗谱的 Nyquist 曲线可知，高温下的热退火有一个较大的低频率弧线，说明在给受体界面有严重的电荷积累，这主要是由于在 BHJ 薄膜表面的形貌扰动引起的。因此，在 OPV 光伏器件活性层材料的后处理中，选择合适的热退火温度对 TA 后处理至关重要。

除了 TA 热退火处理之外，溶剂蒸汽退火（SVA）是将活性层薄膜与溶剂蒸汽放置于一个密闭体系中进行的。由于旋涂法制备 BHJ 薄膜的过程中溶剂的挥发速度非常快，没有足够的时间形成给体受体共混薄膜。对共混薄膜进行 SVA 处理，有利于使得共混体系获得更优异的 BHJ 形貌，获得提升活性层材料的分子排列，在密闭体系中进行溶剂蒸汽处理可以使共混薄膜有足够的时间控制活性层薄膜形貌。在采用 SVA 条件对活性层薄膜进行后处理时，影响 SVA 的重要因素主要包括选择溶剂的种类和 SVA 的时间。在聚合物：富勒烯体系，比如 P3HT：PC$_{61}$BM 体系中，选择一个好的溶剂可以提升给体材料的堆积结构和电荷迁移率，对提升器件的 J_{sc} 和 PCE 是非常有利的。然而，SVA 的后处理过程有时候会产生过度的大尺度相分离，进一步抑制电荷在给受体界面处的解离。同时，利用对给体材料溶解度较差的溶剂，会使得基于 P3HT：PC$_{61}$BM 体系的相分离达到合适的尺度，其相应的相区尺寸不会超过集资的扩散长度，相应的器件会获得更高的 J_{sc}

$(11.44\text{mA} \cdot \text{cm}^{-2})$，高于采用氯仿(CF)作为 SVA 溶剂的器件 $J_{sc}(8.22\text{mA} \cdot \text{cm}^{-2})$。

与富勒烯体系不同的是，在非富勒烯体系中采用对给受体材料均具有较好溶解度的溶剂作为 SVA 溶剂对提升共混薄膜形貌也非常有效。针对基于 PTB7 - Th：ITIC 体系，王涛教授等采用两种不同的溶剂二硫化碳(CS_2)和丙酮作为 SVA 的溶剂，研究了不同溶剂 SVA 对器件光伏性能的影响。其中 CS_2 和丙酮均具有较低的沸点和高的蒸气压。然而，CS_2 可以很好地溶解 PTB7 - Th 和 ITIC 分子，而丙酮对两种分子的溶解度都较差。根据形貌研究可知，具有较好溶解度的 CS_2 可提升聚合物 PTB7 - Th 在面内 IP 方向的层间堆积和面外方向上给体和受体材料的 $\pi - \pi$ 堆积，这可以直接提升器件的载流子迁移率。相反，采用具有较差溶解度的丙酮时，会降低分子的有序性，同时对相区尺寸和堆积距离有较小的影响。会产生不平衡的载流子迁移率，降低相应器件的光伏性能。Ade 教授等也对 D18：Y6 体系进行了 SVA 研究，采用 CF 作为 SVA 溶剂，研究其对分子堆积性质的影响。当对 D18：Y6 体系利用 CF 进行 SVA 处理 5min 时，聚合物给体 D18 的 $\pi - \pi$ 堆积进一步提升，$\pi - \pi$ 堆积距离进一步降低，使得共混体系的空穴迁移率进一步提升，基于 D18：Y6 器件的 J_{sc} 由 $23.97\text{mA} \cdot \text{cm}^{-2}$ 提升到 $27.14\text{mA} \cdot \text{cm}^{-2}$，其 *PCE* 进一步提高到 17.6%。

TA 和 SVA 后处理可以有效增强聚合物给体和非富勒烯受体体系的堆积结构，然而在有些时候，有效地控制给体或者受体材料的单独结晶，获得给体和受体材料晶体生长速度的平衡是非常困难的。特别是聚合物给体与小分子受体在相分离过程的动力学行为完全不同，主要是由于其较大的相对分子质量差异引起的。在成膜的过程中预先形成的聚合物网络可以抑制小分子受体在 TA 处理过程的扩散。选择一个对共混体系中给体和受体材料均具有较好溶解度的溶剂作为 SVA 的溶剂，使得共混体系中材料的结晶和重组可以同时发生。由于聚合物材料较大的分子质量，聚合物链在分子重组过程中的移动会打破非富勒烯受体材料的晶体生长。后续采取混合后处理的方法可以控制活性层材料的结晶，这对提升器件 OPV 性能也是十分有利的。韩艳春教授等报道了利用 SVA 和 TA，分步法后处理的方式控制 PBDB - T：ITIC 体系的结晶性。其中，THF 可以选择性地溶解 ITIC，被用作 SVA 溶剂。对共混薄膜采用 THF 作溶剂的 SVA 后处理，ITIC 分子可以自由地扩散进入到无定型的共混体系相区，因此 ITIC 分子的形核和生长会优先发生。当将共混薄膜再进行后续的 TA 处理时，PBDB - T 分子链间较强的分子间相互作用会产生 PBDB - T 分子增强的 $\pi - \pi$ 堆积，使给体和受体材料的结晶性均获得提升。通过两步法后处理的方式使器件效率由最初的 8.14% 提升至 10.95%。

总的来说，通过对活性层材料不同分子结构、三元策略、不同后处理条件等技术的使用，可以实现对 BHJ 薄膜活性层形貌的有效调控，获得提升的激子解离、电荷传输和电荷再生性质，使光伏器件的效率获得进一步的提升。对光伏器件共混薄膜活性层形貌的调控也是实现器件光伏性能进一步提升的最简便方式之一。

7.3 形貌调控的总结与展望

总结来说，在有机光伏器件中，活性层相貌对 OPVs 器件的光伏性能有重要的影响。BHJ 薄膜的形成通常经历一个复杂的机理，最终 BHJ 共混薄膜的自组装不仅受到材料本征性质的影响也会受到溶液处理过程的影响。因此，想要深入地理解形貌的形成过程，需要充分地考虑 BHJ 薄膜形成过程的热力学及动力学过程参数。动力学的过程主要包括器件处理溶剂的种类，旋涂的方法、溶剂干燥过程等，而给受体材料的相互作用参数和结晶性主要控制薄膜的热力学过程。随着近几年非富勒烯受体材料的快速发展，相比于富勒烯受体材料，非富勒烯受体材料的结构多种多样也更加的复杂，其 BHJ 薄膜的形成过程也更难预测。共混体系的活性层薄膜对相应光伏器件的分子堆积结构、激子解离、电荷再生和载流子传输等性能有重要的促进作用，因此研究光伏器件共混薄膜形貌的形成及影响规律至关重要。

对共混体系活性层形貌的调控主要包括材料化学结构、给体受体材料的匹配、三元、不同后处理技术等策略。其中，溶剂添加剂、SVA、TA 是目前应用最广泛，效果最显著的共混薄膜形貌调控技术。针对有机光伏的快速发展，考虑到有机光伏未来的大规模生产制备，研究基于非富勒烯受体体系 BHJ 薄膜形貌的稳定性是十分重要的。尽管目前有机光伏器件效率获得持续突破，大部分的光伏器件在持续的高温以及光照下，其相应的 BHJ 薄膜经历着重要的形貌变化，这是因为有些活性层材料容易发生变化使共混薄膜并未处在热力学的稳定态。考虑到需要优化活性层形貌获得最优的光伏性能，研究工作者需要持续研究光伏器件的衰减机理发展更简便高效稳定的光活性层处理工艺，以获得同时提升的器件效率、形貌稳定性和器件稳定性。

参考文献

［1］Zhang H., Li Y., Zhang X., Zhang Y., Zhou H. Role of interface properties in organic solar cells: from substrate engineering to bulk - heterojunction interfacial morphology ［J］. Mater. Chem. Front, 2020, 4(10): 2863 - 2880.

［2］Zhu L. , Zhang M. , Zhong W. , Leng S. , Zhou G. , Zou Y. , Su X. , Ding H. , Gu P. , Liu F. , Zhang Y. Progress and prospects of the morphology of non – fullerene acceptor based high – efficiency organic solar cells［J］. Energy Environ. Sci. , 2021, 14(8)：4341 – 4357.

［3］Yoon S. , Shin E. – Y. , Cho N. – K. , Park S. , Woo H. Y. , Son H. J. Progress in morphology control from fullerene to nonfullerene acceptors for scalable high – performance organic photovoltaics［J］. J. Mater. Chem. A, 2021, 9(44)：24729 – 24758.

［4］Ma Y. – F. , Zhang Y. , Zhang H. – L. Solid additives in organic solar cells：progress and perspectives［J］. J. Mater. Chem. C, 2022, 10(7)：2364 – 2374.

［5］Du B. , Yi J. , Yan H. , Wang T. Temperature induced aggregation of organic semiconductors ［J］. Chem. , 2021, 27(9)：2908 – 2919.

［6］Qiu D. , Adil M. A. , Lu K. , Wei Z. The crystallinity control of polymer donor materials for high – performance organic solar cells［J］. Front Chem, 2020, 8：603134.

［7］Wang Q. , Qin Y. , Li M. , Ye L. , Geng Y. Molecular engineering and morphology control of polythiophene：nonfullerene acceptor blends for high – performance solar cells［J］. Adv. Energy Mater. , 2020, 10(45)：2002572.

［8］Agarwal S. , Greiner A. , Wendorff J. H. Functional materials by electrospinning of polymers［J］. Prog. Polym. Sci. , 2013, 38(6)：963 – 991.

［9］Brabec C. J. , Heeney M. , McCulloch I. , Nelson J. Influence of blend microstructure on bulk heterojunction organic photovoltaic performance［J］. Chem. Soc. Rev. , 2011, 40(3)：1185 – 1199.

［10］Cavaliere S. , Subianto S. , Savych I. , Jones D. J. , Roziere J. Electrospinning：designed architectures for energy conversion and storage devices［J］. Energy Environ. Sci. , 2011, 4(12)：4761 – 4785.

［11］Chen G. , Agren H. , Ohulchanskyy T. Y. , Prasad P. N. Light upconverting core – shell nanostructures：nanophotonic control for emerging applications［J］. Chem. Soc. Rev. , 2015, 44 (6)：1680 – 1713.

［12］Cheng P. , Yang Y. Narrowing the band gap：the key to high – performance organic photovoltaics ［J］. Acc. Chem. Res. , 2020, 53(6)：1218 – 1228.

［13］Collins S. D. , Ran N. A. , Heiber M. C. , Thuc – Quyen N. Small is powerful：recent progress in solution – processed small molecule solar cells ［J］. Adv. Energy Mater. , 2017, 7 (10)：1602242.

［14］Gurney R. S. , Lidzey D. G. , Wang T. A review of non – fullerene polymer solar cells：from device physics to morphology control［J］. Rep. Prog. in Phy. , 2019, 82(3)：36601.

［15］Hu H. , Chow P. C. Y. , Zhang G. , Ma T. , Liu J. , Yang G. , Yan H. Design of donor polymers with strong temperature – dependent aggregation property for efficient organic photovoltaics ［J］. Acc. Chem. Res. , 2017, 50(10)：2519 – 2528.

［16］Jacobs I. E. , Moule A. J. Controlling molecular doping in organic semiconductors ［J］.

Adv. Mater. , 2017, 29(42): 1703063.

[17]Kang H. , Lee W. , Oh J. , Kim T. , Lee C. , Kim B. J. From fullerene – polymer to all – polymer solar cells: the importance of molecular packing, orientation, and morphology control[J]. Acc. Chem. Res. , 2016, 49(11): 2424 – 2434.

[18]Laipan M. , Yu J. , Zhu R. , Zhu J. , Smith A. T. , He H. , O'Hare D. , Sun L. Functionalized layered double hydroxides for innovative applications[J]. Mater. Horiz. , 2020, 7(3): 715 – 745.

[19]Li C. , Li Q. , Kaneti Y. V. , Hou D. , Yamauchi Y. , Mai Y. Self – assembly of block copolymers towards mesoporous materials for energy storage and conversion systems [J]. Chem. Soc. Rev. , 2020, 49(14): 4681 – 4736.

[20]Liao H. – C. , Ho C. – C. , Chang C. – Y. , Jao M. – H. , Darling S. B. , Su W. – F. Additives for morphology control in high – efficiency organic solar cells[J]. Mater. Today, 2013, 16(9): 326 – 336.

[21]Liu C. , Cheng Y. – B. , Ge Z. Understanding of perovskite crystal growth and film formation in scalable deposition processes[J]. Chem. Soc. Rev. , 2020, 49(6): 1653 – 1687.

[22]Liu F. , Gu Y. , Jung J. W. , Jo W. H. , Russell T. P. On the morphology of polymer – based photovoltaics[J]. J. Polym. Sci. Part B – Polym. Physics, 2012, 50(15): 1018 – 1044.

[23]Liu J. , Woell C. Surface – supported metal – organic framework thin films: fabrication methods, applications, and challenges[J]. Chem. Soc. Rev. , 2017, 46(19): 5730 – 5770.

[24]Liu W. , Xu X. , Yuan J. , Leclerc M. , Zou Y. , Li Y. Low – bandgap non – fullerene acceptors enabling high – performance organic solar cells[J]. ACS Energy Lett. , 2021, 6(2): 598 – 608.

[25]McDowell C. , Abdelsamie M. , Toney M. F. , Bazan G. C. Solvent additives: key morphology – directing agents for solution – processed organic solar cells [J]. Adv. Mater. , 2018, 30 (33): 1707114.

[26]Reiss P. , Couderc E. , De Girolamo J. , Pron A. Conjugated polymers/semiconductor nanocrystals hybrid materials—preparation, electrical transport properties and applications [J]. Nanoscale, 2011, 3(2): 446 – 489.

[27]Ullattil S. G. , Narendranath S. B. , Pillai S. C. , Periyat P. Black TiO_2 Nanomaterials: A Review of Recent Advances[J]. Chem. Eng. J. , 2018, 343: 708 – 736.

[28]Yu R. , Wu G. , Tan Z. Realization of high performance for PM6: Y6 based organic photovoltaic cells[J]. J. Energy Chem. , 2021, 61: 29 – 46.

[29]Zhang J. , Tan H. S. , Guo X. , Facchetti A. , Yan H. Material insights and challenges for non – fullerene organic solar cells based on small molecular acceptors[J]. Nat. Energy, 2018, 3 (9): 720 – 731.

[30]Zhao F. , Wang C. , Zhan X. Morphology control in organic solar cells[J]. Adv. Energy Mater. , 2018, 8(28): 1703147.

第8章　有机太阳能电池的稳定性

得益于非富勒烯受体材料的快速发展，有机太阳能电池在过去的几年里发展迅猛，其单结器件效率已超过 19%，叠层器件效率已超过 20%。这主要得益于活性层材料的创新、器件制备工艺的进步、界面层材料的发展等多方面技术的进步。其中，稳定性是限制有机光伏大规模商业化生产制备重要的因素之一。有机光伏器件存在的不稳定因素主要来源于活性层形貌的亚稳态、电极与缓冲层之间的扩散、机械强度、空气中的水和氧、光照射、加热等各方面外界因素。为了持续推动有机光伏的进一步发展，研究有机光伏器件的稳定性，需要研究者们充分理解上述因素对器件稳定性的影响规律。

本章将讨论不同因素对有机光伏器件稳定性的影响，包括材料化学结构的设计、活性层形貌的稳定性和器件结构对光伏器件稳定性的影响规律。最后，从总体上分析有机太阳能电池的发展现状、面临的挑战及未来的发展趋势。

8.1　有机太阳能电池稳定性概述

一般情况下，对于 OPV 模组其相应的有机光伏分子的工作寿命至少是 10 年，而光伏器件的工作寿命与其制备成本是成正比的。因此，系统研究光伏器件的稳定性对于推动有机太阳能的大规模生产制备至关重要。杨阳教授等表示在有机光伏领域中低成本、高效率和高稳定性是限制有机光伏进一步发展的黄金三角（图 8.1）。目前大部分 OPV 的研究主要集中在发展高效率有机光伏材料和优化光伏器件处理方法。

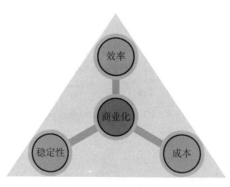

图 8.1　有机太阳能电池商业化发展的"黄金三角"

在有机光伏的发展历程中，器件的稳定性与提升器件效率是具有同等重要的研究方向。有机材料，包含一些共轭聚合物、非富勒烯受体等均具有紫外光照射下的光洗脱和在空气中的水、氧、金属氧化物等也会发生化学结构的衰变。这是由于空气中的水或者氧在器件制备的过程中，或者在器件运转过程中会被吸附进入到活性层材料和电荷传输层中。BHJ薄膜的形貌是处于动力学陷阱态的，难以长久保持。因此，在器件的制备过程中，处理条件(温度升高)、活性层材料，特别是一些有机小分子和聚合物分子，会在到达热力学平衡态前进行缓慢的扩散或者再结晶。其结果是，处于热力学平衡状态的器件有时会表现出与最佳器件性能相关的BHJ形貌大不相同的情况。目前也有很多工作研究了光伏器件的性能衰退机理。器件的稳定性和性能衰变是非常难解释清楚的，这主要是因为大多数有机材料本身就经历着严重的化学结构或者热降解。另外，器件的衰减机理不仅与有机材料的化学结构有关，也与器件的处理条件和相邻的电荷传输材料相关。随着非富勒烯受体材料的出现，由于材料化学结构的可调节范围获得巨大提高，很大程度上提升了有机光伏器件性能进一步提升的空间。材料的多样性在提升光伏器件性能的同时，也为研究器件稳定性和衰减机理增加了难度，使之变得更加复杂。

目前发展起来的大面积卷对卷(roll-to-roll)印刷制备为获得高产量、柔性大面积器件模组提供了极大的便利。在大面积柔性OPV模组中，由于PEDOT：PSS的吸水性和酸性会降低塑料基板的阻隔性能。在很多光伏器件，尤其是大面积器件中，很多不同种类的器件连接层是导致器件稳定性下降的最主要因素。在有机光伏器件中，器件寿命的表征最直观的是通过对器件效率的衰退来表征。通常采用室内模拟加速衰退测试的方式实现，不采用室外的方式主要是由于室外的测试方式太过耗时。室内模拟条件下的器件衰退机理的研究，并不能完全准确地反映室外自然条件下的器件衰减机理，室内衰减测试会改变很多动力学条件。因此，实际情况下的室外器件衰减机理并不能被完全预测。近期，也有些研究者开展了一些室外真实环境下的光伏器件模组稳定性研究。

总的来说，随着有机光伏器件性能的持续提升，光伏器件效率不断攀升，基本达到可以大规模商业化生产制备的性能要求。要提升有机光伏的商业化竞争力，除了材料本身的价格成本及合成难度以外，深入研究光伏器件的稳定性，探究有机光伏器件衰减机理是降低生产成本非常重要的策略之一。下面，将从活性层材料化学结构稳定性、器件(器件结构、形貌等)稳定性、连接层稳定性等方面的内容阐述有机太阳能电池器件稳定性，并在一定程度上揭示光伏器件的衰减机理。最后，也会简要阐明有机光伏未来发展过程面临的基于与挑战，及光伏器件未来的发展展望。

8.2　有机光伏材料稳定性

　　有机光伏的稳定性研究，除了通常所讲到的最直观地研究光伏器件效率的衰减之外，器件所采用的本征活性层材料的稳定性研究。比如相比于传统的基于富勒烯及其衍生物受体材料光伏的具有相对较差的形貌稳定性之外，近几年发展起来的非富勒烯受体材料显示出优异的稳定性。基于非富勒烯受体的光伏器件获得了较好的光伏器件稳定性，而有机半导体材料在光照下很容易出现光漂白和光照下的化学分解。在紫外光照射下，氧分子会扩散进入器件中，产生超氧自由基，这种具有较强氧化性的超氧自由基会持续氧化有机半导体，导致光伏材料不可逆的光漂白效应。

　　随着高性能非富勒烯受体材料的出现，有机半导体材料的光稳定性获得较大程度的提高。以明星受体分子 ITIC 及其衍生物为例，在空气中，使 ITIC 分子的纯膜暴露在光照下，薄膜的颜色会逐渐褪色，而 $PC_{71}BM$ 的纯膜会保留大部分的衰减系数。相比于 $PC_{71}BM$ 薄膜，ITIC 的吸收峰会出现明显的降低和蓝移。这主要是由于 ITIC 分子比 $PC_{71}BM$ 分子具有更多的光氧化反应活性位点，比如给体和受体中间的双键连接基团、侧链单元等。在这些活性位点上会发生一些不可逆的氧化反应，打破分子本身的骨架结构。这就会使共混薄膜出现更多的陷阱态，更高的能量损失，特别是非辐射复合能量损失。

　　通过非富勒烯受体分子化学结构的合理设计，可以获得稳定性进一步提升的NFAs。对于末端基团来说，非富勒烯受体材料中，相比于氟原子取代的末端基团，采用氯原子取代的末端基团具有提高的光伏器件光稳定性。比如具有相同共轭骨架结构，不同卤素原子取代末端基团的 IDIC－4Cl、IDIC－4F 和 IDIC 分子，其每小时的光吸收强度损失分别为 0.04%、0.08% 和 0.4%。正相反，采用甲基取代基的末端具有降低的光洗脱稳定性。因此基于 IDIC－DM 的光伏器件展现出较强的光照损失，其 J_{sc} 和 FF 均出现大幅度的降低，而基于 ITIC－2F 的光伏器件在相同的条件下展现出较强的器件稳定性。基于 ITIC－4F 的光伏器件在器件的80%衰减期（T_{80}，衰减至最初效率的80%所用时间）时可以持续工作 11000h，这对于促进有机光伏的发展具有重要作用。基于 PTIC 为受体材料的光伏器件在持续光照 50h 后仍可保持最初器件效率的 70%，在同等条件下基于稠环受体 ID－4F 的光伏器件仅可保持最初器件效率的 25%。

　　通过对材料化学结构的调控获得高效率光伏器件方面的工作，南开大学的陈永胜教授等取得较好的器件稳定性。2020 年，通过对基于二噻吩并环戊二烯为桥联基团的非稠环受体材料中间苯环核心上烷基侧链的调控，获得了当时非稠环受体材料器件的最高效率13.56%，同时获得了稳定的活性层形貌。研究了材料化学结构与形貌之间的关系以及材料结构对器件效率和稳定性之间的影响规律。发现，通过精确地平衡分子聚集和堆积形貌不仅是高性能光伏器件必须的，也可以同时获得高的器件稳定性。其中，采用2-乙基己基为侧链的 UF-EH-2F 分子具有最优的侧链分子尺寸和空间位阻效应，在相应的光伏器件中形貌的"有效态"和"稳定态"的完美重合，因此获得了最优的光伏器件效率和最优异的稳定性。针对当前研究较充分的稠环受体材料，在前期研究基础上设计构筑了一种简单且高效的分子设计策略，在中间稠环共轭骨架两段引入两个柔性烷基侧链实现了对材料性能的调控。研究发现，随着化学结构的微小调控，基于 3TT-OCIC 的材料在保持原本较宽近红外吸收光谱范围的同时，获得了提升的 LUMO 能级和 V_{oc}。最终，基于 3TT-OCIC 的光伏器件获得高达13.13%的单结器件效率，在氮气氛围下器件保存44天后仍保持最初97%的光伏器件效率，表现出了良好的器件稳定性。而在同样条件下，未经过烷基链修饰的 3TT-CIC 分子仅获得最初器件效率的86%。

在随后的研究中具有 A-D-A'-D-A 结构的 Y6 及其衍生物受体材料的出现极大地推动了光伏器件的效率，而 Y6 分子的中间共轭骨架也采用了长烷基链的修饰，在保证材料溶解度的同时可以有效调控材料的结晶性，同时使相应器件具有较高的光伏器件稳定性。

总的来说，随着非富勒烯受体材料的兴起，使光伏器件的转换效率获得较大的提高。研究者通过对材料化学结构的调控也获得了光伏器件稳定性的大幅提升。通过对材料化学结构的调控、结合活性层形貌的优化、界面层材料及器件结构的协同优化可以获得有机光伏器件稳定性的大幅提升。

8.3　有机太阳能电池器件稳定性

要想进行有机光伏器件的稳定性研究，就需要先熟悉光伏器件的制备过程。实验室中采用的器件制备技术主要包括旋涂法、狭缝挤出、手工刮涂和常应用于大面积柔性器件制备的卷对卷大面积印刷制备技术。而在实验室使用最广泛的当属旋涂法制备薄膜的技术。为了充分理解有机光伏器件的稳定性，笔者将从器件的衰减机理、活性层形貌、薄膜的处理、界面连接层等方面对器件稳定性的影响规律入手简要介绍有机光伏器件的稳定性。

1. 基于器件衰减机理的研究对稳定性的提升

本部分将简要介绍有机太阳能电池器件的衰减机理和相应光伏器件的最新研究进展。对于有机光伏来说，器件的不稳定性主要来源于光照的不稳定性，这也是有机光电材料的主要缺点之一。针对光伏器件活性层材料的光衰减机理主要可分为两种主要的途径：(1)由于外部环境水和氧的存在产生的外部衰变；(2)由于光照下活性层有机材料本身发生的内部衰减，比如光照下可能会发生的分子间光反应导致的内部衰减。

外部衰减的发生主要来源于在光照或者黑暗条件下，外界环境中的水或者氧渗透进入到器件内部产生的器件性能的衰减。两个占主导地位的外部衰减机理是金属电极或者界面层材料的被氧化和活性层材料的光氧化反应等。活性层材料的不可逆光漂白发生在氧气存在的条件下，通过激发态给体或者受体的 LUMO 能级到氧分子的电子转移形成了具有强氧化性的超氧自由基（$\cdot O^{2-}$）。对于富勒烯及其衍生物受体材料体系来说，随着材料电子亲和能(EA)的降低，其光漂白效应会逐渐地提升。一般来说采用具有较强 EA 的富勒烯受体材料会有效地抑制活性层材料的光漂白效应。据研究，富勒烯材料具有自由基淬灭剂的作用。加入镍螯合剂作为抗氧化剂也可以有效地抑制活性层材料的光漂白效应。在活性层材料中加入抗氧化剂可以通过清除活性氧物种（比如超氧自由基、过氧化氢、单形态氧和氢氧自由基等）以达到稳定活性层材料的作用。

研究表明，即使完全排除氧和水的渗透，活性层材料的光化学反应也会发生降解，就比如经过封装后的光伏器件依旧会发生活性层材料的光化学反应，发生降解；光照下富勒烯受体发生二聚化也是典型的案例。其二聚反应的形成和分解主要依赖于温度、光照射和共混组分的组成等。光二聚的活化能为 0.021eV，要远小于分解能为 0.96eV，这与分解需要在较高的温度下进行是一致的。PCBM 的二聚化会拓宽其带隙，会导致提升的 PCBM 材料 HOMO 和 LUMO 能级的紊乱度。二聚体与单聚体的比例达到稳态时，意味着它与基于 PCBM 的 OPVs 在老化后稳定的长期寿命密切相关。

对于富勒烯及其衍生物受体材料来说，为了避免其二聚化和对 OPV 的危害作用，$PC_{71}BM$ 或者非富勒烯受体材料可以解决这一难题。最近，非富勒烯受体材料因其自身具有的优异光伏性能逐渐取代了富勒烯及其受体材料。相应地，深入地研究基于非富勒烯受体材料光伏器件的稳定性是十分必需的。对于非富勒烯受体器件的稳定性来说，分子结构和构象对稳定性具有重要的影响。Kim 教授等针对非富勒烯受体的光伏器件提出了三个阶段的衰减过程：(1)最初的光诱导构象变化；(2)紧接着光氧化和碎片化打破分子的生色基团；(3)最终导致生色基团的完全漂白。从中可知，最初的构象转变是发生后续进一步器件性能衰减的先决条件。在基于 IDTBR 和 IDFBR 的非富勒烯受体体系中，其中完全扭转的 IDFBR 更容易出现衰减的情况。研究结果表明，小分子受体材料共轭骨架的平面性和结晶性，在薄膜厚度为 50～100nm 时，对器件的光稳定性非常有利。这些研究结果与早期的研究结果是相一致的，即具有强结晶性的薄膜具有比非结晶薄膜更稳定的性质。

2. 界面层对器件稳定性的影响

近期，研究者发现在氧化锌电子传输层和非富勒烯受体材料间的界面层在光照下会危及器件的稳定性。周印华教授等对基于 IT-4F 的器件分别采用 ZnO 或者 SnO_2 对比研究了相应光伏器件的光稳定性，发现基于 PBDB-T：IT-4F 的器件在采用 SnO_2 电子传输层时展现出更好的光稳定性。Son 等发现，在封装的翻转光伏器件中采用 ZnO 作为电子传输层时会促进内在的自由基诱导受体 ITIC 在界面处 5～10nm 范围内发生光氧化反应。这也与早期的研究结果一致，基于 PBDB-T：$PC_{71}BM$ 体系具有更好的器件稳定性。在 ZnO 表面的紫外光激发会产生来自水的氢氧自由基，会使非富勒烯受体材料发生降解。为了抑制由于光催化 ZnO 层导致的非富勒受体材料的降解作用，在 ZnO 表面插入薄层界面，或者进行界面修饰已经获得广泛的应用，比如采用锂掺杂、铝掺杂、镁掺杂、C_{60} 自组装单分子层、芘 BODIIPY 染料、水溶性的共轭聚电解质 $PF_{EO}SO_3Li$ 等。氧化锌电子传输层的表面修饰会降低界面的陷阱辅助复合损失，提升其长期的寿命，使器件的 T_{80} 可达到 20 年以上。

高沸点的溶剂添加剂常被用来作为添加剂加入活性层体系中调节共混薄膜的活性层形貌，如 DIO 的沸点可达到 332.5℃。然而器件中残留的 DIO 被证明对于器件的长期寿命具有不利的影响。特别是在紫外光照射下，DIO 可以产生碘自由基和氢碘酸，会加速基于 PBDTTT-E/PBDTTT-ET：$PC_{71}BM$ 光伏器件的衰减效率。通过形貌分析可知，在基于 PTB7-Th：$PC_{71}BM$ 的体系中加入 DIO，持续光照下会降低其相区尺寸。手工刮涂法可以降低基于 PBDB-T 和 ITIC 体系的分子堆积程度，因此，手工刮涂技术可以部分地取代 DIO 添加剂的少部分添加起到的作用。因此，通过手工刮涂技术也可以获得基于 PBDB-T：ITIC 体系高达 10.03% 的 PCE，同时获得更优的器件稳定性，而在同等条件下采用旋涂法包含 1% DIO 添加剂的光伏器件仅获得 9.41% 的 PCE。

在 OPV 中也会存在一些缺陷位点，比如聚合物链的末端和合成制备过程中卤化物的残留等，都可以作为激子-淬灭位点或者自由基诱导的本征光降解反应的起始位点。据报道，来自 ITO 导电基底的铟会被在器件中通常所采用的酸性 PEDOT：PSS 侵蚀而扩散进入到活性层中，产生缺陷位点。此时，具有高结晶性和高纯度的小分子材料对器件的长期寿命稳定性是极其不利的。Forrest 教授等利用小分子活性层材料和 MoO_3 作为空穴传输层，在 37 个标准太阳光照射下，器件表现出超长的固有使用寿命。据推测，这些 OPVs 的使用寿命可超过 1 万年，这也是目前报道的 OPV 光伏器件中使用寿命最久的。上述研究结果表明，有机光伏具有实现太阳能利用的严苛稳定性要求。

3. 活性层形貌对器件稳定性的影响

共混薄膜体系中具有双连续的互穿网络 BHJ 薄膜形貌是获得高效率光伏器件的基础，但是该薄膜形貌又是热力学不稳定的。因此，通过对薄膜的热退火，形成的形貌分层和聚集很容易发生形貌改变。给受体薄膜的微观相分离会降低其激子扩散效率，使器件的 J_{sc} 降低。因此，采用的材料既可以保持形貌的稳定性，具有高的玻璃转变温度和结晶性，对于阻止其破坏共混薄膜在热退火处理下的微观相分离是十分必要的。最近，研究工作者也报道了一种具有较高热稳定性的小分子给体和小分子受体材料。经典的高性能小分子给体通常由于其自身较强的分子间相互作用表现出较强的结晶性，这会导致较大尺度的相分离。采用小分子给体的 OPV 器件，通过引入大的空间位阻可以抑制分子骨架之间的 $\pi - \pi$ 堆积，使器件表现出提高的热稳定性，活性层在 180℃ 条件下持续热退火 7 天，其器件效率认可保持最初 89% 的器件效率。

共轭聚合物材料的交叉偶联是另外一种保持共混薄膜形貌稳定性的策略。当采用具有交叉偶联的聚合物材料与小分子受体 IT - 4F 共混时，由于具有最优的纳米尺度相分离的晶体和小的相区，使器件获得了有效的电荷再生。加入少量含有氢键的添加剂可以提升器件的热稳定性。如加入质量分数为 5% 的 1，4 - 哌啶，可以与主体聚合物表现出较好的混溶度，并且形成分子间的氢键，可以改善给受体材料间结构的不相容性，使器件稳定性获得显著提高。而当在 PBDB - T：BTTT - 2Cl 体系中加入质量分数为 1% 的聚合物添加剂 PZ1 时可以获得较好的形貌热稳定性，并且使其器件效率提升至 15.10%，同时具有提升的空穴迁移率和载流子寿命。另外，当将器件在 150℃ 的加速老化条件下处理 800h 时，器件仍可保持最初的效率。为了解决 OPV 光伏器件内在的不稳定因素，单组分有机太阳能电池，使给体与受体材料同时修饰在一个分子骨架上，也获得了快速的发展，目前基于单组分的光伏器件也获得超过 8% 的 PCE。同时单组分器件展现出优异的热稳定性，同时可抑制大规模的相分离。

除了后处理条件对共混薄膜活性层形貌稳定性的影响之外，所采用的活性层材料的化学结构也会影响他们的结晶性和形貌，进而影响其器件的稳定性。分子结构 - 结晶性 - 器件稳定性之间的构效关系目前尚不明确。下面，从形貌稳定性与给体/受体材料混溶度和三元策略出发简要介绍有机光伏器件的形貌稳定性。

从热力学角度出发,要想获得优异的共混薄膜稳定性,给受体材料的混溶度(χ)和组分比例(Φ)同时达到最优时,以达到渗透阈值,是获得高效率 OPV 的重要标准。然而,对于大部分共混薄膜体系来说,由于两个参数(χ,Φ)的不同其差别非常大。此外,有不同沸点的溶剂、溶解度和极性会增加平衡混溶度与组分比例之间渗透阈值的难度。比如,PTB7 – Th 与 ITIC/IDIC 分子之间较弱的混溶性,导致在光老化实验的过程中形貌的不稳定性,这也是器件 J_{sc} 和 FF 降低的主要来源。给受体材料间的混溶性提升会产生更稳定的形貌,使基于 PTB7 – Th:EH – IDT 的器件表现出高效率和优异的光照稳定性。基于 EH – IDT 的器件的 T_{80} 在持续老化测试 2132h 后表现出比基于 ITIC(221h)和 IDIC(558h)更高的稳定性能。

三元器件被认为是提升器件热稳定性和存储稳定性非常常用的策略。而如何去选择合适的第三组分,通过热力学的方式达到稳定主体二元共混薄膜的稳定性,仍是一项难题。Ade 教授等提出了获得稳定高效非富勒烯受体 OSCs 的形貌设计原则:理想的第三组分需要拥有与主体聚合物较好的混溶性或者具有更高的渗透阈值,同时需要能部分与非富勒烯受体混溶。例如基于 PTB7 – Th:IEICO – 4F 体系不稳定的二元形貌会导致器件在激子解离效率的衰减、增加自由载流子复合、提升器件的内衰退速率。然而,当加入理想的第三组分 $PC_{71}BM$,共混薄膜的稳定性获得显著的稳定,当器件在保存 90 天后,器件效率由二元的保持最初 75%,到三元的保持最初器件效率的 90%,其稳定性获得显著提升。

另外,第三组分需要有高的玻璃转变温度。通过淬灭三元共混薄膜到玻璃转换区域,来提升 OSC 器件的热稳定性。在 D:A1:A2 体系中,通过混合多种受体分子提升体系的熵变,来降低体系相分离和结晶的速率,进而匹配一个高的玻璃转变温度促进玻璃化。以 P3HT:IDTBR:IDFBR 三元体系为例,受体分子 IDTBR 在二元体系中很容易结晶。然而,引入第三组分 IDFBR 之后,会降低 IDTBR 趋向于有序的排列。三元薄膜形成了玻璃态、在较高 IDFBR 比例时呈现紊乱态分布,可以获得较高的存储寿命(T_{80} 为 1200h)。因此,无论是从热力学还是动力学角度出发,三元器件都有望成为提升器件稳定性的有效措施。从稳定性的角度出发,第三组分应与给体聚合物一定的混溶性或者具有高于其渗透阈值的性质,可以部分地与结晶受体混溶,达到稳定活性层形貌的作用,进而具有较高的玻璃转变温度获得提升的热稳定性。

除了外侧的相分离以外,垂直相分离也会影响器件的稳定性。所以层层涂布(LBL)技术和伪平面异质结结构相比于 BHJ 结构的器件表现出不一样的稳定性。对于 J71:ITC6 – IC 器件来说,相比于相应的 BHJ 薄膜来说,采用 LBL 技术的薄膜显示出显著不同的垂直相分离，获得了提升的器件稳定性。通过光－时间二次离子谱（TOF－SIMS）分析可知，BHJ 薄膜具有给体富集的表面形貌。而对于 LBL 共混薄膜来说，J71 给体主要富集在底部，受体分子主要富集在表面。从其稳定性表征结果可知，相比于 BHJ 薄膜来说，LBL 薄膜表现出较强的抑制退化现象，这主要得益于合适的垂直相分离获得了提升的给体核受体聚集。LBL 薄膜具有较好的形貌稳定性，也表现出较好的热稳定性。相比于 BHJ 薄膜来说，LBL 器件在 120℃老化实验 1500h 后形貌几乎未发生变化。另外，LBL 器件也表现出优异的弯曲稳定性，在连续弯折 2000 圈，弯曲半径为 6mm 时，器件仍可保持最初 92% 的器件效率。因此，合适的垂直相分离也是提升器件稳定性的重要因素。因此，持续关注如何控制器件获得合适的垂直相分离，无论是对器件效率还是器件稳定性来说都是十分迫切的。

4. 界面连接层对器件稳定性的影响

器件的界面连接层和器件结构都会影响器件的稳定性，因为缓冲层和电极展现迁移率。例如，空穴传输层聚(3，4－乙烯二氧噻吩)－聚(苯乙烯磺酸)(即 PEDOT：PSS)可以扩散进入到活性层；ITO 导电玻璃里面的铟可以扩散到 PEDOT：PSS 和活性层中。元素在界面和电极上的扩散会降低器件的稳定性，主要是改变了其界面能排布，形成电荷复合的陷阱态。对于非富勒烯 OSCs 来说，其界面和器件的结构是器件不稳定的因素，需要更多的关注。在正向器件的 PBDB－T：ITIC 体系中，受体分子 ITIC 会与空穴传输层 PEDOT：PSS 反应，会导致器件性能的逐渐衰减，严重影响其器件的衰减性能(在空气中老化测试，其性能会降低 58%)。而通过向界面层材料中掺杂 MoO_3，可以延缓这种衰减。在对器件进行老化测试时，能够持续保持垂直相分离的活性层形貌，使 PBDB－T 给体主要富集在顶部、而 ITIC 受体分子主要富集在底部。因此基于 PBDB－T：ITIC 的光伏器件，它的翻转器件结构的稳定性要远高于相应的正向器件的稳定性，在空气中对器件进行老化测试 50 天后，翻转器件仅表现出 2.4% 的器件性能降低。

总的来说，通过对材料化学结构、活性层形貌、器件结构及界面层材料的调控，都可以获得器件稳定性的进一步提升。在未来进一步的研究中，设计合成路线更短、成本更低的活性层材料，调节活性层薄膜形成合适的垂直相分离结构，获得优异的形貌稳定性等都是进一步研究光伏器件稳定性的重要研究方向。

8.4 稳定性测试手段

合适的测试和矫正等级是正确理解、对比和提升有机光伏器件稳定性不可或缺的因素。本节主要讨论各种不同的器件稳定性测试方式和 ISOS 评价标准。

1. 不同的稳定性测试技术

在有机光伏的发展历程中，涌现出大量研究有机光伏稳定性的实验，进一步提升器件的稳定性。而这些器件稳定性测试条件、测试时间、寿命基线等基本条件多种多样。因此，在不同实验室、不同的测试条件，器件的稳定性指标很难进行有效的对比，也很难去评价这些器件稳定性的结果的有效性。

根据过去几年对器件稳定性方面的研究工作，总体上有几种常见的器件稳定性的测试条件。在光稳定性测试实验中，常用的测试条件有三种，主要是包括：

(1)在大气中，一个标准太阳光照射下的测试；(2)在惰性氛围下，模拟一个标准太阳能下的测试；(3)在一个模拟太阳光照射下，包含紫外光或者不包含紫外光的条件下进行测试。在以上三种不同条件下进行测试，对器件的稳定性影响是各不相同的，器件的衰变机理也是各不相同的。另外，在光稳定性测试实验中，不同实验室不同工作对温度的控制也是不同的。在没有温度控制、控制温度在室温条件下、控制器件温度在工作温度(80℃)条件下对器件的影响也是不同的。因此在进行光稳定性的测试实验中，最好需要标注温度，统一采用一个标准温度进行测试，以达到不同研究工作之间光稳定性测试实验的可对比性。

在热稳定性测试实验中通常包含两种不同的温度条件：(1)在低于100℃的低温下进行的稳定性测试；(2)在大于100℃条件下进行的高温稳定性测试实验。众所周知，在采用高温稳定性测试实验时，高温可以促使有机分子的成核和结晶，然而低温条件下进行的测试不会产生该类现象。因此，在器件热稳定性的测试实验中，不同的温度对器件稳定性测试的影响机理是不同的。

针对器件的存储稳定性测试实验中通常包含三类不同的存储条件：(1)在大气氛围下进行未封装的器件存储；(2)在大气氛围下使器件在封装条件下进行存储；(3)在惰性氛围下的器件存储。由于在不同的存储稳定性测试条件下湿度是不同的，因此对器件稳定性的影响也是各不相同的。在机械稳定性测试方式，弯折测试实验时常用来测试器件机械稳定性的主要测试手段。然而，目前尚没有标准的弯折测试标准，比如弯折实验的弯折半径和弯折的次数等。也有研究结果表明，一些张力的测试实验比仅进行一些弯折实验更具说服力，因为不同的薄膜厚度和杨氏模量，即使给予相同的弯折圈数也会产生不同的应变能。此外，对于柔性电子器件来说，将器件固定在中性应变位置，也会降低其应变值。

总的来说，对于器件的稳定性测试来说，不同的实验室、不同的研究工作都会采用不同的稳定系测试标准。稳定性测试的时间跨度从小时到月等时间跨度各不相同。因此，不同的研究工作报道的器件稳定性测试数据是各不相同的。大多数的研究工作仅仅会报道在最终测试器件衰减性能的器件稳定性数据。只有少部分的研究工作会采用标准的寿命基准，比如 T_{80} 或者 T_{50}。在后续的研究工作持续推进的过程中，研究人员需要制定确定的光伏器件衰减基准，系统研究器件的稳定性，为不同的研究工作提供相应的可比性。

2. ISOS 测试指标

为了持续研究有机光伏器件的稳定层，2011 年，ISOS 制定了器件稳定性测试的标准。ISOS 被认为是光伏器件稳定性研究工作发展历程中的重要里程碑。ISOS 标准制定了有机光伏器件稳定性测试的不同测试标准，比如黑暗条件下、室内环境、室外环境和热循环耐受性测试。ISOS 标准强调的三个测试标准，其复杂性和设备要求各不相同，以满足不同研究实验室的不同需求。对 ISOS 测试实验中选择的级别越高，实验的准确性也越高。

鉴于光伏器件稳定性测试实验发展得相对迟缓，在过去十年来，仅有少部分的研究工作采用了特定的 ISOS 标准开展相应的稳定性测试工作。很多对于器件稳定性的测试实验都是采用的惰性氛围或者没有紫外光照射下进行的，条件相对温和。实际上在惰性氛围下进行的稳定性测试不能真实地研究器件实际运行环境时可能具有的稳定性潜能。对于没有紫外光的稳定性测试实验，稳定性测试数据对室内光稳定性研究是有价值的。因为紫外光是实际的太阳光中不可或缺的组成部分，会产生光伏器件内在的衰减，因此想要研究器件在真实的运转环境下的稳定性，就需要采用具有紫外光外部条件的 ISOS 稳定性测试条件。有趣的是，一些研究工作表明，器件在没有紫外光照射的情况下，可以摆脱光照引起的老化退化。近几年，尽管有非常多关于器件稳定性研究工作，很多工作也发展了提升器件稳定性的设计策略，但各种研究工作所采用的稳定性测试条件各不相同，要做一个关于稳定性研究的系统总结还是有一定难度。比如一些高温的测试条件，如大于150℃的热稳定性测试，实际上不是必需的，因为在器件实际的工作中不可能会达到如此高的温度，一般维持在85℃附近是比较接近实际环境的。尽管 ISOS 测试标准还有一些限制，比如它们不包含一些机械稳定性，室外的测试可能会受到地理环境和季节变化的影响。

目前针对光伏器件稳定性的测试工作是公认的非常重要和迫切的研究方向。随着有机光伏的持续发展，未来的稳定性研究工作需要更多地依靠一个国际公认的标准，因此 ISOS 标准被认为是非常高效的器件稳定性测试标准。

8.5　有机太阳能电池器件稳定性总结与展望

随着有机光伏器件的不断发展，器件的光电转换效率已经不再是限制器件未来大规模生产制备的主要因素。相比于传统的无机光伏器件，如硅基太阳能电池、铜铟镓硒等光伏电池，有机光伏目前面临的主要问题是器件的成本和相应的器件稳定性。有机光伏器件相对较短的器件寿命也是导致器件高成本的主要因素之一，因此深入研究有机光伏器件的稳定性、确定合适的稳定性实验测试标准、实现有机光伏器件"效率–稳定性–成本"之间黄金三角的最佳比例，仍然是未来有机光伏持续发展的重要要求。

对于有机光伏电池来说，由于有机半导体材料本身独有的光物理及电化学性质，使材料本身具有相对差的光稳定性，主要包括光照下的结构转变、紫外光照射下产生的一些活性自由基导致的器件性能退化等。本部分内容从材料、形貌、界面层、稳定性测试标准等方面入手简要总结有机光伏电池发展过程中关于稳定性方面的研究工作。

1. 材料设计方面

目前发展效率最好的有机光伏器件几乎都是基于具有 Y6 及其衍生物稠环受体材料的受体材料，对于合成成本、合成路线、原料的价格等方面仍是 OPV 领域面临的重要调整。针对目前研究发展的具有简单化学结构、合成路线简单、成本低廉等的具有非稠环结构的受体材料具有较大的研究成果，特别是具有寡聚噻吩单元的材料。通过对材料化学结构的系统优化、搭配合适的给体材料，相信非稠环受体材料具有与稠环受体材料相媲美的研究价值。此外，有机光伏材料的不稳定因素主要集中在末端基团与中心核之间的双键连接基团，设计合成一些具有单键键连的末端基团取代传统的采用双键键连的分子设计策略也是非常有价值的研究方向。

2. 器件结构方面

目前常用的光伏器件结构包括传统的正向器件(空穴传输层在底部、电子传输层在顶部)和翻转器件结构(电子传输层在底部、空穴传输层在顶部)。除了旋涂法制备的具有 BHJ 结构的器件结构以外，目前具有 LBL(层层涂布)技术有效地实现了共混薄膜的垂直相分离形貌，获得了器件稳定性的进一步提升。目前，采用较多的界面层、金属电极等制备方式常采用金属蒸发源沉积技术，一方面该技术能耗较大、另一方面所需条件较苛刻，对相应技术的未来大规模生产制备也是巨大的限制。因此，在后续的研究中兼顾光伏器件高效率高稳定性的同时，设计开发更加简便高效的光伏器件结构也是未来一大发展方向。

3. 界面层

常用的界面层材料，比如空穴传输层 PEDOT：PSS，是水系的，具有弱酸性，可能会侵蚀电极，也可能会扩散进入到活性层等，都会对器件的稳定性产生不好的影响。目前研究发现的一些对界面层材料的合适元素或者合适化合物的掺杂技术，对器件的稳定性都具有一定的提升作用。因此，在未来的研究中，界面层材料的掺杂、设计研发出新型高效率、高稳定性的界面层材料也是发展方向。

4. 器件制备工艺

对于有机半导体材料本征的性质来说，实验室常用的器件制备工艺包括，活性层材料的旋涂法、手工刮涂法、狭缝挤出法等方式，还有目前制备大面积器件所采用的卷对卷印刷技术等都是活性层材料的主要制备技术。对于光机半导体器件的大面积柔性生产制备来说，卷对卷的印刷是未来发展的主流。对于技术电极的真空蒸发来说，如果能够设计出可替代的高效金属电极制备技术也是缩短器件制备成本的主要途径。

参考文献

［1］Cheng P. , Zhan X. Stability of organic solar cells: challenges and strategies［J］. Chem. Soc. Rev. , 2016, 45(9): 2544 - 2582.

［2］Duan L. , Uddin A. Progress in stability of organic solar cells［J］. Adv. Sci. , 2020, 7(11): 1903259.

［3］Jorgensen M. , Norrman K. , Gevorgyan S. A. , Tromholt T. , Andreasen B. , Krebs F. C. Stability of polymer solar cells［J］. Adv. Mater. , 2012, 24(5): 580 - 612.

［4］Sondergaard R. , Hosel M. , Angmo D. , Larsen - Olsen T. T. , Krebs F. C. Roll - to - roll fabrication of polymer solar cells［J］. Mater. Today, 2012, 15(1 - 2): 36 - 49.

［5］Sorrentino R. , Kozma E. , Luzzati S. , Po R. Interlayers for non - fullerene based polymer solar cells: distinctive features and challenges［J］. Energy Environ. Sci. , 2021, 14(1), 180 - 223.

［6］Mateker W. R. , McGehee M. D. Progress in understanding degradation mechanisms and improving stability in organic photovoltaics［J］. Adv. Mater. , 2017, 29(10): 1603940.

［7］Ryu H. S. , Park S. Y. , Lee T. H. , Kim J. Y. , Woo H. Y. Recent progress in indoor organic photovoltaics［J］. Nanoscale, 2020, 12(10): 5792 - 5804.

［8］Sun K. , Zhang S. , Li P. , Xia Y. , Zhang X. , Du D. , Isikgor F. H. , Ouyang J. Review on application of PEDOTs and PEDOT: PSS in energy conversion and storage devices［J］. J. Mater. Sci. - Mater. Electron. , 2015, 26(7): 4438 - 4462.